10万年の

気候、地形、生命はどうなるか？

未来地球史

Deep Future
The Next 100,000 Years of Life on Earth

カート・ステージャ 著
Curt Stager

岸由二 監修・解説

小宮繁 訳

日経BP社

ケアリのために

プロローグ

地球から現れいでたこの生き物、地球の地形を変え……自然の緒力を意のままに利用せんとしたのだが、自らへの敵対力に変えてしまったのだ。

ジョン・バローズ『宇宙を受け入れて』

地球史の新たな一章、人類の時代へ、ようこそ。この新時代には名が与えられ、それはすでに主流科学の語彙となっている。

自然世界の終わりへ、ようこそ。人間とは異なる別個の存在として意味づけられた自然。この自然に終焉をもたらす原因は、主にあなたと私が図らずも産み出してきた地球規模の炭素汚染である。そしてこの汚染は私たちの認識をはるかに超えて、この先何千年にもわたって私たちの子孫に影響を及ぼすことになろう。

そして、ようこそ、西暦2100年というカーテンのあちら側を覗くこの旅へ。このカーテンは、現代の気候変動についてなされるほとんどの思考と議論の時間的限界を印すものだ。これから明らかにしていくが、今日の私たちの活動が環境に及ぼす影響は非常に大規模で、強力で、持続的なものだから、わずか100年程度の時間を視野に入れて考えたところで、十分な理解に達することはできない。

本書における私の目的は、地球温暖化の未来について、大多数の読者によく知られているものよりも、ずっと広大な眺望（パースペクティヴ）に読者を誘うことである。これまでお馴染みの遠近法（パースペクティヴ）では、「長期的な」気候変動をわずか数年ないし数十年という時間規模の傾向として捉えてきた。ビル・マッキベンやアル・ゴアのような人たちの功績で、二酸化炭素汚染が地球規模のものであることを、何百万もの人々が知るようになった。しかし時間という要素については、残念ながら十分な究明がまだ行われていない。先見の明のある気候モデル制作者であるデイヴィッド・アーチャは、この状況について「人間由来の二酸化炭素の放出が何十万年にもわたって気候に影響を及ぼしうるという考えは、まだ一般の人たちの意識には届いていない」と言う（彼の研究は後ほど紹介する）。地球温暖化をめぐる非生産的で政治問題化した議論をやめ、次の段階へと進むべき時がやってきている。もはや「もし温暖化が起こっているとすれば」という仮定の段階ではなく、「いつ」「どんな規模で」「どれほどの期間で」が問題となる。

私のように環境史学や古生態学を研究する者が未来の温暖化について書こうなどと企てることは、一見不可解に思えるだろう。私の仕事は、紙ではなく泥のアーカイヴに積み上げられた生態系の物語を読みとることだ。アディロンダック山脈やペルーやアフリカ各地の湖や沼の底から堆積物のコア試料（サンプル）を収集し、かつて棲息した微生物の化石をそこから選り出し、それらが示す変化のパターンから過去の気候を再構築することを専門としている。好塩基性の藻類が層を成していれば、その地の気候はかつてかなり乾燥していたため、湖の水位は低く、水はやや塩気を帯びたものであったことが分かるし、また別の層に花粉が濃密に含まれていれば、砂漠よりも森林にとって好ましい湿潤な気候であった証である。

未来の温暖化を予測するうえで、古生態学者ができる最大の貢献は、時間の観念を提供することだ。これから私たちを待ち構えているのは、すでに起こったことでもある。長期的な視野で環境史を見ていると、大昔に生じた馴染みのある自然の作用がいまも進行中であることに気づくし、これから生じるであろう現象についても認識しうることが多い。私たちは生物学と地質学を組み合わせて研究するので、それだけ広い視野のなかで思考する習慣も身についている。だが、より重要なのは、「長大な時間で」思考するということだ。私たちにとっては、100年や1000年といった時間が、料理のメニューなら前菜に過ぎない。ひとりの人間の一生なども、統計学的に見るならば、取るに足らないものなのだ。

このような立場は必ずしも評判の良いものではない。「いまここ」で起きていることに夢中になっている人には、長期的な視野は必ずしも歓迎されるものではない。だが、長期的な視野には、変化する複雑な世界のなかで進むべき方向を差し示してくれる可能性がある。未来へ旅するためには、時をさかのぼり、過去にも焦点を合わせなければならない。そして本書では、遠い過去の事象を示すと同時に、これから起こることの本質についても読者にお目にかけよう。

未来に対して深い洞察を加えてきた数少ない科学者たちは、21世紀を超えてさらにその先まで、化石燃料の炭素が気候と生態系に影響を与えることに気がついた。その影響を長期的な視野で捉え追跡していくためには、地球史の膨大なうねりを理解しなければならない。本書で学ぶことの多くは、地球科学の知見に由来する。地球科学者たちは、私たちが普段、季節を話題にするように、地質年代(エラズ)や地質世(エポックス)を話題にしていて、100万だとか10億だとかの数字によく通じている（扱う数字の大きさだけ見れば大富豪と変わらない）。他の人々にとって過去に起きた第二次大戦や1960年代の動乱がリアルであるのと同じように、大昔の始新世(イーオシーン)や洪積世(プレストシーン)がリアルなのである。そして、遠く過ぎ去った時代のなかに見出された教訓を、今日私たちの周りで生じつつある事態を理解するための指針にすることができるのである。

　話を先へ進める前に、最近作りだされた専門用語を読者に紹介しておきたい。まだ多くの人の耳には聞きなれない言葉だが、この語に馴染んだ科学者たちにとっては、壮大な地質学的時間のなかに人間を位置づけるスリリングな言葉である。これは、一部の人たちが「魚類期」とか「恐竜期」とか呼ぶように、化石年代の下位区分法をモデルにしている。人間の影響が地球の隅々にまで及んだいま、この新時代を呼ぶ名称が必要なのだ。

　地質学用語としては、この時代は、6500万年前の恐竜絶滅とともに始まる、「地質世(エポックス)」と呼ばれる一連の「世」に連なる。地質世については、化石について学んだことのある読者ならおそらく耳にしたことがあるだろう。恐竜絶滅後の時代は、温暖な暁新世(パレオシーン)（Paleocene）に始まる。接頭辞の*paleo-*（ギリシャ語で「太古の」）はこの時代が後続時代との関係で一代遠い親の時代であることを言っている。暁新世に続くのは、さらに一段と温暖化が進んだ始新世(イーオシーン)で、現生哺乳類がごく初期の進化段階にあった。続く3つの漸新世(オリゴシーン)、中新世(マイオシーン)、鮮新世(プライオシーン)には、それぞれが際立った進化の物語があるが、その先にある洪積世(プレストシーン)では、地球が次第に寒冷化していく。そして最後に、穏やかな気候の完新世（ホロシーン）（現世）である。完新世の始まりは1万1700年前であり、従来の考え方では進行中の現在もこれに含まれる。

なお、私が紹介したい地質年代名は、「プラスチック世（プラスチシーン）（Plasticene）」ではない。これはブロガーのマット・ダウリングによって皮肉を込めて提案された呼称で、本物の地質世の名前ではない。私が紹介する人類の時代を表す名称は大気化学者でノーベル賞受賞者のポール・クラッツェンによって広められたが、実際にはユージン・スターマに由来する。現在ミシガン大学の名誉学者であるスターマによると、この耳に馴染みやすい名称は、数年前にクラッツェンと共同執筆した著作で使ったもので、それ以前から科学者たちの間で非公式に広まりつつあったそうだ。

「どうしてこれを思いついたのかは覚えていない」。スターマは回想しながら、自分の子供が成長してセレブとなったことを喜びながらも、いくらか驚きを隠しきれない親のように含み笑いをした。「あちこちの学会で使ってみたところ、いつの間にか注目されるようになってね」。しかし驚くにはあたらない。スターマの用語は、人間の活動に起因する（アンソロポジーニック）衝撃が消し難く刻印されている時代を、鮮やかに定義しているからである。そして現在この語は世界中の科学者や一般の人々の間でますます違和感なく浸透しつつある。

さあ友人を感心させる絶好のチャンスだ。あなたがちょっとした知識をひけらかしたいタイプなら、この最新の学術用語を使ってみることだ。何気ない会話のなかで言ってみよう。「人類世（アンソロポシーン）（Anthropocene）へ、ようこそ」と。

人類世の始まりはその定義からすると、西暦1700年代ということになる。その頃に、人間が排出する温室効果ガスによって、大気の状態が著しく変わりはじめたのだ。そして、私たちが地球にもたらす影響は、実際には気候だけに留まらなかった。かつては夜といえば暗いものであったが、いまでは何十億もの電気の照明が輝いている。クラッツェンによると、漁業は温帯の沿岸地域の一次生産の3分の1以上を毎年収奪している。農家が散布し、土にまぜこむ窒素肥料の量は、世界中の林床や草原、鳥が集団で作る巣に堆積する窒素の総量よりも多い。そして現在の種の絶滅速度は、生命の歴史上のいかなる大絶滅の速度をも凌駕している。

数は少ないが積極的に活動している先見的な科学者の一団が、人類世の未来に私たちを待ち構えている事態について、大まかな見取り図を描き出そうとしている。しかし、来るべき未来の驚くべき出来事に具体的に踏み込んでいく前に、まず知っておきたいのは、これほどの規模で地球の大気を変えた生き物は、私たちだけではないということだ。冷静な生物学者の目で見れば、環境を汚す人間の性質に、特に異常なところがあるわけではない。あらゆる生き物はゴミを出すから、ある地域に生息する生き物の数が多くなれば、産み出される不要な副産物の量も多くなるわけである。人間がこれほどまでに数を増やし、生息地を広げ、自然資源を巧みに消費するようになったために、私たちの排出物は地球全体を汚染しつつあって、ついに地球の気候さえ変えてしまった、というだけのことだ。その意味では、私たちは自らが達成した生物種としての成功の犠牲者となりつつある。

地球規模の汚染による最初の危機は、海洋性バクテリアによって引き起こされた。この危機に見舞われたのは20億年あまり前のことで、地球上の生命はすべて単細胞生物であった。変異と自然淘汰の圧力を受けて、数種の先駆的な微生物が太陽光エネルギーの新しい利用法を過剰に用いることになった。その時代の他の小さな生命の多くにとっては不運なことに、現在では光合成と名づけられているその原初のバイオ技術によって、周囲に危険なガスが排出された。それは遊離酸素だった。

遊離酸素が着実に海洋を汚染していくにつれ、海はクロロフィル（葉緑素）の色に染まった。その緑色は次第に濃くなり、大気はますます腐食性を強めていった。もともと灰色や黒色だった岩石は、含まれている鉄の粒子が錆びるにつれ、砕け、赤色化したかけらが残った。酸化による細胞の損壊を修復する能力を持たない種は、滅び去るか、あるいは水底の泥に保護を求めて自らを閉じ込めた。こうした微生物の避難民たちは、いまだに沼沢地の悪臭を放つ泥のなかや、湖や海の酸素の欠乏した深みにそっと身を潜めている。私たち人間は、消化管の暗く奥まった隅々に、底知れぬ数の善玉の嫌気性細菌を知らないうちに宿らせているし、また大豆のようなマメ科植物の仲間は、血の色をした酸素化合物を根粒中にためこんで常在バクテリアを保護し、その見返りとして微生物から肥料となる窒素の提供を受けている。

純粋に微生物だけの世界であったその当時、言語が仮に存在していたとすれば、ニュースの見出しは「地球規模の酸素による大変動の到来」を予告していただろう。この大難に警告を発した心配性のバクテリアたちなら、きっと私たち人間のことを、「毒ですっかり汚染した後に地球を乗っ取るつもりでいるゴキブリ」の二本足の怪物と表現したことだろう。実際、私たちの遠い祖先と現在のゴキブリの遠い祖先は、光合成で作られる酸素のお陰で生息可能になったのである。

太古の海のはるか上空においては、見慣れぬ分子が新しい副産物を大量に産み出していた。ちょうどスモッグという科学物質のシチューが現在起こしているのと同様の現象だ。大気圏上層部で酸素原子が凝集して3倍の重い分子となり、それが蓄積して、太陽からの危険な紫外線を遮断する目に見えないオゾンの層を形成した。一方、大気圏下層部では、酸素汚染危機を生き延びた原始的な単細胞生物の一部が、有毒な酸素それ自体をエネルギーとして利用する方法を開発中であった。ついには、くねくねと動く初めての原生動物が酸素の破壊的な力を利用する術を身につけ、より小型の近隣種を有用な食料とするようになった。ここに、捕食の歴史が始まったのだ。

今日、光合成の廃棄物である酸素は私たちの肺の空気の5分の1を汚染しているが、あの最初に汚染を引き起こした生き物の子孫でもある私たちは、これなしでは生きていけない。世界がかくも劇的に変わるときには、いつも必ず勝者と敗者がいる。この場合には、私たちは明らかに勝者のほうだった。

酸素危機から15億年ほど経つと、光合成というソーラー技術を継承した初期の植物たちは、その技術を転換して新たな利用法を生み出しつつあった。太陽光を利用していたのは、かつては独立した単細胞生物だけだったのだが、多細胞生物も太陽光を利用しながら次第に大型化し、陸生植物として数を増やしていった。そして、太陽の力を利用して空気から二酸化炭素分子を取り込み、分解し、出てきた炭素原子を結合させて、枝、幹、葉、種子、胞子などを作り出したのだ。

結晶が成長するように、1個ずつ原子を積み上げて成長しながら、原始の湿原林は貴重な炭素を蓄えていった。光合成を行う生命体は、薄い気体の混合スープから二酸化炭素を取り出していった。この薄いスープに含まれる炭素の量は、酸素と窒素の99分の1以下でしかなかった。死期が訪れると、木々は凝縮された貴重な炭素の塊とともに、水に浸された墓所の広壮な泥の納骨堂のなかに、一層一層積み重ねられ埋葬された。

何億年もの後、第二の生物起源の汚染発生とともに、スターマとクラッツェンの「人類世」の最初の兆しが現れ始める。産業人となった私たちの祖先たちは、あの黒い化石の堆積物を掘り出し、それを石炭と呼び、火を放った。酸素を含む大気のなかで熱せられると、純化された炭素は崩壊して、四方に散らばる大量の二酸化炭素のなかへと戻っていった。太古にできた化学的な結合がぷつりと切れ、幾度となく到来した古生代の夏に蓄積された熱い太陽エネルギーが空に向かって解き放れるのだ。

この化石から立ち上る煙の二酸化炭素は、植物や動物や水域や風の間を循環している二酸化炭素と区別できなさそうではあるが、それとは異なるものである。呼気、山火事、海洋の湧昇、そして腐敗から生じて大気に入る二酸化炭素のほとんどは、速やかに再利用される。例えば、呼吸によって放出されるのとほぼ等量の炭素が光合成を行うバクテリアや藻類や植物によって吸収され、また海面から自然に脱気した炭素とほぼ等量の炭素が海面に溶け込んでいく。地球規模で見れば、1年間のうちに堆積層に埋まって失われる炭素の量はほんのわずかだし、火山性の噴気として吐き出される量も比較的つつましやかなものなので、循環する炭素の総量は通常はほとんど変化しない。

化石燃料の炭素は、それとは対照的なアウトサイダーである。燃やされてできた二酸化炭素は、現在進行している自然の循環になんとか参入するのではなく、ほとんどは身軽な失業者として、空気中に留まる二酸化炭素のプールに加わる。その増加ペースは、自然の作用によって二酸化炭素が減少するよりも速く、プールの総量は膨れ上がっていく。人類世が訪れる直前に100万粒の空気の分子を無作為にすくい取ったのなら、捕獲される二酸化炭素分子の数は280ほどだったろう。これを書いているいま、捕まえられる二酸化炭素は387くらいに増え、そのうちの多くは過去250年ほどの間に煙突や排気管から放出されたものなのである。

この現代の汚染ブームになぜ新たに正式な地質学上の名称を与える必要があるのだろうか？二酸化炭素は大気中に含まれる気体の1％未満を占めるに過ぎないけれど、増加中の余分な二酸化炭素は、それが増加しなかった場合よりも地球をいっそう温暖化させている。地質学者による過去のふたつの地質世の命名は、主に気候の状態に基づくものだった。すなわち、洪積世は何度も起こった氷河期の寒冷化が優勢の時代だったし、完新世は氷河期に挟まれた数回にわたる温暖化の最後の時期であり、この時期に初めて複雑な人間の文明が誕生したのだった。

後に説明するように、人類世の温室効果ガスによる汚染は次の氷河期を消滅させるほど長期にわたって留まるだろう。結果として、人間が大きな影響力を及ぼす人類世は完新世よりも時間規模では長く続く可能性がある。信じがたいが、この時代がどれくらい続くのかを決定するのに最も影響力を持つのは私たち、特に21世紀を生きている人間たちなのである。だから、この「人類世」という名称は適切なものなのである。

ある人たちにとって人類世とは、アフリカの自然が生んだホモ・サピエンスという種と別個に存在する「自然」の終焉を意味するものだ。このように、人間が他の種を超えた高い地位の特権を持つという概念は、普通、アリストテレスの自然の階梯（スカーラ・ナートゥーラエ）という考え――しばしば「存在の大いなる連鎖（グレート・チェーン・オヴ・ビーイング）」と訳される――に由来する。それが描き出すのは、より単純な動物の上により複雑な動物を次々に配していき、すべての存在の頂点に天上の創造者を置く、梯子ないし鎖である。この見解からすれば、人間は形而上の特性と形而下の特性の双方を合わせ持つゆえに、天上の世界と地上の世界を結ぶ独自の鎖の輪を形成する存在である。この概念の痕跡はいまだに生物学の命名法に残っていて、そこでは複雑な姿をしたランを「高等植物」に、また単純な姿のコケを「下等植物」に分類する。また、人間と他の霊長類との間をつなぐ理論上の環となる毛深い猿人を意味する「失われた環（ミッシング・リンク）」といった言葉にも、この概念はひょっこりと顔を出す。

だが今日では、ほとんどの生物学者にとって、人間を自然から切り離すことに意味があるという考えは保守的なものになった。日々廃棄物を排出するだけで地球規模の気候変動を起こしている私たちのこの能力そのものが、まさに人間が周囲の物理的環境と緊密に結びついていることの証だ。次のように主張することもできる。このような自己中心的で近視眼的なうぬぼれ、すなわち「私たちは物理世界の法則を免れた存在なのだ」という考えこそが、そもそもこれほどの大きな困難を招いてしまった原因なのだ。

ここで話は人類世におけるある側面へと戻る。それはこの新しい時代が、実際のところいつ始まったのかという問題であり、現在も科学者たちの間で議論が続いている。産業による物質の排出に注目するクラッツェンなどは、1700年代の半ばから後半と考える。また、1760年代のジェームズ・ワットによる蒸気機関の開発と結びつける人たちもいる。

気候歴史学者のビル・ラディマンなどは、時をさらに数千年さかのぼった地点を選んでいる。氷河に深く閉じ込められた気泡のなかに保存された太古の温室効果ガスの記録に謎の例外的な現象が見つかっており、ラディマンの考えはこれを説明するのに有効ではある。グリーンランドや南極の氷核（アイスコア）には、何十万年もの気候の歴史が閉じ込められていて、過去の気候と温室化ガスとの密接な関係を明らかにしてくれる。これら極氷の記録から分かるのは、気候が氷河期と間氷期の間で激しく寒冷化と温暖化を繰り返してきた一方で、二酸化炭素とメタンの濃度も同様に激しい変化を起こしてきたのだが、この変化のほとんどは、後の章で見るように、人間の活動とはまったく無関係であったという。

こうした歴史の過程を通して、ふたつの温室効果ガスの大気中の濃度は間を置かず交互に上昇と下降を繰り返した。ところが温暖な完新世に入って奇妙な現象が生じた。1万1700年前に最後の大規模な寒冷期に突如として終止符が打たれ、同時に完新世が始まった。その完新世の初期には早くも温暖化のピークが訪れるが、その後、気温は長期の下降傾向へと次第に戻っていった。ところが、およそ８０００年前に大気中の二酸化炭素量は減少ではなく増大を始める。はるか過去の寒冷期には減少するものだったのに、である。また数千年後には、メタンの値も跳ね上がった。ラディマンの説では、異常な二酸化炭素の増大は、農耕地確保のために森林の焼き払いや土地の開拓が広く行われたことを反映しており、またその後生じたメタンの上昇は、アジアで稲作がはじまり、メタン発生源となる水田が広く開発されたことに対応している。この場合には、地球の気候に人間が影響を及ぼし始めたのは、８０００年も昔のことだった可能性があることになる。

さらには、人間が地球に影響を与えてきた歴史をたどる際には、気候の変化のみで評価するべきではないと主張する人たちもいる。生物史学者たちの考えでは、およそ1万年から1万5000年前に、石器時代の狩猟者たちはマストドンや地上性のオオナマケモノをはじめ多くの大型哺乳動物を絶滅させた。そして大型獣の絶滅は世界中の生態系に根底から人為的な変化をもたらした。北アメリカだけで、体重32キロを超える哺乳動物の種の半数以上が消え、1トンを超えるものは全種が絶滅したのである。したがって、完新世という時代の目盛を地質学的な時間尺から完全に削除し、人類世に統合しようという主張も、道理に合わぬものではないだろう。

しかし私たちの多くが関心を持つのは、いつ人類世が始まったかということよりも、この先はるか未来に向かってどんな変化が訪れるのか、ということだ。化石や氷床コアが昔の世界を見せてくれるように、長期気象予測という新しい科学は、将来起こる事象について感動的な概略図を描いて見せてくれる。これを利用すれば、炭素汚染の長い物語を最初から最後まで語ることができる。これから起こってくる出来事のスピードは、私たちの日常から見れば、遅々としたものだろう。しかし、それらが生態系および人間社会に与える最終的な蓄積の効果は絶大であり、信じがたいほど長期にわたるものとなるのだ。

これから先の未来はいったいどうなっているのだろうか。未来の政治システム、技術、社会、生活様式などについては、時間そのものが明らかにしてくれるのを待つしかない。ホモ・サピエンスが次に何をするかについては、決して予測はできない。しかし物理世界の出来事については、予知の可能性はずっと高い。本書は、私たちの未来の地平に明らかに立ちはだかっている、長期的な気候と環境の変化の様相を紹介するものである。まずは簡単に、これから到来することになる事態を列挙しておこう。

私たちは今後１００年かそこらのうちに、次のような選択をしなければならない。すなわち、できるだけ早期に非化石燃料に切り替えるのか、あるいは化石燃料の埋蔵量の残りをすっかり燃やし尽くしてから、やむなく切り替えを行うのか、ということである。どちらを選んでも、温室効果ガスの濃度はおそらく西暦２４００年までに頂点に達し、その後は、意図的な消費量の減少あるいは化石燃料の不足によって、横ばい状態になるだろう。二酸化炭素汚染が頂点を過ぎると、ゆっくりとした気候の「反転（ホイップラッシュ）」が始まる。地球温暖化の傾向はいったん頂点に達した後に急転し、長期にわたりゆっくりと寒冷化し回復へ向かう。その結果、最終的には18世紀の産業革命以前の気温へと戻るだろう。だがこの過程は数千年ないし数万年にもわたって続くことになる。私たちが燃やすことになる化石燃料が多ければ多いほど、それだけ気温の上昇は大きくなり、回復にかかる時間も長くなる。

しかし二酸化炭素による汚染の話は、気候変動に関するものだけではない。海水が大気から化石燃料の放出物を吸収するにつれて、ほぼすべての海洋が二酸化炭素のために次第に酸性化するだろう。この化学的な撹乱によって、無数のサンゴ、軟体動物、甲殻類やさまざまな微生物の殻が軟化し、また溶解さえする恐れがある。これらの生物が絶滅すれば、彼らと関係する他の多くの生物もまた絶滅の危機に陥るだろう。いくつかの点で、この状況は微生物が引き起こした太古の大気汚染と似てはいるが、向きが逆である。あれから20億年経ったいま、大気中から海中へと戻っていく腐食性のガスを私たちが排出しているのだ。最後には、地球の岩石や土壌の中性化能力が海洋を化学的に正常な状態に戻すだろうが、酸性化による海洋の生物多様性の喪失は、人類世における炭素汚染による、最も予測がつきにくく、潜在的に破壊的で、非可逆的な効果のひとつである。

今世紀が終わる前に、北極は夏に海氷を失うようになるだろうし、海氷が消えた北極海域では漁業が数千年間にわたって発展し、国際貿易の力学のみならず極地方の地勢をもすっかり変えてしまうだろう。しかし二酸化炭素の濃度がようやく十分に下がったとき、北極海は再び氷で覆われるが、そのときまでにはとっくに氷のない状態を「正常」として発達してきた生態系や文化、経済は破壊されることになるだろう。

グリーンランドと南極の氷床の多くあるいはすべてが、何世紀もの時が経過する間に溶け去るだろう。最終的な氷床の後退の程度は、私たちが近未来において放出する温室効果ガスの量によって左右される。現在陸地を覆う氷の先端が海岸線から後退していくにしたがって、新たに露出した土地や水路は、居住地、農業、漁業資源開発や採鉱業のために開発されるだろう。

二酸化炭素と気温が上昇のピークを過ぎた後も、なおしばらくは海面の上昇は続く。この変化はあまりにゆっくりとしたものなので、人が直に観察することはできないが、時が経つうちに次第に人口が密集した沿岸地域が浸水するようになるだろう。それから、時間をかけた緩やかな地球寒冷化による回復がはじまり、水は陸地から引き返していくことになる。しかしこの海退は不完全なものとなろう。というのも、すでに相当大量の陸氷が融け、海へと排出されているからである。遠い未来（ディープ・フューチャー）のある時点で、海面は、今日より70メートルも高い地点で落ち着くことになるだろう。さらに加えて何千年もの寒冷化と氷河の再生の後にようやく、海洋は現在の地理的位置に近いところにその位置を戻すことになる。

私たちは次の氷河期の到来を止めてしまった。自然の気候周期からすれば、5万年後に次の氷河期を迎えることになっているはずだ。いや、迎えることになっていた、というべきか。温室効果ガスによる汚染が長期にわたるために、次の大きな寒冷期はいつまでも漂う炭素の霧が十分に希薄化するまではやってこない。おそらくはいまから13万年後か、さらにはもっとずっと後になる。今日の私たちの活動の影響が計り知れない遠い未来に及ぶということが、炭素汚染の倫理学に重要な新しい要素を付け加える。次の数世紀だけを切り離して考えるのなら、人間が引き起こす気候変動はおそらくはほとんど否定的なものであろう。しかし私たちがさらにその先に続く物語にまで目を向けたとしたら、どうだろうか？　環境の正義という秤にかけて、差し迫っているうえに断じて歓迎されない変動の数世紀を、氷河期の壊滅的状況を回避できそうな未来の何千年という時間と比べたら、どうだろうか？

ここで述べたような異常な状況にこれから本書のなかで読者は遭遇することになるが、単に憂鬱な話を長々と並べるだけではないから、安心してほしい。その代わりに、私が読者に受け取っていただきたいものは、希望へのしっかりした根拠と覚醒へのモーニングコールなのだ。読者も私も、「炭素危機（カーボン・クライシス）」と時に呼ばれる、歴史の重要な転換期に生きている。そして、この決定的に重大な転回点では、私たちの思考と行動が、長期的に見た世界の将来にとって、かつてないほどの重要な意味を持つ。しかしまだすべてが失われてしまったわけではないし、気候変動がほとんどの人間にとって致命的な危険をもたらす事象とされているわけでもない。後ほど説明するように、ホモ・サピエンスはほぼ確実に地球上に生存し続け、人類世が環境にもたらす影響を初めから終わりまで体験するだろう。そして、それこそが私たちにふさわしい役割だ。そもそも、私たちはこの地質学上の新時代を始めた張本人なのだから。

それでは、はるか遠い未来のことまで心配しなくてはならぬ理由はあるのだろうか。理由は簡単である。人間は種としては生き残るだろうけれど、私たちが現在直面しているのは、私たちの子孫が暮らすことになる未来の気候を決定する責任なのだ。炭素汚染を最低限に押さえ込むには大変な努力が当然必要になるが、大胆な方向転換を行うこと、そして人類全体の行動を制御することに失敗すれば、過去何百万年間も地球が経験することのなかった類の、極度の温暖化、海面上昇、海洋の酸性化などに見舞われる世界へと、私たちは子孫もろとも引きずり込まれることになる。そして、私たち自身よりも、人間以外の生き物のほうが、前途はずっと多難である。人間の影響が加わらなくとも、過去には厳しい環境の変化が繰り返されてきた。しかし、私たちと他の生き物が現在直面している状況は、この太古からの歴史を持つ地球という惑星において、初めてのものなのである。

さて、それではようこそ、私たちの遠い未来（ディープ・フューチャー）を一瞥する旅へ。ようこそ、人類世へ。

目次

※本文中、〈　〉でくくった部分は訳注です。

1章　氷河を止める

唯一期待してもいいことは、人類世が予想される極限の状況に立ちいたった場合、結果として、氷河期へと突入する前提条件が生じないで済むのではなかろうかということだ。

フランク・シロッコ（古気候学者）

人類の活動の結果として、驚くほど長期にわたる気候変動が私たちを待ち構えているわけだが、はるかな未来にまで及ぶその影響を吟味してみると、十分に検討に値するひとつの疑問が生じる。すなわち、もし私たちが化石燃料を燃やさずに、地中に埋もれたままにしておいたとすれば、地球の気候はいったいどうなっていたことだろうか、と。

仮にその通りにした場合でも、私たちの子孫たちは気候や海面の高さ、氷帽（アイスキャップス）の状態などに気をやきもきさせていることだろうが、読まれるニュースは今日とはまったく異なるものになっただろう。「大規模で、破壊的な気候変動が起ころうとしていますが、科学者たちの考えでは、いま私たちが適切な行動をとるなら、これにストップをかけることができます。私たちがこれまでどおりの行動を続けるならば、沿岸の居住域は海面の上昇によって崩壊し、国土はすっかり水に覆われることになります。水といっても氷った水ですが。しかしまだ希望はあります。十分な量の化石燃料を燃や・す・だけで、大気の温度を上げ、この氷結の惨事の到来をさらに数千年遅らせることができるのです」

ここで話題にしているのは次の氷河期のことだ。私のような古生態学者が地球規模の気候変動について考えるときには、温室効果による温暖化と同じく、氷床の侵出についても予測の対象とする。実際に大陸規模の氷河が発達したり消滅したりする原因は、いまのところ分かってはいないが、氷河の消長には一定のリズムがあることは明らかである。自然の周期的な律動を受けて、気温変動を表すグラフの線は、振るわれた鞭のようにループを描いて、温暖化と寒冷化が交互に連なる急な起伏を作り出す。長期的な視点から眺めると、過去200万〜300万年の間に生じた主要な温暖期は、長い潜水の途中で息継ぎのためにひょっこり顔を水面に見せる、ほんの短い中休みのようにも見える。そんな理由で、温暖期のことを、「間氷期」と私たちは呼ぶのだ。この周期性は、未来にはさらなる氷河期が私たちを待ち構えていることをも示唆していて、事実その可能性はとても高いので、気候科学者たちは、現在私たちが経験しているこの温暖期を、「現間氷期」と呼びならわしている。このような見方は明らかに尋常ならざるもので、古生態学者の多くは、「そう、当面は温暖化だが、氷河期はまたこれよりはるかに深刻かもしれない」と言ったりする。

狭い学問の世界の外でこうした見解と出会うことは稀ではあるが、これは科学においては主流に属する考え方である。将来の氷河期の回避までを視野に入れるほど長い時間尺度で考えることは、私たちの未来の気候について理性的な計画を立てることにつながる。その理由について正しく理解するためには、氷河期の本質を一段と深いところまで知らなくてはならない。

最後の氷河期が始まったのは約11万7000年前で、終わったのは1万1700年前である。その長く恐ろしい寒気が支配する時期には、世界の地表のおおよそ5分の1が、今日のグリーンランドや南極の内陸部と同じように氷に閉ざされていた。特に北半球の高緯度地域でそれは顕著だった。現在のカナダと北ヨーロッパの大部分は、ゆっくりと移動する最大3キロの厚さの氷床に覆い尽くされていた。現在のシカゴ、ボストン、ニューヨークの所在地は姿も形もなかったし、ロングアイランドと呼ばれている場所は、最後の大氷河の南進到達地点を印す、船首波の形の岩屑(がんせつ)なのである。ランドスケープ全体がその計り知れない重みを受けてたわみ、地球の柔らかい内部へと何十メートルも、ときには何百メートルも下降していった。そして、砂利でざらつく氷の下腹は堅い基岩に引っかき傷をつけ、溝を穿っていった。その傷はかつて氷河に覆われていた各地にいまでも見ることができる。

北方の地域の道路沿いや小道に氷河の堆積物や氷食岩石を見ると、大地を削る巨大な氷のぶ厚い板が周囲を押しつぶしているところを容易に想像できる。北部ニューヨーク州アディロンダック山地のわが家の付近で、私はしょうっちゅうそんな想像をしている。最近では、セントレージス山付近の森の小道から外れて、これまで目にしたもののなかでは最大級の氷河漂移性の巨礫を、間近で見ようとしたときにも、そんな想像に浸った。

どっしりとした灰色の斜長石の塊は幅も高さもわが家を上回っており、その地衣類に覆われた側面からは、ガレージサイズの断片がはぎとられた跡があった。それらは、岩の身体の周りに、脱ぎ捨てられた衣装のように低く積もっていた。この巨石の足元には、やっと這いずりまわるだけの空間があって、世捨て人が身を屈めて潜んでいるか、熊のすみかになっているのではないかと思われた。だが、覗き込んでみても、見えたのは土色をした砂利だけだった。汚れのない、形の揃った、滑らかな丸みを帯びた砂利は、付近を流れる浅い小川の河床の砂利とそっくりだった。それは、一度も林床の土や葉積層に埋もれたことがなく、融けた氷河が落としていったこの巨大な岩に覆い隠された頃と変わらぬ姿をしていた。

　この太古の光景は、山々が光の届かぬ長い幽閉状態からようやく少しずつその姿を現しつつあった頃へと、私の想像力をかきたてた。目の前でさらさらと風に鳴るブナやカエデやシラカバも、林床に堆積した汚れた腐葉土もなく、冷たく澄んだ空の下に鈍く光沢を放つ濡れた砂と丸い小石を敷いた、荒涼とした茶色の荒れ地が想像できる。視界には一本の高木も、灌木も花もなく、真新しい巨礫には地衣類もまだあまり付着していない。沈泥（シルト）を含んだうす濁りの川と、青空の色を映した溶解青（モルトン・ブルー）の水溜まりが光を反射している。融けていく山のような巨大な氷の塊が深いくぼみにまだ残っていて、老犬が冬毛を落とすように、汚れた表面の氷の層を脱ぎ捨てている。はるか遠く北の地平線上には、白い、1マイルほどの高さの見慣れぬ丘陵が連なっていた。陽光によってシワを刻まれた、融解中の氷床の南面である。こうした幻影が見えたのはわずかな時間であったが、巨大氷床（ビッグアイス）がこの眺望を支配していたはるかな過去といまがつながっているという感覚が、その日歩いている間中、私のなかに残った。

　このイマジネーションゲームを続けてみよう。この土地が再び氷河に覆われたとしたら、ど

氷河漂移性の巨礫を調べる著者。北部ニューヨーク州、アディロンダック公園のセントレージス山付近。(ケアリ・ジョンソン提供)

うなるだろうか。

現在ここアディロンダック地方において私たちが心配しているのは、酸性雨や侵入種や地球温暖化がこの土地の生態系に及ぼす影響である。これはもっともな懸念だ。ただ、これらが原因となって、アディロンダック山地のあらゆる魚や鳥が最後の一匹まで死に絶えてしまうことはないだろう。また人類世における温暖化が最悪の事態へと進んだ場合でさえ、この土地はまだ何らかの植物の緑で覆われていることだろう。現在私たちが慣れ親しんでいる種がすべて無事であることはないにしても。

一方、全面的な氷河の発達は、完全な全滅を意味する。湖という湖はブルドーザーで均したように、玉石、砂、砂利の分厚い毛布の下に窒息する。サトウカエデも黄花カタクリも苔の群生もひとつ残らず、岩石と土砂の船首波に放り上げられ、押しつぶされて、どろどろのパルプと化す。足を持つもの、翼を持つものはどれも南をめざして逃げ出す。アディロンダックの山々の頂はみな白くて重たい潮に覆われ、姿を消す。レークプラシッドの象徴であるスキーのジャンプ台は倒れ、すり砕かれて破片となり、サラナクレークからオールドフォージにいたるまでの町や村はどれも跡形もなくなるだろう。

一方、さらに北に位置するカナダの国土はほとんどが消滅する。ケベックシティー、モントリオール、オタワ、トロント、ウィニペグ、カルガリー、バンクーバーも、である。もちろん、ハドソン湾からバンフにいたる原野については言うまでもない。人間にとって、カナダと呼ばれる土地はもはや数万年にわたって存在しないことになる。ただ、アンタークティカと呼ばれる巨大な氷の大陸がいま南極にうずくまるように存在するのと同様の意味では、あり続けるだろう。さらに大西洋を渡った向こう側では、侵攻を続ける白い壁がダブリン、リバプール、オスロ、ストックホルム、コペンハーゲン、ヘルシンキ、サンクトペテルブルグを粉砕し、グリーンランドの海岸の縁に拓かれた居住地は、分厚い氷のへらで掬い取られ、海中に消え去る。

世界中の多量の淡水が凍結し、大陸内に閉じ込められるにつれて、海水面は１２０メートルも下降する。21世紀に港だった場所はどこも陸地の奥深くへと乗り上げてしまい、長くほっそりとした親指みたいなフロリダ半島の幅は2倍になり、現在熱帯地方の浅海に発達するサンゴ礁は、その跡地に草や木を芽生えさせている。熱帯の気候の冷涼化はモンスーンを弱め、アフリカとアジアの各地は慢性的な干ばつ状態に陥り、抜け出せなくなる。

気候変動を論じる際に、気候史学者の頭のなかにあるのはおそらくこのようなことである。ほとんどの専門家が近来の温暖化によって人類世の未来に現れるであろうと予測する事態と、これとを比べてみるなら、古生態学者の非常ボタンがそう簡単には押されそうもない理由が理解できるだろう。

だが、待ってくれ。地球温暖化は次の氷河期の引き金を引くことになっているはずではないか？　あの終末論的な環境スリラー映画、『デイ・アフター・トゥモロー』ではそうなっていた。温室効果ガスの影響によって、突如、北大西洋の気候を決定する上で重要な役割を持つ海流が遮断され、超氷河作用が始まる、というやつだ。

そう、あの映画は完全に間違いというわけではない。暖かいメキシコ湾流のおかげで、北西ヨーロッパは寒冷化を免れ、比較的温暖な気候を保っているという点は、その通りだ。それは相互に結ばれた海流が作り出す世界規模の巨大なコンベアベルトシステムに属していて、熱帯の太陽に熱せられた海水を北大西洋の冷たい表層水域へと引きこみ、そこで冷やされた海流がこんどは海面下に沈みながら南への帰還の旅路に着くという仕組みになっている。科学者のなかには、将来の気候変動によってこのコンベアが破壊され、にわかに地域的な寒冷化が始まる可能性を憂慮する人たちがいる。映画では、すさまじい風が容赦なく氷の牙をむいてマンハッタンを襲うというシーンがある。しかしこの筋書きの魅力とは別に、これに劣らないいくつかの深刻な疑問が、過去と未来の気候変動に果たすコンベアの本当の役割について残されている。

このコンベアを稼働させる発動機の名には、複数の無味乾燥な学術用語が当てられている。最も新しいのが、子午面循環（Meridional Overturning Circulation）、略してＭＯＣである。また、熱塩循環（Thermo Haline Circulation）、略してＴＨＣと呼ばれるモデルもある。その基本となる前提は、海水の温度と塩分濃度の変化が主要な海流循環を推進させるというものだ。

熱帯の海洋表層の温水は盛んに蒸発するので、平均的な海水よりも塩分濃度が上昇する。メキシコ湾流が西アフリカとカリブ海に挟まれた熱帯域を出発し、ずっと寒冷な北大西洋へと流れ込むときに、北方の海水と容易に混じり合わないのは、熱帯の熱を蓄えているために密度が相対的に低いからである（温まると水も空気も膨張する）。しかしメキシコ湾流は徐々にその熱の多くを北大西洋上空の冷気のなかへと開放する。そしてついに熱が冷め切ると、余分に塩分を含んでいるがために通常より密度の高い状態になるわけである。

このように余計に密度が高い分、メキシコ湾流の一部は海面下に沈みこみ、一段と深いところを川のように蛇行しながら進んでいく。再び海面に姿を現す頃には、その深層を流れる水は、みみずがのたくるようにアフリカ南端を回って、インド洋や太平洋へと入りこんでいる。そこでようやく海面に戻ると、海流は旋回し、ふたつの大洋を再び横切り、南アフリカ南端を回り、途中で再び赤道海域の熱エネルギーの補給を受けながら、北大西洋へと帰って行く。いくつもの分流が南洋やアラビア海でも作動しているから、この地球規模のコンベアの曲がりくねった道には、さらに何本ものループ線がつながっているわけである。

ところが、実際にはこれで説明が済むほど単純なものではない。このＴＨＣの概念をスライドにして専門家がプレゼンすると、（最近の英国王立協会の会合で、ある発表者が呼んだところの）「海洋学者発見器」になる。というのも、もし聴衆に専門家が混じっていれば、「その極端にひどく単純化された説明に、その顔が見るからに青ざめるのが分かる」からである。

ＴＨＣモデルは、間違っているというよりは、不完全なのである。だからいまや大多数の科学者が、海洋性気候を議論するときに使うモデルを、包括的なＭＯＣ式に切り替えた。温度と塩分濃度だけが海洋の潮流を推進させるわけではないからだ。風や潮位変化も少なくとも同程度の影響力がある。ＴＨＣ型の流れは確かに発生するのだが、中緯度では西寄りの風が、熱帯では東寄りの貿易風が、海流を押す力として実際には大きな働きをしているのである。

それではなぜ海洋性のＭＯＣは気候に影響を与えるのか？　メキシコ湾流から発生した熱が大気中へと上昇するにつれて、ヨーロッパに向かう西風を暖めていく。こうした海洋の影響を受けた風に恵まれなければ、ロンドンの寒冷化の程度はどれくらいになるだろうか、まあ、地図を見てもらうのがいい。大西洋を挟んでロンドンと同緯度地点に何があるか。そう、雪に覆われたラブラドルだ。

こうした知識をもってすれば、、『デイ・アフター・トゥモロー』の間違いを指摘することができる。マンハッタン上空では、海からではなく、岸から大西洋に向かって吹く風が優勢である。それなのになぜメキシコ湾流の停滞がマンハッタンを凍らせることになるのか？　映画は、年間を通して厳しい冬から逃れられないヨーロッパの姿を描いているが、これも非現実的だ。たとえラブラドルに匹敵する気候になったとしても、夏の北ヨーロッパの気温は、現在のラブラドル同様、かなり上昇することだろう。

実際には、ＭＯＣの減速だけでは、ヨーロッパの気候がラブラドルの気候と同程度になるという事態は起こらないだろう、なぜなら、ヨーロッパが地理的に、大陸の内部ではなく、気温を和らげる作用を持つ海洋の風下に位置しているからである。さらに、北大西洋上で現在優勢な風は、表層水の温度や塩分濃度の変化にも関わらず、表層の海流に時計回りの回転を与えているから、この風が北大西洋に吹き続ける限りは、メキシコ湾流はなんらかの形で存在し続けるだろう。

コンピュータによるシミュレーションには、温暖化した未来でコンベアの穏やかな減速を予想しているものも確かにあるが、本当にひどい破壊的状況を引き起こす条件としては、おそらくは陸氷の融解によって、きわめて膨大な量の淡水が一気に海へと流れ込む必要がある。例えば大氷床が滑り落ち、北大西洋に流れ込んだ先が、決定的に重要な働きをしている海流沈下域だったとすると、そのときにはひょっとして希薄で浮揚性の高い真水が大西洋の表面をすっかり覆うようなことも起きるかもしれない。

１９９９年、海洋学者のウォレス・ブルーカは、複数の悪条件が偶然に重なるパーフェクトストーム状況下で生じる、そうしたＭＯＣの完全崩壊の様子について、注目すべき理論的説明を公にした。スカンジナビアの森はツンドラに取って代わり、アイルランドは、北極圏ノルウェーの島、スピッツベルゲンと同じような気候になる。英国のハドレーセンターの気候モデル製作者たちが、数年前、「ＭＯＣを殺せ」という指令を彼らのコンピュータに与えたときは、デジタルスクリーン上でのことではあるが、仮想大気の温度は10年間で5℃下がった。

しかしブルーカはこのようなシナリオが実現することはありえないと主張する。というのも、こうした理論上の出来事がこれまでに唯一起こったのは、氷河期による長い寒冷化の後のことだったからだ。今日では、MOCが崩壊するのに十分な量の、すぐにでも溶け出しそうな氷は、北半球には存在しない。だから、そもそもMOC崩壊の舞台を整えるためには、カナダ、北・中央ヨーロッパ、そしてスカンジナビアが厚い氷床で覆われなくてはならない。そんなことが未来に起こるとしたら、寒冷化の後になる。

海洋循環において風が担う役割のより正確な再現を目指して、アップグレードしたコンピュータモデルが予測するように、人類世における MOC破壊による北大西洋地域の寒冷化は、仮に起こっても、その程度は取るに足らないものである。気候変動に関する政府間パネル（IPCC）の最新の報告書が結論づけるように、「MOCが21世紀中に突発的に大きな変化を起こす可能性はきわめて低い」。また将来の温室効果による温暖化の威力は圧倒的で、MOCに関連した小規模の地域的変動などあっても問題にならないと、ほとんどの専門家は考えている。ブルーカは、こうした研究成果に照らして、海洋と気候の関係について、非専門家筋から出てくる発言があまりにもひどく誇張されているような場合には、言動を差し控えてもらうように努力している。だが、それは良くできた話の誘惑に対する、科学のなかなかタフな闘いなのである。

そんな例をひとつ挙げてみよう。米国防総省により委託されたある研究では、MOC崩壊を国家の安全保障に対する深刻かつ差し迫った脅威であるとする、乱暴な極論が提出された。その2003年の報告書では、軍事的立案グループの間では慣わしとなっているように、著者たちは起こりうるすべての状況のなかで最も過酷なものだけを提示するのだと断わっているのだが、その免責の但し書きも、引き続いて繰り出されるいくつもの恐怖のシナリオによって、簡単に見逃されてしまった。彼らの描き出すところでは、地球の平均気温の上昇はますます加速し、西暦2010年、ついにMOCの崩壊が始まる。さらに10年も経たないうちに、彼らのモデルによれば、ヨーロッパ北部では3℃も気温が下がり、破壊的な干ばつがアメリカ合衆国を襲い、「寒冷化し食糧難の中国はうらやましげに、ロシア国境および西域国境を越えた先にあるエネルギー資源を耽々とうかがう」

これに対し、ブルーカは『サイエンス』誌上に公開書簡を載せて、その誇張された議論に対する憂慮を表明した。「提示された変動の時機およびその重大性について、深刻な疑義を呈するものである」と書いて、そのような極端な変動が発現するまでには長い時間がかかるうえに、変化を誘発するのに必要なのは地球温暖化ではなく、氷河形成に類するような状況であろう、と指摘した。さらにブルーカは警告して言う。コンピュータモデルはいまだに過去に生じたMOC擾乱の複雑な状況を完全には再現することができない。ましてや将来についてはいうまでもない、と。彼は次の諫言で書簡を締めくくっている。「誇張されたシナリオは地球温暖化をめぐる現在の議論の二極化をいたずらに助長するだけである」

しかしながら、MOCの完全崩壊のイメージは感情にとても強く訴えるものなので、人々のことが分かった。したがって、このような状況にあるから、大事を取るために海洋学者たちは、近来の温暖化に対して海洋コンベアが反応する兆しをうっかり見過ごさないように、じっと見張っているのだ。例えば、2005年に、英国の研究チームが、1957年以来MOCの流れが30%減速しているという調査結果を発表した。このニュースは素人玄人を問わず人々の間で大きな評判になったが、検証を行った結果、このMOC減速警報は――『サイエンス』の短信欄でリチャード・カーが訂正のために使った表現を借りれば――「誤報」であったことが判明した。MOCの流れのパターンはきわめて変化に富むものだから、数値をさらに念入りに見直したところ、報告された傾向は、ランダムな揺らぎと明確に区別されるものではないことが分かった。

もしMOCの変化によるヨーロッパ凍結がありそうもないなら、人類世の地球では氷河期には出る幕がないというわけだろうか？　いや、条件付だが、「ある」が答えだ。しかしもし氷河期が再出現するとしても、海洋循環の崩壊のせいで起こることはないだろう。大規模な氷河作用を促進させるのは主に、毎年太陽のまわりを踊るように楕円軌道を描いて一周している地球自身の運動なのである。

大衆的なメディアに載る多くの記事の書かれ方からすると、私たちが温室効果ガスの排出を止めさえすれば気候変動は完全に防げるのだと読者は考えるかもしれない。だが気候というものは、私たちが存在しようがしまいが、常に変化するものなのである。だからその通りのことは火星でも起こっていて、そこでは地球と似た周期的な結氷期、融雪期、洪水期が、堆積した赤い砂や砂利や塵の上にその痕跡を残しているのである。幸いなことに、その手の変化は多くが周期循環的なものなので、コンピュータ画面上に再現することで、ある程度予測することができるのだ。

この惑星の踊りのなかで最も速い動きは横揺れ（ウォッブルズ）である。回転するコマが次第に速度を落とし、だんだんとそのバランスを失っていく様子を思い浮かべて欲しい。コマは、軸を中心とした回転が弱まるにつれて傾き、揺れながら次第に大きな円を描き始める。地球も同じことをしているのだ。いますぐにでもひっくり返ろうとしているわけではない。この揺れの周期によって、北極はおおよそ２万１０００年ごとにひとつの輪（ループ）を描く（専門的に言えば、周期には、実は１万９０００年と２万３０００年というふたつのモードがある）。

この揺れが気候に影響を与える。なぜなら、太陽光の強さ、すなわち日射率が変化することで、この惑星の湾曲した地表のさまざまな地点に影響を及ぼすからである。毎年、北半球が太陽から遠ざかるように傾くと、冬が訪れるし、太陽に向かって傾斜すると、夏が訪れる。約２万１０００年周期で、毎年北半球に夏をもたらすときと、ちょうど私たちが卵形の公転軌道上で太陽から最も遠い地点にいるときとが重なるようになる。これが起こると、北半球の夏は普段よりわずかに冷涼になり、その結果、融雪量が減少する。

さて、ここで覚えておいていただきたいのは、こうした事象は太陽そのものが変化するがために起こるのではないということだ。そうではなくて、時間の経過とともに、太陽の光が季節および南北両半球に及ぼす効果が異なってくるからなのである。こうした効果は地理的条件によって増幅される。というのも、主要な陸塊のほとんどが北半球に集中しているうえ、乾いた硬い陸地には海洋よりも容易に氷を堆積させる性質があるからだ。こうした理由で、氷河期は北半球において始まるのが普通なのである。最後の氷河期が始まったのは、カナダ北東部およびユーラシア北西部の、日射率が氷床形成に有利に働く地域においてであった。

しかし話はここで終わらない。超巨大氷床の消長に影響を与える、さらに長い周期の運動が複数存在するのだ。

地球はまた、揺れ動くに連れて、季節ごとの温度差を増幅させるような、いくらか険しいかしぎ方をする。揺れより遅いかしぎの周期は4万1000年で、その間に北極は22・1度から24・5度の弧を描いて前後に揺れる。この周期で地軸の傾きが緩やかになると、南極も北極も夏の太陽を直接受けにくくなるので、夏の気温が普段より上がらなくなる。いまだに理由は解明されていないが、このかしぎが主要なペースメーカーとして働いて氷河期が繰り返されていたのはおよそ100万年前までで、その頃を境に、かしぎの周期に、揺れおよび第三のさらに緩やかな周期の力が加わるようになった。

この第三の周期は、偏心振動で、太陽を回る地球の公転軌道を歪める。地球の軌道はおよそ10万年の間に形をいくらか卵形に変えるものであり、また41万2000年ごとにこれとは異なる変化も起こす。太陽はこの地球が描く輪の中心から外れたあたりに位置する――楕円のどちらかの端に寄り添うようにしている――ので、地球と太陽との距離は、季節が巡る間に大きく変わり、この偏心周期によって起こる軌道の歪みが気候の変化をさらに助長する。地球の軌道が描く輪の歪みが最もひどくなるときには、卵型軌道の最も遠い端にいる私たちの元に届く太陽の熱は大幅に減少することになる。

こうした3つのサイクルが同時に働くときの相互作用については、水が作り出す波をイメージすると理解しやすい。この方法は、オーローノのメイン大学に設置された気候変動研究所の所長で、私の友人かつ同僚である氷芯(アイスコア)研究者のポール・マィエフスキーから教わった。彼は自分の極地気候の記録に現れている、不ぞろいの急上昇や小刻みな揺れが何に由来するものなのかを説明してくれた。

「ちょうど湖に立つ波のようなものだ」。彼の説明を聞きながら、心地よい風を受け、整然と列を成して波が次々と生じるさまを想像した。「大きな波の上下動は、ゆっくりとした偏心周期に似ている。この波の動きにモーターボートの航跡が加わるとどうなるだろう？　モーターボートの波はもっと小さくて間隔も密だから、大きくて幅もある波の列に加わることはない」

私がそのとき思い描いたのは、水上スキーに明け暮れていた若い頃によく見た、不規則に波立つ水面だった。波のパターンが単調で予測可能なら、そこでバランスを保つのは容易だが、ボートを急にUターンして航跡を逆に進んだり、別のボートが三角の波を立てながらこちらの進路を横切ったりすると、波の狂乱状態が生じた。ふたつの波頭が衝突すると、水が空に向かって弾むように跳ね上がり、ふたつの波くぼが出会うとは、低く弾む。このような波の衝突地帯に、さらにそこを横切って前進する動きが加わったらどうなるか。私の経験からすると、水上スキーヤーは転倒し、波の衝突地帯のなかを、コルク片のようにひょこひょこと上下に揺すぶられながら、クルクルと回転することになるだろう。

「長時間の気候の変化には主にこうした要因があるのさ」とマィエフスキーは続けた。「異なる周期の運動が同時に生じるときには、それらが調和して、互いを強め合うこともあれば、弱め合い、消し合うこともある。そしてより多くの周期が気候システムに組み込まれると、ますます不安定になる」。膨大な時を経るうちにいくつもの波が交錯するように、複雑化した地球の日射率の周期は、驚くほど多くの自然気候を不安定化させる要因となっている。そして、日射率の周期が重なって、長期にわたる低温を発生させる組み合わせとなると、本格的な大規模氷河期への引き金が引かれることになる。

このような周期パターンの発見は19世紀のスコットランドの科学者、ジェームズ・クロルの手柄だったが、その後20世紀初頭に、セルビア人の土木技師、ミルチン・ミランコヴィチによって磨き上げられた。理論と歴史は完全には一致しないし、過去に起こった短期の気温の揺動の多くは他に原因があった。さらには、北方に発達した氷河が、なぜ直ちに地球上のかくも広範囲に影響を及ぼしたのかは、まだ正確には分かっていない。例えば地球のゆっくりとした旋廻は、北半球の夏の低温化を招く一方で、南半球の夏を高温化する傾向があるので、そのために、ややもすると氷河期が一回ごとに影響を及ぼす範囲を地球の半分だけに限定しかねない。しかし氷河期が到来するペースは日射率によって決まるという基本的な仮説を支持する十分な証拠が、地質学の記録に残されているのである。例えば、南極で採集された特大の氷床（アイス）コアによって最近明らかになった歴史がある。このコアのなかには80万年の気候変動の歴史がつまっていて、そしてそれは10万年の偏心周期と一致する8度の氷河期の周期を捉えているのである。

クロルとミランコヴィチは紙と鉛筆を使って、膨大な時間をかけて過去の日射率の数値を計算した。退屈きわまりない仕事だ。いまならコンピュータが秒単位で計算してしまうだろう。いずれにせよ、将来の人類世の気候との関連で何より興味深いのは、こうした日射率周期を未来へと投射するモデルである。北極における日射率のパターンを未来へ向かって追跡していくことで、いつ氷河期が再び戻ってくるのか、あるいは人類による炭素汚染がなかった場合にいつ氷河期が起こるのか、を私たちは予測することができるのである。

現在、揺れの周期が北半球の夏をわずかに冷涼なものにしようとしているが、これは新たな氷河期が始まるための前提条件のひとつである。そして、最後の氷河期後の過去1万1700年間の状況を、繰り返されてきた間氷期の最新のケースと見るなら、常識から考えて、私たちは新たに急速な寒冷期を迎えようとしていることになるだろう。

1960年代には、一時的な地球規模の寒冷化現象が生じ、数名の科学者がそれを地球が冷凍庫状態に回帰する兆しと誤ったために、メディアは「地球に寒冷化の恐れあり」と興奮してざわめきたった。こうした反応は、もちろん誤りから生じたものだったが、原因としては、検証の対象となった観測データが10年規模単位と短すぎたためで、ミランコヴィチの周期尺度とは比べ物にならなかった。さらに、当時新氷河期到来の兆しと感じられていたのは、実は、20世紀の温暖化傾向の一時的な小休止だったのである。

しかし私たちは当時よりずっと進歩している。よく訓練された専門家たちがそのキャリアを

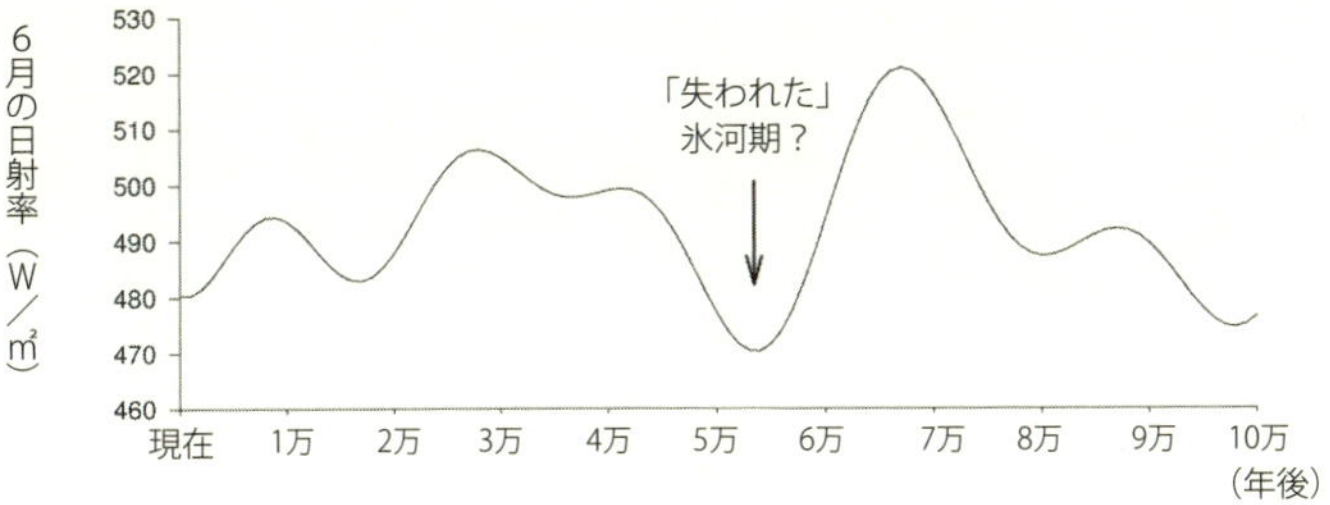

北緯60度における日射率。西暦5万年頃に寒冷化が予想されている。化石燃料焼却による排出物質が残留していない場合に、これが次の氷河期到来の引き金になるかもしれない。（データはマリ・フランス・ルートル提供）

賭けて、軌道周期のパターンおよび軌道周期が気候に及ぼす影響を懸命に計算している。彼らのなかで最も影響力があるのが、アンドレ・ベルジェとマリ・フランス・ルートルという、ベルギーのルヴァン・ドゥ・ヌーヴの天文・地球物理学研究所で働くふたりの気候学者である。日射率のデータを載せた彼らの図表や計算表は科学文献において広く引用されている。上のグラフはルートル博士から提供してもらったデータから作成した。

それでは、次の氷河期はいつ到来する予定になっているのだろうか？　２００２年に『サイエンス』誌上に発表されたベルジェとルートルの図表はそれをはっきりと示している。現在、北極は夏の日射率が比較的弱まる局面に入っているが、これは、偏心周期の影響がもっと強かった古い時代だったら、今後数千年のうちに地球に次の氷河期をもたらしていたかもしれない。しかし今回の事態はあまりに穏やかなため、人間由来の温室効果ガスによる反寒冷化効果がなくとも、氷河形成作用を引き起こすことはないだろう。太陽を回る地球の軌道がほんのわずか逸れたおかげで、私たちは氷の弾丸を寸でのところでよけることができたのだ。

ベルジェとルートルの研究はまた、41万2000年の偏心周期がこの数千年間でその効果を弱めてきており、このことが寒冷化を示すグラフの谷を平らに均す役割を果たしている、ということを明らかにしている。この最も長い周期に変化が生じた結果、地球の軌道はより均整の取れた形になり、地球上の季節ごとの気温差の幅はそれだけ狭いものになる。これは、人類世のずっと遠い将来における周期的な気候変動を、さらに穏やかにするだろう。

いまからおおよそ2万5000年ほど経つと、太陽を回る地球軌道は円に可能な限り近づき、また、北極の氷塊を温めたり、あるいは冷やしたりする他の周期の力もきわめて弱くなる。そのような状況下でも、いまだに私たちは地域的な短期の気候の撹乱には直面する。例えば、北大西洋振動とか、エルニーニョとか、今日私たちが知っている地域の特異的な天候は相変わらず頑固に続いていることだろう。しかしこうした撹乱も、地球軌道の変化が引き起こすもっと長期のパターンが平準化すると、平らに均された表面にはかない漣(さざなみ)が立つ程度に過ぎなくなるだろう。いまから2万5000年ほど先になると、今日私たちが経験しているより地軸の傾斜がごくわずかに高まり、北半球の夏の日射率の描く曲線はちっぽけな頂——低めの丘と言うべきか——になるだろう。

その低い山形の波動(ブリップ)は穏やかな熱量の上昇を引き起こすだけであろうが、それが実際に意味しているのは、人間の影響がなくとも、北極の夏が来る数千年のうちにごくわずかながらも温暖化する予定になっているということである。もしベルジェとルートルが正しければ、低い海面と、重い氷が覆うグリーンランドを愛するファンには歓迎されないニュースかもしれない。

軌道周期カレンダーによれば、北極の夏に氷を生じさせるほどの寒気が次に訪れる危険性は、西暦5万年頃まではない。しかし、人類が次の氷河期問題に参入してしまうのはまさにここだ。ほとんどの気候モデルでは、もし大気中の二酸化炭素の濃度が250ppmを超えることがなければ、未来のこの時点で氷河期の引き金が引かれることになっている。しかしこれを書いている時点での二酸化炭素濃度は387ppmで、しかも上昇中である。明らかなのは、濃度が下がって250ppmという閾値を再び下回ることは、非常に長い期間にわたってありそうもない。実は、3章で説明するように、二酸化炭素濃度は西暦5万年の時点でも優に250ppmを超えたままだ。それが産業化以前の状態に戻るまでには、さらにその先数十万年を要することになるのだ。

これらふたつの要因、すなわち、次の寒冷化周期がそもそもあまり厳しくない点、ならびに私たち人間の産み出した炭素汚染の長期効果が重なって、驚くべき結論が導き出される。この1世紀の間、私たちは炭素の排出によってこの世界を温暖化してきたばかりではない。私たちは、やって来るはずの次の氷河期への進行に、突如、ストップをかけてしまったのだ。

最近のコンピュータモデルでの研究によれば、これは氷河期の消長に私たちが与える影響のほんの幕開けに過ぎないかもしれない。ことは、次の1世紀ないし2世紀の間に私たちが何をするかにかかっているのである。私たちが代替エネルギーに切り替えるまで、化石燃料からの総排出量を控えめの数値に抑えたとしても、5万年後に来る次の氷河期はすっ飛ばされることになるだろう。だが、自然の寒冷化の波動は、その後もさらに発達を続けていく。続いて西暦13万年頃に大氷河期が北半球を襲うときには、「控えめの排出量シナリオ」の温室効果ガス汚染の遺産はすでにすっかりその効力を失っているから、氷河形成に抵抗する要素はひとつも残っていない。再び氷は北半球の大陸北部を覆うであろう。あるいはむしろこう言おうか。次の1世紀くらいの間に、残っている石炭の備蓄をすべて燃やしきってしまわないなら、氷河は再び襲うであろうと。私たちがもしこのような浪費の道を選び、歩んでいくのなら、非常に長期にわたって氷河期は訪れないであろう。西暦5万年にも、西暦13万年にも、そしてその先の50万年の間に起こる次の日射率最減少期にも。

このニュースに私たちはどう反応したらいいのだろうか？　人類の残した炭素によって、乱暴に氷河期の扉が閉ざされるのを想像したとき、私はまず、恐怖の苦痛を伴ったショックを覚えた。だが、私たちの排出する炭素が、合衆国北部、カナダ、そして北ユーラシアの大部分を、巨大な氷床による圧殺から救うのを想像すると、かなり当惑した。

仮に温室効果ガスによる汚染は少しも悩ましい問題ではないと言えば、大風呂敷を広げていると思われるのがオチであろう。しかし、地球規模で見れば、氷河期を地球温暖化と比べるのは、水爆戦争をバーでの口論と比べるようなものである。到来しつつある環境の撹乱に私たちが気を揉むのは、確かにもっともなことだが、いまのこうした状況でさえ、氷による完全破壊で国家や生態系を丸々失うことに比べれば、多分、ましである。仮にこれらふたつの選択肢からひとつを選ばざるをえないとしたら、どうだろうか。

実は、私たちはまさにいま、近来の気候変動に対処するための様々な可能性を秤にかけながら、その選択を実行しようとしているのだ。この先およそ千年も経たないうちに、今日の化石燃料からの排出物質がもたらすもっと極端な否定的効果のほとんどが感知されるようになるだろう。しかしこの同じ排出物質がさらにその後もその効果を維持し続けることによって、さもなければ必然的に到来する氷河期を耐え忍ぶその辛苦から、はるか未来の私たちの後続世代が救われることになるとしたら、どうだろう？

一見、この倫理的ジレンマは突飛なものに思えるかもしれない、間抜けなジョークみたいに。あまりに軽々しい口調で語れば、現在および将来の気候変化によって被害をこうむるかもしれない人たちを軽蔑するような物言いに聞こえてしまう。またそれは、どんな言い訳を探してでも化石燃料の消費規制を回避しようとする反対者たちに、格好のエサを投げ与える行為のようにも感じられる。しかし事実は明白であり、注意深い検討の対象に値するものだと、私は信じている。

残念なのは、この問題を考える際に使われる時間尺度が非常に長いために、議論がややこしくなることだ。気候変動が私たち自身やせいぜい孫たちにどんな影響を及ぼすかを想像するほうが、いまから13万年先の人々にそれがどう影響するかを想像するより、ずっと容易である。このことが、さらに、ある人たちにとっては問題をまじめに考えることを困難にしてしまう。彼らにとっては、自分たちの一生の価値と、はるか未来の未知なる市民のそれとを秤にかけることは、生きている子供の価値と漫画のキャラクターの価値とを比較することと同じくらい、馬鹿げたことなのだ。人も時代もそれほど遠いとなると、単純に距離感がありすぎて現実味がなくなるものである。

一方、将来の世代のために考え、行動しようと努力することは、おそらく見た目ほど簡単ではない。注意を向ける先が時間的、空間的に身近にいる者たちだけではないからだ。

まず、受益者がいったい誰になるのかを決定しなくてはならない。リストには、例えば西暦2500年に生存しているすべての人間が含まれるのか、あるいはそのなかから選ばれた限られたメンバーだけなのか？　自分の子孫が暮らす世界の気候がいまのあなたの世界と変わらぬままであってほしいと願って、ガソリンをがぶ飲みにする車を処分したいと思っているかもしれない。しかし、その選択が、例えばどこかの国の気候を、思いがけず、ずっと湿潤にしてしまう、あるいは反対に、もっと乾燥しがちにしてしまうとしたらどうだろう？　あなたは自分の血筋を他人の血筋よりも、やはり優先するのだろうか？　そしてもしあなたが自分自身の子孫を贔屓するとしても、将来の世代といってもそれぞれ暮らす場所と時代によってものの好みも異なるだろうから、あなたはどの子孫に焦点を絞るのかを決めなければならない。

もし人類世の全体像を対象とするなら、とても多様で、とても大きな数の未来の人々を考慮しなければならない。彼らの多くは温暖化する世界に暮らすであろう。しかし大多数は、大気中の二酸化炭素量が元の状態に復帰する過程の、ゆっくりと熱が冷めていく世界に生きることだろう。ことによると、西暦13万年の世界の市民たちは決断するかもしれない。すでに何千年も氷のない海と高緯度での貿易が続いた後だし、それに新たな氷河期が近づきつつあるのだから、二酸化炭素濃度を産業化以前に戻すよりは、いまのままの状態を維持することが好ましい、と。もしかすると、その頃までには、長く効力を維持してきた、現在の私たちによる炭素排出も、汚染としてではなく、むしろ地球寒冷化に対する保険と見られるようになっているかもしれない。

いや、また、そうはならないかもしれない。それにしても、未来の人々の運命を決定する私たちとは、いったい何者なのだろうか?

私たちは、西暦2100年という締め切りが過ぎてもなお、非常に長い間、地球の気温について大騒ぎを続けていることだろう。しかし、未来への長期的な展望のもとに決断をすれば、最悪の結果の到来を避けるだけの時間が、私たちにはまだあるのだ。私たちの世代が行うことになる最も重大な決断のひとつに、次のような決定的な選択がある。すばやく化石燃料を他のエネルギーと交替するという「控えめのシナリオ」か、残っている安価な石油をすっかり燃やしつくし、さらに残りの石炭までも完全に使い切るという「極限のシナリオ」のどちらを選ぶか。しかし、どちらを選んだ場合でも、次第に明らかになりつつあることがひとつある。人類世がこれからたどる行程において、自らが生み出した環境問題が長い列を連ねて次々とやって来るが、人類はその挑戦を避けては通れないということなのである。

2章 地球温暖化をこえて

炭素は永遠である。

メーソン・インマン『ネーチャー気候変動レポート』(2008年11月20日号)

化石燃料由来の炭素は、長期温暖化から海面上昇にいたるまで、その共通要因となっており、一本の糸のように人類世を貫いている。そのため、すでにいくつかの大規模な環境変化はいまや回避し得ないものとなってしまった。しかし、実際に事態がどのような展開をたどるかという変化の具体的な決定は、ほとんど私たちに任されているのだ。幸か不幸か、21世紀を生きる私たちは、この新しい人類の時代における、有力な意思決定者となるのである。私たちの前方には、選びうる数本の道がある。そして、この先100年ほどのうちに燃やす化石燃料の量を決定し、それに基づいて、どの道を選ぶかが決まるだろう。自らが作り出した炭素危機の只中で、賢明な選択を求めて取り組むときに必要なのは、いまの私たちの行動が長期にわたって未来の世界にどのような影響を及ぼしうるのかということについて、可能な限り多くを理解することである。

人間によって引き起こされた気候変動の初期段階では、地球温暖化が舞台の真ん中で脚光を浴びる。だが、それも長大なシナリオのほんの序章に過ぎない。物語が進むにつれ、気候変動はほとんど地球「寒冷化」を意味するようになるだろう。もっとも、その前に、人為的に引き上げられた気温が現在の気温を上回る時代が数千年にわたって続くことになる。次第に影響力を増しつつある一群の気候預言者たち（後ほど紹介しよう）によれば、私たちの残した炭素の汚れた足跡を徐々に消し去る緩やかな自然の作用が、二酸化炭素濃度を正常値の範囲まで下げるには、さらにあと数世紀どころか、数千年もかかるというのである。二酸化炭素濃度の低下に呼応して、人為的な温室効果によって生じた高温傾向も落ち着いてくるだろう。しかしこうした変化は、私たちには実感できないほどゆっくりとしたスピードで起こるから、産業化以前の状態に完全に復帰するまでには、数万年、いやことによると数十万年の時間がかかるのである。

これから到来する出来事がたどる基本的な軌跡を思い描くことは難しくはない。それには次の格言を忘れないようにしておくことだ。すなわち、上がったものは下がるのが必定。さてこれから私は読者がすでに次のことをご存知であるという前提で話を進めたい。二酸化炭素（発生源としては、主に発電所や車や工場）やメタン（同様に、農場、埋め立て処理場、下水、鉱山、石油・ガスのパイプライン）といった温室効果ガスの濃度が増大すると、日射を受けた地表から熱となって再放射される太陽エネルギーを大気中に閉じ込めてしまうので、地球の気温が上昇する。この現象の経過に関する詳細については、いまやオンラインや本などどこででも説明されているから、それに譲るとしよう。ところで、世界中で利用可能な炭素原子の数は限られているから、温室効果ガス濃度が永遠に上り続けることはありえない。だから気温も永遠には上昇し続けることはできない。つまり最悪のシナリオでも地球を炎上させることにはならない。したがって、現在の温暖化傾向には、最終的にピークが訪れ、そこから逆戻りが始まるのは必定である。

私たちのほとんどは目下の温暖化パターンにばかり注目しているから、まったく様態の異なる変化が必ず先に待ち受けているという明白な事実を、簡単に忘れてしまうのである。ある時点で、現在の気候上の傾向はその向きを逆転させ、時差のある反転効果を生み出す。気温の上昇傾向への適応過程で獲得された環境順応力のモーメントはそのまま前へと圧力をかけ続ける一方、環境の背景自体は新たな方向へとよろけながら逸れていくといった状況にあって、温暖化に対応するために発展させてきた戦略は、すっかり時代遅れとなるか、あるいは不利益さえ生じかねないものとなる。将来、気温が寒冷化の方向へと旋廻していく過程で、地球の住人たちはただ単に環境変化への適応を強いられるだけではない。彼らは、その変化の本質そのものである完全な反転現象への適応を余儀なくされるのだ。

しかし事態は、温暖化から寒冷化へと反転するという単純な話だけではない。大気と陸地と海洋を結ぶシステムを構成するさまざまな要素間の結びつきがゆるいために、温室効果ガスの濃度の増減に対する反応は遅れることになる。システムを構成するこれらの要素はたるんだロープでつながった登山者の列のように振舞う。もし先頭が凍った岩から滑り落ちたとすると、他の登山隊メンバーたちは、断続的な時間のたるみを挟んで、ひとり、またひとりと引きずられていくだろう。

　将来やってくる地球的な変動の基本原理を予測するのに、コンピュータプログラムは必要ない。具体的な時機と強度については別であるが、その概略を推論で導き出すのはほぼ常識の問題である。遅かれ早かれ、私たちは選択によってか、手に入る化石燃料を使い切ることによってか、これほど多くの温室効果ガスを放出することはできなくなる。排出量はピークに達し、減り始める。するとそれに遅れて、大気中の二酸化炭素量の曲線も、やはり頂点に上り詰めたあと、産業化前のレベルに向かって下降を始める。他のものはすべて、この二酸化炭素の曲線に続くだろう。

　地球の平均気温は、最高温度に達した後、二酸化炭素量の減少に遅れて反転し、再び下降を開始する。この話題を短期に限定して考えていると、地球温暖化に終止符が打たれるという考えそのものが思いがけないことかもしれないが、そもそも温暖化とて永遠に続くはずはない。いずれ起こる化石燃料汚染の緩和によって、温室効果は必然的に弱まり、そして気温は再び下降を始めるわけである。

　気温の上昇がピークに達した後で、寒冷化しつつもまだ温暖な状況の下では、極地の氷床は縮小を続け、温まった海は暖かな台所に置かれたイースト入りパン生地のように海盆のなかで膨張を続けるだろう。しかし結局は、上昇する海面もどこかで頂点に達し、その後は気温とともに下降を開始する。海洋の酸性度レベルについても同様である。

　未来に待っているその曲線の凸凹をさらに詳しく調べるためには、私たちは西暦２１００年をはるかに超えて、合理的な推測の域に踏み込んでいかなくてはならない。こうした変化の訪れる時期やその規模をほぼ正確に知るためには、新型の地球気候モデルを使う先駆的な科学者がガイドになってくれる。

だが、天気予報にしても、ほんの数週間先の予測さえできないというのに、どうしてそんなモデルを信頼できるのだろうか？　確かに、コンピュータモデルを実際の気候と比べるのは、模型飛行機をジェット戦闘機と比較するようなものだ。それに、私たちははるか未来の天気を予想しようとしているのではない。天気というのは、短期的で限られた地域における、かなり混沌とした現象だ。そうではなくて、いま話題にしているのは、長期的で地球規模の気候であり、世界の広い地域を対象にした、長い年月にわたる平均値である。私たちは、妥当な科学的原理に基づいた、大まかな概説を求めているに過ぎない。気候学者は、西暦５０００年７月29日のニューヨークは日差しに恵まれた明るい一日となるでしょう、などとまじめに予報することは決してしないだろう。けれども、その朝に夜明けが東からやって来ることや、７月のニューヨークは、水が凍ったり、沸騰したりすることもないであろうということは、無理なく確信できるのだ。

こういった推測の根拠になる主要な概念のひとつが、質量保存の法則である。私たちが大気汚染の蛇口を閉じたからといって、排出物質が消えてなくなるわけではない。風下へと漂い流れて行くかもしれないが、それはこの惑星のどこかに存在し続ける。私たちは、煙突から出た煙が消散するのを眺めたり、ゴミを処分するなどと口にしたりするが、煙やゴミに含まれる原子は、普段の日常的な活動によって作られたり壊されたりすることはない――そもそも普段は原子のことなど思い浮かべることさえないのかもしれないが。

腕のいい製作者(モデラー)は、逃亡者を追跡する警察犬のように、コンピュータが産み出した世界のなかで、排出された炭素の放浪の軌跡を追いかけることができる。炭素原子の行き先はたいそう多い。何年にもわたって大気中を気ままに漂っていることもあるが、最後にはどこか別の場所に居を定めるのである。海中へと潜り、後に地球の反対側で再び大気のなかへと戻ることもある。ナラの葉の小さな気孔に吸い込まれ、樹皮や幹の構造体に組み込まれて、木の一生分の時間をそこで過ごすこともある。雨のなかに溶け込み、雨粒が花崗岩に当たり飛沫が上がると、岩に含まれる長石の格子構造のなかへと侵入し、その石が崩れて土となるのに手を貸すこともあるかもしれない。そしていま、炭素原子はあなたの鼻の頭の肉に宿っていて、どこか別な場所へと移動するかもしれない。最高のコンピュータモデルは、このように炭素が姿を変えて移動することも勘定に入れながら、未来を精密に探査していくのである。

この研究に早くから取り組んできたのは、デイヴィッド・アーチャである。シカゴ大学の海洋学者であり、気候にも詳しく、専門家としての履歴書にはとても一生かかっても終わらないほどの研究内容が書き込まれており、人並み外れた探求心を持っていることがわかる。CLIMBER（Climate and Biosphere＝気候と生命圏）、GENIE（Grid-Enabled Integrated Earth System＝グリッド式統合地球システム）、LOVECLIM（5つのモデル名の合成）といった名前のついた、新世代の洗練されたコンピュータモデルを駆使しながら、アーチャは、世界中で増えつつある同好の研究者たちとともに、石炭や石油や天然ガスの燃焼後の未来を予測するテンプレートを作成している。

「私たちの排出する二酸化炭素のかなりの部分が、数万年もの間、地球を漂っている可能性があるという考えは、まだほとんどの人たちには意識されていない」。最近、アーチャは私にこう言った。この考えは広まりつつあるけれど、それが意識されていないというのは、多くの科学者たちについても当てはまることなのだ。この分野の研究はごく新しいものだから、基本的な研究論文の数は5本の指で数えられる。カナダのヴィクトリア大学の気候学者でコンピュータモデル製作者のカーステン・ジックフェルドは、この分野におけるアーチャのパイオニア的な役割を認めつつも、その上で、この手の研究がなぜこれまで行われていなかったのか説明してくれた。

「数年前までは、研究のための適当な道具が私たちにはなかった。気候の変化に伴って、生息域（ハビタット）を出たり入ったりする炭素の循環を模倣するモデルが必要なのに、それまでのシミュレーションシステムは、こんなに複雑なものを扱うには、スピードが遅すぎて役に立たなかったの」。改良型のモデルが導入されたおかげで、私たちが未来を想像するときの拠り所となる時間尺度についても改良されつつある。「私たちが現在地球に与えている衝撃が不可逆的だということは、いまやはっきり確認できます」と彼女は続ける。「排出された炭素が、かつて私たちが考えていたほど速やかに消え去ることは、まずほとんどないでしょうね」

炭素に左右される近未来をシミュレートするためには、21世紀にどれくらいの炭素が排出されるのか決めなければならない。アーチャやジックフェルドやその仲間たちがいま作り出そうとしている長期展望でも、その多様な排出シナリオのどれに絞ったらいいのか、選択がとても難しいようである。ここでは気候変動に関する政府間パネル（ＩＰＣＣ）の最新の評価報告書から代表的なふたつの炭素排出シナリオを選んだ。ひとつは比較的控えめなシナリオで、もうひとつは極限のシナリオである。こうすれば、私たちを未来で待っているいくつもの道を、最も異論の少ない妥当な範囲でカバーすることになるだろう。そして、近い未来に私たちが行う選択においても、基本的な考え方を与えてくれるだろう。それに続いて、これらふたつのシナリオの第一幕が終わった後に何が起こるのか、ＣＬＩＭＢＥＲなどのモデルの成果に基づいた超長期展望をお見せしたい。ふたつのシミュレーションの結果は詳細においていくらか違いがあるものの、おおむね一貫している。

控えめなシナリオでは、ピーク時の二酸化炭素濃度を５５０ｐｐｍから６００ｐｐｍに抑え込む。ＩＰＣＣはこれを低排出シナリオＢ１と呼ぶ。Ｂ１シナリオが「控えめ」なのは、後に続く一段と極限に近いシナリオとの比較においてそうなのであって、気候変動に取り組む多くの活動家たちは、現在、温室効果ガス濃度をもっとずっと低い３５０ｐｐｍに抑えることを目指している。これは人間が引き起こした気候変動による社会の破壊を防止するためのレベルと考えられている。私はビル・マッキベン率いる環境組織である350.orgとそれに関連した運動を支持するし、その運動に鼓舞されもする。しかし実際には、上昇を続ける炭素濃度の曲線は、定められたそのマイルストーンをすでに大きく超えている。そして、これまで私が話をしたことのある気候学者のほとんどは、とてもではないがこの濃度まですぐに戻ることはありえないと考えている。排出量の少ないシナリオとしてＢ１を考えるのは、願望ではなく、現実主義に徹してのことだ。３５０ｐｐｍは目指すべき目標ではあるが、その結果、たどり着く値が５５０ｐｐｍから６００ｐｐｍというのが、おそらく現実的な路線であろう。

このいわゆる控えめなシナリオは、私たちは可能な限り速やかに非化石燃料へと切替えるが、それでも結局は、産業革命以来すでに排出した３００ギガトン（１ギガは10億）の炭素のうえに、さらに７００ギガトンの炭素を加えることになり、その総計は１０００ギガトンに達するというものだ。このような炭素排出に付随して起こりそうな環境変化は規模も大きく、時間的にも長期化するだろうし、またこのような道はできれば避けるに越したことはない。だが、この仮説が提示する状況は、人類世の未来にとって、現実的な最善の――あるいは、歓迎されないなかで最もましな――ケースに近いシナリオを目指したものなのである。

シナリオ１　控えめな道

化石燃料の消費が世界中あらゆる場所で一斉に止まるということは、現実的には考えられない。そこで、次のような想定をしてみよう。二酸化炭素排出量は西暦２０５０年頃に頂点に達し、その後次第に減り、２２００年までにはついに完全にゼロになるとする。

この場合、大気中の二酸化炭素濃度は今日の３８７ｐｐｍから上昇を続け、西暦２１００年から2200年までの間にピークに達し、550ppmから600ppmの値を記録するが、これは1700年代の産業化以前のおよそ2倍の濃度である。海洋は次第に、その二酸化炭素の余剰をたっぷりと吸収する。吸収された二酸化炭素は溶けて炭酸となり、海水の化学的組成を変え、その結果、多くの海洋生物の石灰質の殻を徐々に侵食するようになる。とりわけ、高緯度の深海の寒冷な海水で顕著な現象となるだろう。

地球の温度が2200年から2300年頃に最高値に達するとき、世界の平均気温は、いまより2〜5℃高くなる可能性がある。このピーク到来は、二酸化炭素量のピークより100年、あるいはそれ以上遅れるかもしれない。この遅れは、気候学者のトム・ウィグレーが「気候変動(クライメットチェンジ)コミットメント」と呼ぶ現象で、主に熱供給に対する海洋の反応が遅れるための遅延作用によるものだ。もし仮に、たったいま温室効果ガスの排出を完全にやめたとしても、それでもなおこの先1世紀にわたって、私たちはさらに1℃を越す温暖化に直面せざるを得ないことになる。この種の遅れが最も極端に出た場合を想定して、ヴィクトリア大学の研究者マイケル・イービーと同僚たちが行った控えめなシナリオのコンピュータシミュレーションでは、最高温度の到達時期が二酸化炭素量のピーク後少なくとも550年先になった。

気温のピークが過ぎると、反転効果が起き、非常に長い寒冷化の時代が到来する。しかしながら、変化の方向が温暖化から寒冷化へといきなり移るといっても、世界の平均気温は相変わらず今日より高いままだし、極氷は融解し海洋への流入を続け、1世紀ごとに1メートルほど海面を上昇させていく。これに加えて、海洋の深部の冷水層が温暖化し、膨張を続けるので、その効果で地球の平均海面はさらに0・5メートルほど上昇する。だが、海面が結局どれくらいの速さで、どれくらいの高さまで上昇するのかは、主に大陸氷塊の融解の程度で決まってくるだろう。この比較的控えめなシナリオの予測では、東南極の膨大な氷床はほぼ無事に残るが、グリーンランドの氷のおよそ半分と西南極の氷床の大部分が失われることになる。結果として、海面は、いまから数世紀ないし数千年後に、今日の高さを6〜7メートル越えたところでようやく止まることになるだろう。

ここまでのところは、現在の地球温暖化の説明として標準的な内容であり、特に驚くべきこともない。実は、アーチャをはじめとする研究者たちが他の科学者の襟首を捕まえるのは、次のような点である。たいていの人は地球温暖化の持続期間を数百年を限度に見て議論する。だが積み上げられてきた新たな証拠が明らかにするのは、そのような時間尺度では、あまりに短すぎて気候の完全な回復までが視野に入ってこない。「化石燃料を起源とする二酸化炭素が大気中に存在する時間は数世紀にわたり……さらに、ほとんど永遠にそこに留まり続けるものが25％程度いる」とアーチャは言う。

これ以上余分な炭酸ガスを大気中に送り込むのをやめたとき、いったいその巨大な量の二酸化炭素はどこへ行くのだろうか。このような問いを立てることで、アーチャは先ほどのような結論に達した。化石燃料を燃やすことで、私たちはいま、植物とプランクトンが数百万年の時をかけて満たした広大な墓場を、空にしようとしている。そして今後何千年もの間、これらの墓に戻ってくるものはいないであろう。アーチャは「永遠に」と言ったが、字義通りに取られるものではない。私たちが燃やす炭素によって生じる大気の不均衡状態も、最終的には平衡を取り戻すからだ。しかし平衡の回復とは言うが、それはいくつもの地質学的時代を経て初めて起こることだ。その積算時間の長さには、信じがたくて息を呑むだろう。古代エジプトであれ、ローマ帝国であれ、あるいは近代の産業文明であれ、単一の文明と比べるならば、地球規模の炭素汚染からの回復にかかる時間を永遠と呼んでも差支えないくらいだ。

これは乱暴な過激派の主張のように聞こえるかもしれないが、断じてそうではない。背後にある論理を一歩一歩追っていけば、筋の通った話であることが分かるだろう。私たちが排出した二酸化炭素とメタンは地球を去らないし、分解することもない、ということをまず覚えていただきたい。炭素原子は事実上不死なるものなのだ（ただし、放射性同位体の炭素14は例外で、これについては後ほど論じる）。燃焼中の化石燃料から放出された炭素は必ずどこかに行かなくてはならないので、煙突や通気管や車の排気管を離れた後、いつまでもあっちこっちとさまよっているかもしれない。

コンピュータの見積もりでは、私たちが排出した炭素の多くが、最初は海へと溶け込むことになる。気体というものはいともたやすく水のなかへと入り込むのだ。波や潮流の攪拌作用や、空気中の分子の拡散作用を受けながら、直接水面へと溶け込んでいく。こうした作用があるからこそ、魚は水に溶け込んだ酸素を取り込みながら、海でも湖でも泳ぎまわっているわけだ。海洋に含まれる二酸化炭素の量は大気中の約50倍になり、また海洋は地球の面積の約70%を占める。だから、この海洋による二酸化炭素の取り込み作用こそが、炭素排出量が減り始めた後に、二酸化炭素濃度を反転させ、減少へと導く力になるものなのだ。

1000年ないし2000年が経過すると、海による炭素の取り込み作用は低下し、停滞してくる。西暦3000〜4000年にこの停滞状態が訪れた時点で、私たちの排出した炭素の5分の1から4分の1ほどがまだ大気中を漂っている可能性がある。控えめな排出シナリオの場合、平均気温を現在より1〜2℃高めに維持するのに十分な温室効果ガスの余剰がまだ存在していることになるだろう。これ以前に迎えた気温のピークから長い時間をかけて回復してきたとはいえ、なおこの状態である。

もしも地球が完全に水で覆われた星であったなら、海洋の炭素が飽和状態に達するときが回復過程の終了を意味し、大幅に量が減った大気中の余剰二酸化炭素は永遠に波の上に置き去りにされることになるだろう。しかし実際には、この惑星の表面はかなりの面積が乾いた陸地であるし、海の下にある地殻にも地質学的な機能は備わっている。このような地質学的な機能によって地球の地殻にある岩石や堆積物が、炭素汚染という私たちの遺産の残余をどれもこれもすっかり片付けてくれるだろう。ただし残念ながら、その働きぶりはのんびりしている。実に、実に、ゆったりとしたものなのである。

地質学的な機能で最も高速な、というより低速の程度が最もましなのは、石灰を豊富に含む炭酸塩類（石灰石、チョーク、そして海洋性生物の殻など）との間で引き起こされる化学反応によるものである。これらは、酸を垂らすと泡を立てるアルカリ性の物質で、理科の実験で使う重曹もその仲間である。学校の実験で、酢を振りかけて発泡するところを観察した読者も多いだろう。炭酸塩を成分とする岩石や堆積物は、降水、土壌、水などに含まれる自然の酸による攻撃を受ける。なかでも最も影響が大きいのが二酸化炭素由来の炭酸で、これは現在世界中の雨や水域をますます汚染しつつある。

このような浄化のメカニズムで、最初に効果を示すものとしては、海面下の環境に存在するものが挙げられる。私たちが排出した二酸化炭素は、人類世の初期段階に海洋中に溶け込み、海水を酸性化させ、アルカリ性の泥、サンゴ、海盆の底に散らばる貝を溶かすだろう。想像通り、これは多くの海洋性生物にとって歓迎すべき変化ではない。しかし、ここにはまた肯定的な面もある。炭酸塩分子は固体の状態から次第に溶解していく過程で、何千年にもわたって酸性化を中和する働きをする。またこのようにして海洋の化学的均衡を再調整することによって、海洋が大気中からさらに多くの二酸化炭素を吸収しやすくなる。長期の地球浄化計画という観点から見ると、炭素汚染の大晩餐会をさらにもう少し続けて楽しんでもらえるようにと、大海原に胃酸中和錠を飲ませてやるようなものだろう。

一方、陸上の炭酸塩を含む岩石や土壌も浄化作戦に加わる。彼らが相手にするのは海水ではなく、雨水である。読者は産業活動によって生み出される酸性雨についておそらくご存知であろう。ヨーロッパでは森林を枯死させ、わがアディロンダック山脈一帯の湖から生命の育みを奪っている。自然の炭酸雨はこれとはまた別物である。わずかな量であれば、炭酸は雨水に普通に含まれる要素のひとつに過ぎないし、石炭を使う火力発電所や車のエンジンから出る硫酸や硝酸よりは、はるかに弱いものだ。大気中の二酸化炭素が雲の水滴に溶け込むことで、この上なく清浄な雨でもごくわずかながら酸性化する。炭酸雨が青白い石灰岩の塊に降りかかるときも、反応が起きて岩が泡立つ様子を目にすることはないだろう。だが、さらにずっと近づいて顕微鏡レベルで見ることができれば、石の表面が濡れてごくわずかながら崩れ出すのを目撃するだろう。

石灰岩が豊富な地域では、このような化学反応によって美しい地形が作られる。例えば、伝統的な水彩画に描かれている、中国南部の桂林や揚州近郊では、ノコギリの歯のような壮観な風景が見られる。あまりにのっぽで、細くて、先が鋭くとがっていて、現実にはありえそうもないほどの急峻な山々が描かれた絵を見たことがあるだろう。この印象的な形は、自然の酸性を帯びた水が長い年月をかけて、柔らかな岩に及ぼしてきた浸食作用によって彫ったものであって、このような景観は世界中の石灰岩に富んだ地域にある。

灰色のモヤがかかった日に、灕江(りこう)の湾曲部を見下ろす尖塔のような山の頂上に立っているところを想像しよう。もう霧雨も降り始めている。小さな水溜りが私たちの足元に広がってくると、そこからかすかに酸性を帯びた液体が岩のひびや割れ目に流れ込んでいく。そこで炭酸分子は石灰岩の結晶構造(格子)を襲い、引き裂くのだ。活発な化学反応を示すこの酸は、このとき重炭酸塩(炭酸水素塩)と呼ばれる、侵食性の少ない新たな分子へと形を変えるが、この新しい分子のひとつひとつはもともと大気中にあった炭素原子をそのまま引き連れている。こうして姿を変えた炭酸は、ゆっくりと分解する岩から離れ、地表を流れる雨水へと溶け込んだ他の物質もろとも、急斜面を慌しく流れ落ちていく。

重炭酸塩を多量に含んだ水が大きな流れへと合流し、ついには南シナ海へとその荷を送り届ける。重炭酸塩は茫洋たる大海に流れると、ちょうど海底の炭酸塩がそうしたように、海中に蓄積された酸の中和を促進し、その自然の中和剤の追加分が効いて、海水はさらに一口か二口分の二酸化炭素を空気のなかから摂取することになる。時が経つうちに、重炭酸塩および炭酸塩のあるものはその炭素原子を海中深くに引きずり込み、海底の墓所に納め、さらに永い眠りにつかせる。というのも、海洋性の生き物たちは、そうした物質を利用して光合成と殻や骨格の形成を行い、主である生物が死ぬとき、これらの物質は重いバラストに変わるからである。

この炭素原子の海への移動は、昼夜を問わず絶え間なく行われているが、要は陸上の炭酸塩でできた岩や堆積物が大気中の余分な炭素を取り除き、海洋にそれを蓄積する手助けをしているということである。これは海洋の沈殿物とまったく同様の働きである。およそ5000年にわたる水陸協働での炭素浄化努力の結果——その時までには全世界の炭酸塩はなしうる限りの仕事をほぼ終えているが——大気中に残る人間由来の余剰炭素量はわずか10～20％になっている。しかし、それでもなお、これは世界の平均気温を現在より1～2℃高く維持するのに十分な量である。さらにはるか西暦7000年の未来においても、残存する温暖化ガスは、引き続き残された極氷の融解と海水面の上昇を促すに十分な温室効果を維持したままである。

しかし、それでもまだ、物語は終わらない。驚くことに、西暦7000年は、アーチャのいうところの「二酸化炭素曲線の長い尻尾」への進入ランプに過ぎない。私たちが汚した大気に含まれる炭素は続けて減少するだろう。しかしその後の回復過程はきわめて遅々たるものだから、さらに5000年かけても残りの炭素を減少させる効果はほとんどないに等しいものとなろう。私たちが燃やす化石燃料からの排出が終わって1万年後の、西暦1万2000年においても、地球の平均気温は、少なくとも1・1℃ほど現在の気温をまだ上回っている可能性がある。

炭素曲線が長々と尾を引くのはなぜかというと、海洋と炭酸塩がいったんそのなしうる仕事を終えたあと、最後に残される主要な清掃メカニズムはピンクか白の花崗岩と濃い黒色の玄武岩の堅い結晶構造体だけとなるからだ。酸性化した水による浸食作用に対するこれらの岩石の反応は、炭酸塩が示す反応にある程度似ているのだが、これがまたどうしようもなく遅いのだ。この効果で現在の二酸化炭素濃度387ppmにまで戻るには、いったいどれほどの時間がかかるのだろうか。ほとんどのコンピュータモデルが示すところでは、それに近い濃度に下がるまでに少なくとも5万年はかかり、完全な回復にはさらにその数倍の時間を要することになりそうだ。

こうして長い時間をかけて炭素がゆっくりと減少していく間に、世界はわずかずつ寒冷化していくだろうが、人間の影響を受けなかった場合より気温は相変わらず高いままだろう。こうした傾向により、極地の氷床が傾いて、融けてできた水を海へと滴り落とす時間がたっぷりと与えられるので、その結果、穏やかだが持続的な温暖傾向が何千年も続き、海面は数メートルないし数十メートルも上昇するだろう。

アーチャたちのような研究者がここで私たちに語っていることは、多くの研究者が「控えめ

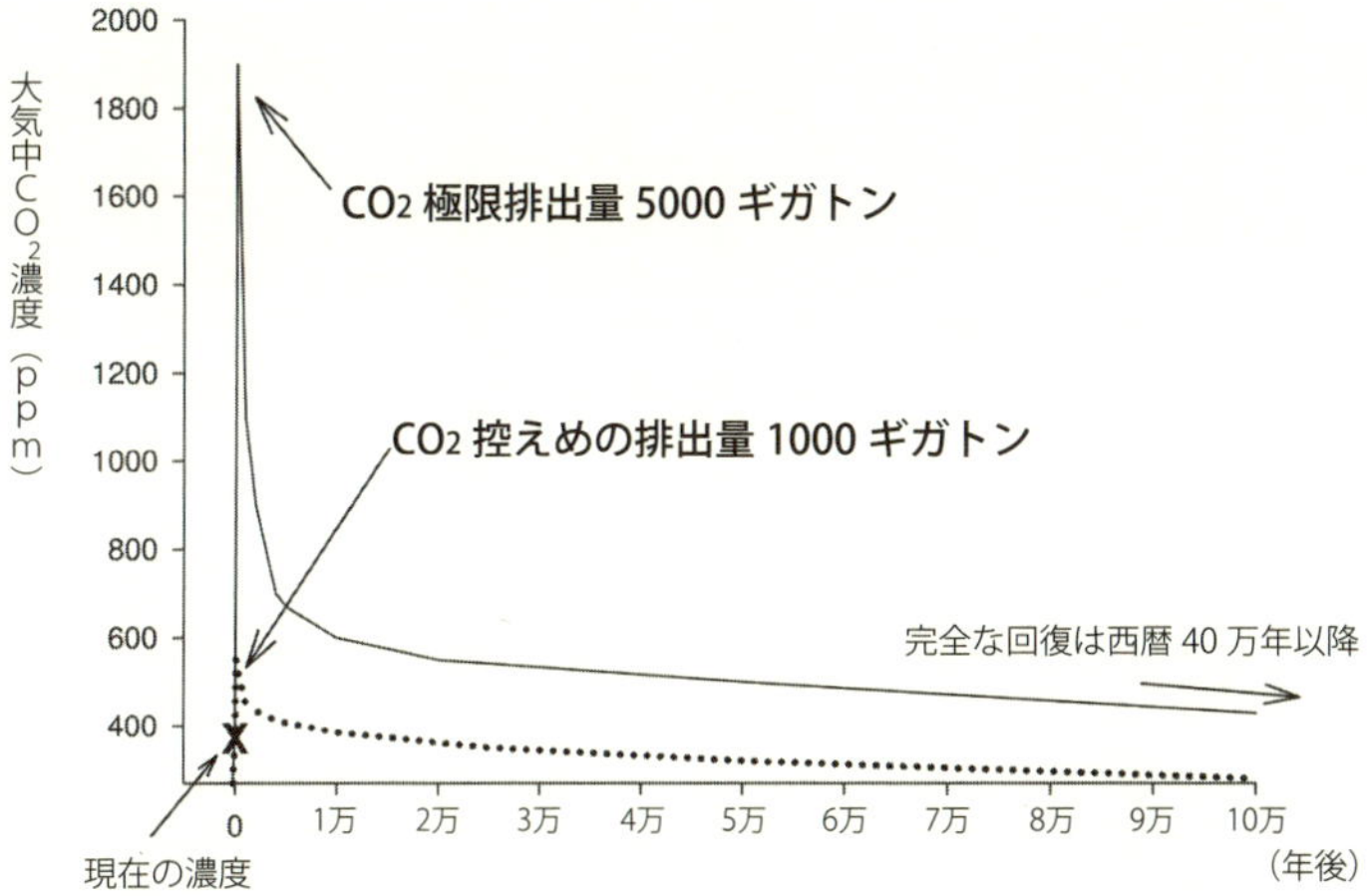

ふたつのシナリオに基づく、未来10万年にわたる大気中の二酸化炭素の濃度変化。極端なシナリオからの回復には10万年をはるかに超える時間がかかる（アーチャ、2005、による）

の」と呼ぶ炭素排出シナリオでさえも、環境的因果のとてつもなく長い連鎖のなかに私たちを閉じ込めることになるのだ。しかし上に示したように、比較的穏やかな炭素汚染のシナリオでも、極限に近い排出量のシナリオに比べれば、まったくたわいないものである。もし私たちが警戒心を放棄して、燃えるものはことごとく風任せに燃やし、総計５０００ギガトンという途方もない量の炭素を大気中に吐き出したとしたらどうだろう。これは、ＩＰＣＣ作成の可能な未来を想定したリストなら究極の上限に相当するところのシナリオだろう。つまりＡ２排出シナリオに、西暦２１００年のはるか先の話まで書き加えたようなものだ。文明の発展を炭素燃料に依存することで、私たちは膨大な生態学的実験を行っているとよく言われるが、もし先に述べた1000ギガトンの控えめのシナリオが単なる実験なら、500ギガトンの極限シナリオは衝撃テストに近い。もし私たちがこの道をたどるなら——最も可能性が高いのは、石炭埋蔵量の残りを燃やし尽くすまで、私たちが現在進んでいる道をそのまま歩み続けることによってだが——、私たちは自らを衝撃テストのダミー人形と呼んでまったく差し支えないだろう。

シナリオ2　超温室化の道

私たちが容易に手に入る石炭をすべて消費するには長い時間がかかるから、二酸化炭素排出量がその頂点に到達するのは、前の控えめシナリオよりは遅くなり、西暦2100年から2150年くらいになる。それからさらに1、2世紀の間は、次第に量を減らしつつも、排出は続いていく。

大気中の二酸化炭素濃度は、コンピュータのシミュレーションによると、西暦2300年頃に、現在に比べ5倍ほど高い数値の1900ppmないし2000ppmに近ところで頂点に達する。その後反転し、長い下降期に入る。海洋への二酸化炭素の溶け込みによって生じる炭酸は腐蝕性の溶剤となり、北極から南極まで世界中の海に生息する殻を持った海洋性生物に影響を及ぼすだろう。

気温のピークについては、使用するモデルと各種のパラメーター次第で、西暦2500〜3

500年と、予測に幅がある。ほとんどのシミュレーションが、気温のピーク時期を数世紀にわたる広い幅で示している。ピークでは非常に長期にわたり水平状態が維持されるので、それを気候の反転ポイントとは呼びがたいほどだ。それは尖った波頭を立てる波というよりも、すべてを呑み込む高潮である。この最高温期における地球の平均気温は、おそらく現在より少なくとも5~9℃ほど高くなる可能性がある。控えめなシナリオにおけるピークと比べた場合には、その2倍を超える高さとなるだろう。しかしこの気温の幅は単に全世界の平均値を表すものだ。北半球の高緯度地帯の温度上昇はさらにその2倍に達する可能性さえある。こうした気候条件下では、ヨーロッパ、スカンジナビア、そしてアメリカ合衆国の大部分において、冬期の降雪はほぼゼロになる。

多くのモデルでは、西暦4000年までに、大気中の二酸化炭素濃度が1000ppmから1300ppm程度までしか下がらない。現在の濃度の約3倍である。ところが、海洋学者のアンドレアス・シュミットナーと同僚の研究者たちが『生物地球化学的循環』において示したモデルでは、その濃度はさらに高く、1700ppmにずっと近いところに保たれている。この濃度はマイケル・イービーのチームが算出したものにも近い。この状況下では、海面温度も現在に比べてずっと暖かく、おそらく熱帯で6~7℃、高緯度地域で10℃ほど高くなる。このような地球の温室化が起こると、緯度の差による気候の違いはにわかに解消に向かい、世界は気候の面ではより均質的になるだろう。

西暦7000年頃には、ケイ酸塩がのろのろと大気中の炭素の残りを食べ続ける。アーチャ

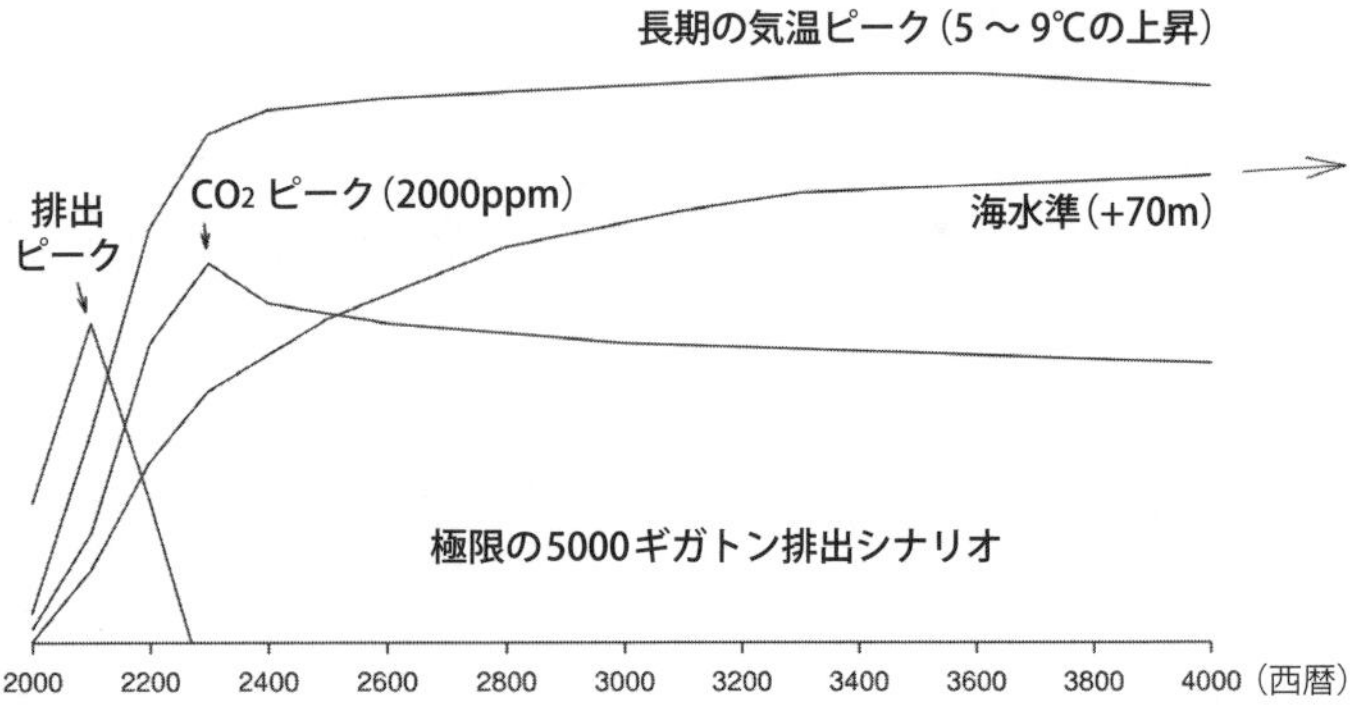

5000ギガトン排出シナリオから予想される短期的な変化 (シュッミットナー他、2008年、による)

とドイツ人気候学者が発表したある論文は、その最初の5000年間に気温がおよそ1℃弱低下するが、その後の二酸化炭素濃度は依然として1000ppmから1100ppmに近いところに停滞する。時間軸を1万年ほど下ってなお、私たちが残した温室効果ガスの10分の1から4分の1は大気中に滞留し、世界の平均気温を現在のそれより3~6℃高めに維持する。二酸化炭素濃度が今日の濃度に近くなるのは、ようやく西暦10万年頃にいたってからであり、この極限のシナリオにおいて完全な回復までにかかる時間は、少なくとも40万年から50万年である。

このように長期化する強烈な温暖化によって、グリーンランドの氷床は縮小し、岩盤が露出し、融けた水は北大西洋に流れ込み、海面を7メートル上昇させる。さらに多量の氷が南極大陸で失われるため、ついに海面はこの10倍の高さに押し上げられる。その結果、沿岸部の低い平地は次第に浸水し、海低の大陸棚の延長部分と化していく。

控えめな1000ギガトンの道と向う見ずな5000ギガトンの道。両者の違いは根本的で不気味だ。どちらの場合にも、起こる環境変化の大部分は、私たち人間の一生と比べれば遅々としたものとなるだろう。しかし、頭を混乱させるのは、スピードというよりも、特に極限のシナリオにおけるその長大な持続時間である。

控えめのシナリオでは、私たちが残した炭素汚染のごく一部は、何十万年にもわたってぐずぐずと居座り続けるのだが、最大規模の環境的攪乱のほとんどは最初の1000年ないし2000年の間にすっかり終わり、片付いてしまう。しかし、5000ギガトンという極限の排出量は、二酸化炭素曲線の長いしっぽをずっと高い位置まで持ち上げ、それを未来のかなたに延々と伸ばしていく。それは、このシナリオでは私たちの排出炭素量が多かっただけでなく、温暖化そのものが、炭素の自然蓄積分を放出し、気温をさらに上昇に向かわせるフィードバック機能を始動させてしまうからだ。このシナリオにおける最高温度は、より控えめなシナリオの場合より、少なくとも2倍高く、これが収束するのは数百年後のことになる。

信じようが信じまいが、ここで示した極限の温室化は、実を言えば控え目に描いたものだ。海洋学者のジェームズ・ザコスと同僚たちが発表したシミュレーションでは、二酸化炭素濃度は10万年規模のモデルの実行（ラン）が終わるまで、500ppmから600ppmの範囲内にほぼ横ばいで推移した。また別の研究は、控えめな1000ギガトンシナリオに関してさえ、ケイ酸塩による炭素の清掃（クリーンアップ）の終了予測時期を、まるまる100万年先の未来に設定している。

このような変化の時間的規模の果てしなさについて考えていると、現実のものとは信じがたくなるだろう。未来の深遠を覗き見ることは、想像の航海の果てに、平らな世界の端を踏み外すようなものかもしれない。私たちの多くにとって見慣れたものなど、自分の人生が尽きる向こう側には、何ひとつとして存在しないのだ。西暦10万年の世界に、人間はそもそも存在しているのだろうか。

この質問を私が学生や同僚たちにぶつけると、そんな未来が来るずっと以前に人類は滅びるだろう、という答えが返ってくる。自然の、あるいは人間が引き起こす大惨事によって滅びると予測する者もいれば、いろいろな宗教を根拠に人類の宿命を信じている者もいる。私にはこの種の宿命論がたいそう気になる。というのも、私たち人類がひとつの種として生き残ることが、化石燃料の消費、気候、そして地球上の生命についてのあらゆる議論の中核をなすものだからだ。もし私たちがここ地球上にずっと長く存在し続けるつもりでないのなら、いったい誰が、私たちが生み出した二酸化炭素が大気中に滞留する時間の長さのことなど心配するだろうか。また、私たちの子孫たちが生きる時間がいくらも残されていないなら、自然資源を思い切っていまのうちにすっかり使い果たし、楽しめる間に人生をわがままいっぱい楽しんでなぜ悪かろう。

人類がはるか遠い未来には存在しないとする主張は、逃げ口上である可能性もある。長期的な未来を消去してしまえば、私たちの炭素汚染の計り知れない寿命の長さを無視し、いま自分たちの手で推進しつつある環境変動に誰も対処する必要がないという言い訳ができる。しかし、人間は実際どこへも行きようがないのだから、この責任のくびきから逃れ出る手段は皆無である。私たちのライフスタイルの決定が、これから幾世代にもわたって影響を及ぼすことになるが、子孫のためにわずかながらでも私たちにいまできることは、まずこの事実を認めることなのだ。

人間の存在に対して真に脅威となるものの一覧表は際立って短く、また私が知る限りでは、人々がそこにリストアップする事柄のほとんどは容易に度外視できる。産業が生み出す毒素はきわめて拡散的であるか、地域限定的なので、人類を残らず絶滅に追いやることはありえない。火山もリストからは外れる。人類史上最も凄まじい噴火であった7万5000年近く前にスマトラで起きたトーバの超大噴火のときですら、人間がひとり残らず死に絶えることはなかった。恒星が死を迎えるときや、新たにブラックホールが形成されるときに発せられる強烈なガンマ線のバーストは、あまりにも稀な現象だから、人間という種にとっての確かな脅威とはならない。もし仮にそのようなバーストが私たちを襲ったとしても、地球の大きな図体が盾となって、反対側にいる人々は守られるだろうから、損害は全体には及ばないだろう。

伝染病についてはどうだろうか。微生物界における史上最悪の殺し屋のひとりである黒死病（ペスト）は、14世紀の100年間に、中国人の半数近く、ヨーロッパと中東の人口の少なくとも3分の1、そしておそらく全アフリカ人の8分の1を含む、7500万から2億人を殺した。しかしながら、それでもこの世の終わりが間近に迫っていたわけではない。大半の中国人、ヨーロッパ人、中東の人々、アフリカ人は、現代の医療技術がないなかでも生き残ったのだ。今日であれば、医療技術により、死亡率は5％ないし10％まで下がることだろう。

病気による絶滅に抗う力を人間に与えているものは何だろうか。それは、多くの人々がその存在すら信じていないある作用、すなわち自然淘汰による進化なのである。世界の人口が膨大であること、および遺伝子の突然変異があまねくいたるところに生じ、かつ多様であることを前提とすれば、私たちのなかにはいかなる病原菌感染症に対しても免疫を備え持つ一定数の個人が常に必ず存在するのだ。私たち人間の数が多ければ多いほど、遺伝的多様性はそれだけ大きくなり、したがって人が感染症に対する免疫性を自然に獲得する確率もそれだけ高くなる。地球規模の酸素汚染に適応し、最後にはその酸素を糧とするにいたった過去20億年の生命の歴史が、まさにそれだ。だから、最悪の世界的な感染症の大流行ですら、抵抗力をもった変種の生存を後押しする自然淘汰と見ることもできよう。

熱核戦争によるお互いの滅ぼし合いはどうだろうか。火球と放射線にも増してさらに破壊的なのは、立ちあがる粉塵と煙によって誘発される核の冬だろう。生き残った惨めな人間たちは糧食を求めて地を漁り、必死に命をつなごうとするだろう。しかしこの惑星は巨大だ。そこには、非常に才覚に富んだ何十億もの人間が暮らしている。放射性降下物も風しだいで拡散の仕方は不均一であり、また土壌の下や海底の泥濘の下に沈んで消えてもいく。最後のひとりにいたるまで、すべての人間を殺戮し尽くすことがあるとすれば、複数の超大国の間に、自殺行為に他ならぬような、すべてを焼き尽くす全面戦争が起きたときだけだろう。これはなんとも不愉快な可能性だが、起こりそうもないことと（祈りつつ）私は信じている。

最後に、この岩だらけの太陽系に暮らす私たちには、小惑星という潜在的な問題がある。6500万年前、電光の速さで飛んできた宇宙ゴミの塊が、メキシコのユカタン半島に差し渡し180キロメートルに及ぶクレーターを穿ち、恐竜の大量殺戮をやってのけたらしい。その衝撃で舞い上がった蒸気と粉塵が大気を窒息させ、溶解蒸発する岩石の熱は数千平方キロにわたる大地に火を放った。それでも、全人類を殺すには、これよりさらにずっと強烈な衝突が必要だろう。衝突物体は、地球の地表の大半を溶かすか、または地球全体を粉々に破壊するくらいの大きさとスピードを備えている必要があるだろう。小惑星衝突の惨事の恐ろしい予想に耽るのを実は楽しんでいるふしもある自虐的な読者諸氏にとっては、オンラインで公開しているアリゾナ大学の衝撃効果（インパクトエフェクト）プログラム「カタストロフィ計算機」を、試してみるとよい。ウェブサイトでは、まず飛来する物体の大きさ、速度、密度、角度、ならびに標的の性質、衝突地点からあなたのいる場所までの距離の情報をインプットする。すると計算機は、続いて起こる出来事について、詳細で不気味な計算結果を提示してくれる。

私自身も誘惑に負けて試してみた。その結果は、もし直径300メートルの小惑星が、秒速17キロのスピードで、わが家から約50キロ離れた地点にぶつかった場合、その衝撃は差し渡し5・6キロの穴を地に穿ち、堅固な岩を貫いて、その深さは1・6キロ超に達するというものだった。太陽の20倍の光度を持つ火球が天空一杯に広がり、私の周囲の森林に火を放ち、マグニチュード6・9の地震が大地を揺さぶる。その1分半後には、私の頭ほどの大きさのごつごつした岩塊が、凄まじい音を立てて周りに落下し始める。続いて30秒後には、荒れ狂う一陣の熱風が轟音を立てて襲ってきて、燃え上がる木々や、私の家、そして私自身を、ぺちゃんこになぎ倒していく。決して地球規模の完全絶滅ではないにしろ、確かに見る者の関心を奪い、地球温暖化問題を忘れさせてしまうほどの凄まじさだ。地球の地表面を完全に溶かしてしまうためには、飛来物体の直径が最低でも７０００キロはなくてはならない。これ以上の規模のものがぶつかれば、地球は粉々になり、新たに誕生した小惑星が大量に飛散する。しかしながら、カタストロフィ計算機によると、これだけの巨体のならず者は銀河系宇宙の地球方面には存在しないそうだ。

こうして、いつか将来に終末をもたらす原因となりそうな候補を並べてみると、また別の重要な問題点が立ち現れてくる。これは、例のふたつの炭素排出シナリオから生じた結果として、私たちが直面するリスクの深刻さを評価するときに、ぜひ記憶に留めておきたいものだ。シナリオの展開に伴って現れてくる環境変化は重大で、無視できるものではないが、大恐慌や絶望に陥ったりするほどのものでもない。もし小惑星などの深刻な脅威が、この先10万年間のうちに人類を破滅させることはないというのなら、温室効果についても確実に同じことが言えよう。温室効果によって人類を一掃するためには、信じがたいほどの回復力を備えた60億を超える仲間たちを圧倒するだけの威力がなければならない。なんといってもこの種は、数十万年にわたって、極寒の極地から炎熱の砂漠まで、想像しうる限りあらゆる場所に生息域をひろげ、現代の科学技術すら持たずとも、氷河期と間氷期が突然交替する激しい気候変動にも耐え、これまで繁栄を続けてきたのだから。温室効果による人類絶滅など、どうしたら起こりうるだろうか。

証明して見せてくれるのなら、私も考えを改めよう。

実を言えば、場合によっては二酸化炭素が実際に人を殺すことがありうるし、私も実体験として、二酸化炭素がもたらすおぞましい結果を目にしたことがある。地球温暖化とは関係のない出来事ではあるが、ここで話をさせていただこう。

1985年のこと、博士課程修了後の研究員として、私はデューク大学大学院での指導教授だったダン・リヴィングストンとともに、堆積層のコアを採集する遠征に参加し、西アフリカのカメルーンへと赴いた。水生生態学者で、その当時ダンに指導を受けていた大学院生のジョージ・クリングの協力も得て、海岸から内陸へ車で1時間ほどのところにある、厚い密林に囲まれた火口湖であり、驚くほど澄んだ水を湛えた、さし渡し1・6キロほどの椀状のバロンビ・ムボ湖から、長いコアを採集した。これらは後に、局地的な熱帯雨林の歴史を記す花粉記録を作るのに使われた。そこでの仕事が終わると、ジョージと私は、さらに人里離れたいくつかの湖を研究地に選び、涼しい草原のカメルーン中央高地へと向かった。そこでの研究対象のひとつがニオスという名の美しい火口湖だった。

ニオス湖は、中央高地を環状に走る、深い轍が穿たれた未舗装の道路から、草の絨毯が敷かれた斜面をはるか上まで登ったところにあったが、あまりに遠くて、重いコア採集用具を引きずっていけなかった。そこでコア採集はあきらめ、偵察旅行にしようと考えた。湖の麓の緑がみずみずしい、肥沃な谷間に開かれたニオス村で、ジョセフさんという親切な人が迎えてくれて、息子のひとりを私たちのガイドにつけてくれた。この息子が私たちを、地図に記載のない踏み跡をたどってニオス湖までの道のりを案内してくれた。よく晴れた暑い日で、湖面はまぶしい日差しを照り返していた。私たちは岸に身を休めて、1キロ弱ほど離れた対岸の急峻な灰色の崖を見つめていた。それは、コア採集スケジュールの合間にふと訪れた、くつろぎのひと時だった。

だが、もし私たちがゴムボート上で分析を行えるだけの装置を持ってそこまで来ることができたならば、ニオス湖についていくつかの驚くべき発見をしていたであろう。その当時は知らなかったが、それはカメルーン最深の湖で、中心部の深度は200メートルほどだった。そしてこの大きな貯水池には、自然に生じた二酸化炭素水溶液が、過供給状態だったのだ。これは地質学的作用で炭酸ガスを取り込んだ地下水が湖に流れ込んだ結果であった。その後1年あまり経った1986年8月21日、1立方キロメートル相当の炭酸ガスが噴出し、麓の村の住民1700人の命を奪った。犠牲者のなかには、ジョセフさんとその家族もいた。

後に私が『ナショナル・ジオグラフィック』1987年9月号で記事に書いたように、これ以上悪いタイミングはありえなかった。ニオス村ではちょうど市が開かれた後で、家庭用品や作物などの売り買いに、何百人もの人々が近くの村からやってきていた。夜の帳が下り、多くの人たちは、食事や睡眠を取るために屋内に集まっていた。

その夜、湖からガスが噴出するのを、付近の丘から声も出せず、息を呑んで見つめていた牧夫のハダリは、後に私にこう語った。「白い雲のように盛り上がると、次には洪水のように村へと流れ落ちていった」。二酸化炭素は空気よりも重いから、それは低地にある村々に向かって水のように押し寄せ、深さ50メートル、最長16キロメートルの気体の川となり、すべてを呑み込んでしまった。ニオス村の人々は突然、にぎやかな夕食のテーブルから崩れ落ち、息をしようと必死にもがき、そして床の上で死んでいった。就寝中にベッドの上で死ぬ者もいれば、息苦しい夜の闇のなか、家への上がり段で死ぬ者もいた。

5000頭の牛の死骸が草に覆われた斜面に散らばり、一月後に写真家のアンソニー・スアウとともに、ヘリコプターで上空を飛んだときも、多くはまだそこに残っていた。ハゲタカもハエも死んだのだ。「小さなアリもだ」とハダリは言った。しかし草や木は無傷だった。相変わらずうっそうとした緑を茂らせていた。植物にとっては、二酸化炭素は命を与えてくれる大気のエッセンスである。彼らはこれを呼吸し、成長する。私たちも動物にとって、それは肺から吐き出される排泄物であり、量が多ければ有害である。生物医学実験室では、ときに実験で使った研究用マウスを安楽死させるために、ドライアイスと一緒に密封容器に閉じ込めることがある。これが永遠の眠りにつかせる慈悲深くも丁重なやり方だと考えてのことだったが、実のところ、これはあまり結構な逝き方ではない。高濃度の二酸化炭素は幻覚を引き起こし、それはニオス村の生存者が伝えるように、燃えるような痛みの感覚を伴う。それに続いて痙攣が襲い、死が訪れるのだ。

1985年のあのすばらしく美しい日に、ああした安易な装備を選んでニオス湖へと行ったことを、これからも後悔し続けるだろう。もし私たちが労を惜しまずに、きちんと湖の調査を行っていたなら、あの危険について人々に警告することもできたかもしれない。実際には、生存者たちはジョセフさんの来客名簿に私たちの名前を発見し、あのガス噴出前にこの地域に来た唯一の外国人科学者だったから、ジョージと私が湖に爆弾を仕掛けたものと思い込んでしまった。ニオス村の住民たちに何ひとつ役立てなかったことを考えれば、私たちは爆弾を仕掛けたに等しかったのかもしれないが……。

私はあの恐ろしい出来事をこれからも振り返っては、二酸化炭素が引き起こす真の大惨事がどのようなものなのかを考えるだろう。この出来事とくらべれば、温室効果などまったくお話にならない。もし石炭の埋蔵量をすっかり燃やし尽し、結局5000ギガトンの炭素を排出してしまっても、私たちはおそらく長期にわたる猛烈な温暖期の引き金を引くことになるが、その温暖期の厳しさは、温室化した未来について現実的に予測される域を出るものではない。もちろん、私たちはその事態を避けるために最善を尽くすべきである。その理由は、人類がそのために絶滅するからではなく、私たちがそれを防がなければ、私たちの子孫や他の生き物たちが実際にその厳しさに耐える苦しみを味あわざるをえなくなるからだ。

そのような地球規模の高温状態に対し、人類世の生態系と種はどのような反応を示すのだろうか。確かなことは誰にも分からないが、私たちはいくつかの合理的な推測を立てることはできる。そこで次のふたつの章では、私たちは遠い過去に目を向け、地質学の記録のなかに現れた気温変化の様々な状態——比較的控えめな温暖化から超温室化まで——にざっと目を通してみることにしよう。

私たちの孫のそのまた孫たちが、超温室化に直面せずに済むよう望みたいが、どうなるだろうか。アーチャと話したとき、彼はそれを完璧に予防しうる問題として見ていた。「超温室化など、そもそも起こすわけにはいかないじゃないか」とアーチャは言った。「私の個人的な推測では、おそらく最終的にわれわれが放出する総量は1600ギガトンほどだろう。その場合、二酸化炭素レベルはぎりぎり600ppm程度のところで安定するだろうから、最悪の影響のいくつかは回避できるのではないか、と期待しているのだが」

しかし人類世の未来のためにどの道を選ぼうとも、私たちがすでに自分自身とこの世界を、なんとも厄介な大きな変化のなかに閉じ込めてしまったことは、いまや疑うべくもない。もしあなたが筋金入りの運命論者であるなら、ここぞとばかりに、もうきっぱりあきらめて、「何もするな」と主張するかもしれない。だが、それは間違いである。

古植物学者のスティーヴ・ジャクソンは、最近、『生態学と環境のフロンティア』の論説に次のように書いた。「気候変動がときとして起こるのは必然かもしれないが、だからと言って、自らそれを呼び込んだり、増進させたりする理由にはならない」。地球の気候システムに対してすでに私たちがしでかしてしまったことは、驚くほど遠い未来にまでさまざまな影響を及ぼしていくだろうが、そうした影響も、私たちが炭素消費量を可能な限り迅速かつ大量に削減しなかった場合に生じうる結果と比較すれば、ずっと穏やかで、持続期間もずっと短いものとなるだろう。不気味な5000ギガトンシナリオへと続く道は私たちの前方にあるが、私たちはいますぐにその道をたどらざるをえないよう、拘束を受けているわけではないのだ。

歴史上のいまこの瞬間に私たちが存在するという事実そのものが、私たちに驚くような力

――人によっては名誉と呼ぶかもしれない――を与えてくれる。数十万年先の未来のために地球のサーモスタットをセットするという力だ。私たちはすでに複雑な気候という遺産を、延々と続く未来世代のために残してしまった。好むと好まざるとに関わらず、この21世紀中に私たちのとる行動が、この遺産の規模と存続時間を決定することになるだろう。

3章　最後の大いなる解氷

見よ是は新しき者なりと指て言ふべき物あるや　其れは我らの先にありし世々に既に久しくありたる者なり

『伝道の書』1章10節（『新旧約聖書』日本聖書協会、1980）

西暦2100年を超えた遠い先の未来に目を向けるとき、私たちがそこに見るものは、2100年という境目のこちら側で生じる出来事次第で変わるだろう。もし私たちが炭素排出量を1000ギガトンに制限すれば、5000ギガトンのシナリオに付随して起こるような一段と極端な環境の変化は回避されることになる。しかしそれでも、私たちの子孫が呼吸する空気には、人類史上それまで誰も経験したことのない量の二酸化炭素が含まれているだろうし、また世界の平均気温もさらに2～3℃の上昇が見込まれるかもしれない。

だがこうしたシナリオは、どれほどの現実味があるものなのだろうか。1000ギガトンの排出による温暖化のような事態は、過去に起きたことがあるのか。そして、もし起きたことがあったなら、ランドスケープは、生き物たちは、そのときどうなったのだろうか。

コンピュータモデルは、気候に生じうる変化を理論に基づくシミュレーションによって私たちに見せてくれる。一方、地球史（ジオヒストリカル）研究が見せてくれるのは、過去において実際に起こったことである。この抽象的アプローチと具体的アプローチには、両者ともに長所があり限界がある。いろいろなモデルを作ることで無限の可能性についてシミュレーションできるが、モデルが現実的に妥当であることも、妥当でないこともある。古生態学の記録は現実に根ざしたものだが、特定の疑問に答えさせるために操作することは必ずしもできない。記録から得られる情報は、それがたまたま提供してくれるものだけに限られる。両者が最も力を発揮するのは、歴史がモデルを先導するような形で、ふたつを連繋させて使うときだ。炭素排出の増加割合が「控えめ」という条件でＣＬＩＭＢＥＲやその他のモデルを使ってシミュレーションし、仮想の地球にどんな事態が生じるかを確認した後に、過去に生じた控えめな温暖化の実例を探して見るのも興味深い。この二者を組み合わせることで、かつての現実世界ではどんな展開があったのか、そしてそれが未来について私たちに何を語るのか、また何を語らないのか。このように、現在の温暖化傾向について大変魅力的な概要を提供してくれるのである。

　これまでも大規模な温暖期は何度も訪れては去っていったから、実例はたくさんある。しかし、例が古ければ古いほど、こうした温暖化が起こった際の生物学的背景が、現在のそれからますます遠くかけ離れたものになる。過去の温暖化の多くは、諸大陸が現在の位置にたどり着く以前に起こったもので、多くの種は現在の姿になっていなかった。未来の深淵を覗くためには、５５０～６００ｐｐｍの炭素濃度の環境に暮らすことがどんなことなのかに興味があるわけだが、私たちが現在知っている世界と物理的に似た世界を背景にした状況を知りたいのである。

このような制限を設けると、調べるべき例はずっと限られてくる。今日見られる植物と動物の多くがすでにこの惑星にいた時代に限るなら、せいぜい20万〜30万年前止まりである。幸いなことに、より新しい時代の出来事の方が、古い出来事よりも手に入る情報は多い。侵食などの自然の作用が働く時間がより短かいため、痕跡が消滅せずに残っていることが多いからだ。過去100万年間に、今日の387ppmの炭素濃度に匹敵する状況は存在しないし、控えめのシナリオのなかで私たちが考えている550〜600ppmともなればなおさらのことだが、それでも過去の温暖化から学ぶべきことは数多くある。さらに、地質学的な意味での「最近」を調べるために、私たちは、氷核（アイスコア）という、氷河や大陸氷床の中に埋まっている太古の大気標本の冷凍アーカイヴを利用することもできる。

そうした記録標本のなかで最も長いものは、地球上で最も広大な氷の領土であるグリーンランドと南極大陸である。これらの標本の独特なところは、氷の層の連なりがきわめて長く、その質が高いことである。そしてその氷の堆積層の厚さは、それぞれの時代の証しとなっている。何千年にも相当する降雪が、この氷の層のなかに圧縮され、詰め込まれているのだ。最も標高が高く、緩やかな丸みを持った半球状の丘の地下に埋もれた氷の堆積層が、私たちの研究の主要なターゲットになる。なぜなら、それらは数が多いからだけでなく、氷床の縁付近の氷に比べるとほとんど動くことがないからでもある。縁にある氷は、重力を受けて、スローモーションの川のように流れ、揺れ動くものだ。これに対し、ドーム下の氷は安定しているため、自然の歪みを原因とする誤謬が生じる可能性が少ない。

これを書いている時点において、最も長いアイスコアの記録は「欧州南極アイスコア掘削プロジェクト（ＥＰＩＣＡ）」という、数十人の研究者を巻き込んだ多国間の共同研究事業によって生み出されたものだ。このアイスコアは、南極大陸東部のドームＣに堆積した厚さ３キロメートルほどの氷床をボーリングして採集したもので、そこには80万年の歴史が刻まれており、氷河期（寒冷）と間氷期（温暖）の８回の周期が包含されている。８周期のうち最も後期のものについては、ドームＣに近いヴォストーク観測所の42万年の氷床コアにも、またグリーンランドの中心部から採れた氷床コアにも、記録されている。異質な場所の間でこのように類似したしるしが現れるということが、アイスコアが物語る気候変化の話の信憑性を裏付けている。

アイスコア中の微小ポケットに閉じ込められた太古の空気は、二酸化炭素濃度が氷河期には最低を記録していて、ほぼ１９０ｐｐｍ付近に留まっていたことを証明している。二酸化炭素よりはずっと少ないがいっそう強力な温室効果ガスであるメタンは、その頃、平均０・４ｐｐｍであった。アイスコア記録における温暖期の二酸化炭素最大値は、３００ｐｐｍにかろうじて届くところであり、メタン値は０・７～０・８ｐｐｍだった。思い出してほしい。二酸化炭素濃度は現在３８７ｐｐｍで、上昇中であり、メタンは１・８ｐｐｍである。だから控えめな排出シナリオどおりに進んでも、これらの温室効果ガスは、このアイスコアから知りうる過去のどんな記録をもはるかに上回る濃度へと上昇することが予想されるわけである。

氷河期に挟まれた温暖期のほとんどは、現在の温暖期とは異なるものだった。というのも、過去の間氷期を引き起こしたのは温室効果ガスではなく、北半球高緯度域における季節的な太陽熱効果の変化だったからだ。温室効果ガス濃度は過去の間氷期においても上昇しているが、原因は主に気温の上昇が微生物による分解作用を促進させ、海洋における気体の溶解度を低下させたためだ。現在の場合は、最初に温室効果ガス濃度を上昇させることで、因果の矢を先に放ってしまった。もし遠い将来に、まだ十分な量の氷が残されていて、その時代の科学者たちが私たちの時代に堆積した氷の層を読み取ることができたなら、延々と続いてきた地球の気温と大気の組成との関係に、異様な断絶を見出すことだろう。彼らが掘り出したアイスコアの人類世に相当する部分では、温室効果ガス濃度の上昇が、温暖化傾向と一致するか、ないしは、温暖化の後ではなく、わずかに温暖化に先行して起きていることが分かるはずだ。

私たちがいま知っている生き物たちが、過去の大規模な温暖化の際にどんな反応を見せたのかを知るためには、なるべく近い地質学的時代に起こった出来事を調べるべきだが、幸いなことに、最近の間氷期にこの条件にぴったり当てはまるものがある。この間氷期は、わずか11万7000年前である。11万7000年前を「わずか」と言うのは、地質学者か古生態学者くらいかもしれない。地質学的な時間の長さに慣れてしまった人間は、11万7000年という時間が、生き物の観点から見ればとても長い時間であることなど簡単に忘れてしまうのだ。

この点をより明解にするために、ちょっと想像してみよう。私たちは、気候の歴史をさかのぼり、次ページのグラフにあるような、EPICAのアイスコア記録から分かった凸凹の激しい気温の曲線をたどりながら、「エーミアン間氷期」へと向かうのだ。

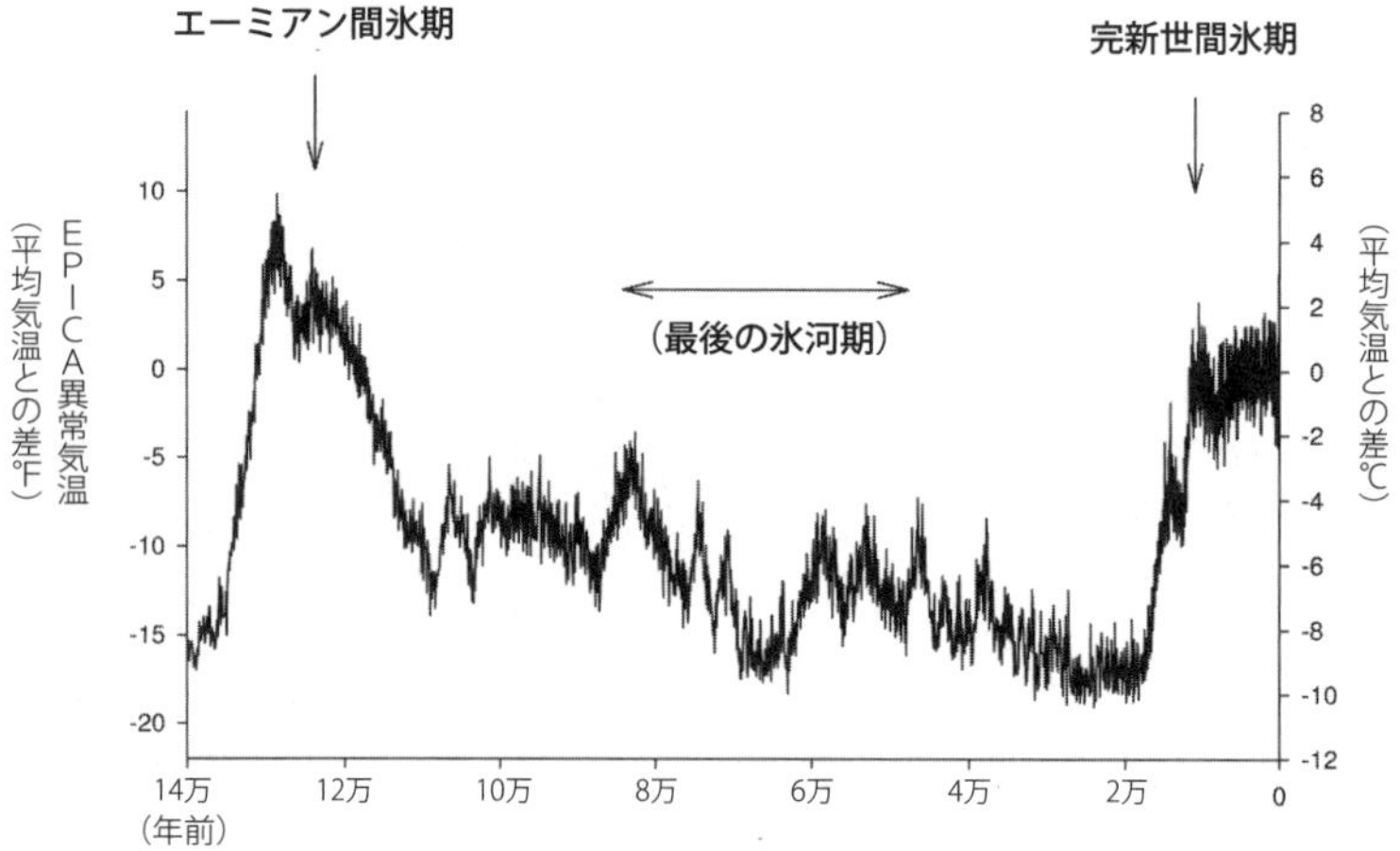

EPICAアイスコア記録による、エーミアン間氷期から現在までの、南極大陸における気温変化（EPICA参加メンバーによる、2004年）

その旅では、初めは、車がわずかな起伏に弾んだり沈んだりするのをただ感じるだけである。続いて過去1000年の間は、戦争や文明や発明の数々を横目に、エンジンを鳴らしてそうっと通り抜ける。さらにモハメッドとイエス・キリストの誕生の瞬間を過ぎ、そのさらに2000年ほど先でノアの洪水を、さらに2000年ほど先で世界創造の様子を見られるかと期待する人もいるかもしれない。だが道はそのまま6000年先へと進み、そこから気温が4000年にわたってわずかずつ上昇していく。温暖な初期完新世の始めにいたり、それから中東における穀物栽培初期の時代になる。こうして、1000年、また1000年、という具合に過ぎていく。

ここまで、EPICAに導かれて、1

万2000年の文化と気候の変化を見てきた。しかし私たちが最終目的地にたどり着くためには、気温変化の鋭い針が乱立する氷河期へと滑り降りていかなくてはならない。横断するには、すでに通り過ぎた分の9倍もの時間がかかるのである。

カナダの岩と土の表面の大半を削り取ってしまったその氷河期は、激しい温度変化が見てとれる過酷な旅だ。10あまりの温暖期がノコギリの歯のように突き出ていて、氷河期を中断させているが、ほとんどが氷床の規模や海洋の循環の突然変化によってできたものだ。だがどれひとつとして、数世紀ないし数千年以上にわたって続くものはない。険しい斜面をガタガタと登った途端に、さらに急な斜面を真っ逆さまに下る、といった具合だ。

11万7000年の厳しい気候変化の道を踏破するとようやくエーミアン間氷期である。そこからさらに8000年ほどさかのぼれば完新世と同程度の暖かさかになるが、前方にはさらに高温の頂がひとつ控えている。エーミアン最初期の5000年間はより気温が高かったのだ。その頂の向こう側、ちょうど13万年ほど前には、さらに古い氷河期の大渓谷が歯をむき出した口をいっぱいに開けているのだが、ここではそこまでは足を延ばさないでおこう。

言い換えると、エーミアン間氷期は13万年前に始まった、ということだ。完全に氷河で覆われた状態からエーミアン初期の最高温期までの5000年間に、東南極の気温は12～14℃ほど上昇した。これは年平均すると、1世紀におよそ0・3～0・5℃程度の上昇であり、一方で20世紀における地球平均は0・7℃上昇よりも小さい。だが、EPICAのアイスコア掘削地点がある東南極は、標高が高く、凍った陸地なので、温暖化速度は今日の世界平均より遅い。

エーミアン期にあってもこの地の温暖化が世界の他地域より遅れていたとしても、驚くには当たらないだろう。しかし、温暖化が始まるのは比較的遅かったにもかかわらず、ＥＰＩＣＡの掘削地点は、最後には今日を数度上回る気温に達し、その状態は数千年間続いた。それから次第に落ち着いてきて、現在の状態に次第に近づいたところで急激に下降を始め、大氷河期へと突入していったのである。これが11万７０００年ほど前のことだ。

エーミアン間氷期の名は、オランダ、アムステルダムの東方約30キロメートルにある、エーム川に由来する。エーム川は、亜熱帯性の軟体動物の殻を多数含んだ、粘土と砂から成る海洋堆積層のなかを流れている。今日、これらの軟体動物の多く、例えばムシロノミカニモリ（尖った細長い巻貝の1種）のような貝は、冷たい北海にはいない。地中海沿岸のようなもっと温暖な海浜に生息している。私が子供の頃、父がイスタンブールの高校で1年ほど数学を教えたことがあって、私はトルコのあちこちの海岸で、何百ものノミカニモリの貝殻を拾い集めたことを覚えている。オランダのアメルスフォールト〈アメル川の渡し場という意味。アメルの古名がエーム〉という河畔の町では、19世紀後半にこの貝殻が発見された。それ以来、この町の地下や周辺に、かつては水面下にあった貝の殻を含む堆積層が存在することから、間氷期の名前に川の名前が使われるようになったのである。

より専門的に言えば、エーミアンという呼び名はヨーロッパ史に限って使われるもので、北アメリカでは、サンガモンと呼ばれてきたし、ロシアではカザンツェーボである。また、この時代は、海洋の堆積層コアから調べた長期記録の波形のなかで最大の波形のひとつが現れたので、海洋地球科学者たちはこの時代を「海洋酸素同位体サブステージ5e」と呼ぶ。ただ本書では、エーミアンと呼んで差し支えないだろう。

アイスコアから得られた証拠から、エーミアン間氷期における二酸化炭素濃度は300ppmにかなり近かった。温室効果ガスの濃度はその頃のほうが現在よりも低かったわけだから、地球の平均気温もいまより低かったのだろうか。しかし、データが語っていることはそれとは異なる。多くの記録が、エーミアン期の気温が現在より高かったことを示していて、今日の世界平均との差は1~3℃である。いったいこれはどうしてだろう。

アイスコアに閉じ込められた温室効果ガスの記録に間違いがあるのだろうか。おそらく、大きな間違いはないだろう、というのも、複数のアイスコアから次々と同じ結果が得られているからだ。また他の歴史調査の手法から得られる結果も同様なものだった。例えば、マッツ・ルンドグレンとオーレ・ベニケ率いるスカンジナビアの研究チームは、ヨーロッパ各地のエーミアン期の堆積から太古の柳の葉を採取してきて、そこからデータを抽出している。植物は二酸化炭素を吸収するから、その葉はこの生命維持物質の量の変化に対して、明白な反応を示すことがある。どこに変化の徴候があるかというと、葉の表面に開いた微小な呼吸孔、すなわち気孔の数である。多くの植物は、二酸化炭素濃度の上昇に対する反応として、気孔の数を減少させるのだ。このチームの研究者たちは、作成した気孔指標データから、エーミアン間氷期の二酸化炭素濃度は250~280ppmの間をうろうろしていたという結論を導いた。そしてこの数字は、アイスコアから導き出された数値に驚くほど近いのである。

気温の推定値が間違ってはいないだろうか？　気温について数値を得る方法もやはり複数あって、ほとんどが安定的な同位元素に関係するやり方である（同位元素とは、同一原子の変種のことだ）。この種の研究において最もよく使われる同位元素のひとつが、重水素。氷河の氷の水分子を汚染する重たい水素原子だ。重水素と正常な水素との相対的な存在比は温度に伴って変化するから、重水素は太古の温度計として役立つ。ＥＰＩＣＡとヴォストークのアイスコアの重水素記録から、南極の気温が、エーミアン間氷期の前半４０００年から５０００年間は、いまより2～3℃暖かかったことが分かる。しかしそれ以後の間氷期では、気温は現代の気温にずっと近いものになった。

ただし、アイスコア記録の参照地点は、それぞれ地図上のバラバラの点にある。今日では、世界の平均気温を計算するために、私たちは世界中に広く散らばった何百もの観測所の記録を利用する。それに対して、エーミアン期の気温の詳細な復元例はわずか数十しかない。だから、ＥＰＩＣＡのデータはエーミアン間氷期初期の気温が今日よりもこれくらい高かったと証明している、などと言い切ってしまっては誤解を招きかねない。ＥＰＩＣＡが掘削したアイスコアでは、その頃の地球の平均気温が何度だったのかを正確に言い当てることはできないのだ。それは、コア掘削地点に置かれた現在の気象観測所が記録できるのは、南極のその地点の地域的な気象状況に過ぎないのと同じことだ。それに、氷床記録が保存しているのは、積雪があった季節の間だけの情報に限定される。もし、降雪がごくわずかしかなかった、もしくはまったくなかったとすると、その年の大半はまったく記録に表れない可能性もあるだろう。

マウントモールトン水平(ホリゾンタル)アイスコアトレンチは、いまのところ西南極のエーミアン期における気候を覗くために私たちに開かれた唯一の窓であるが、これにはそうした地理的条件によって気候記録が変化する様子がはっきりと見て取れる。そのトレンチは、ＥＰＩＣＡとヴォストークのコア掘削が行われた大きな東側の氷床からロス棚氷を突っ切ったところにある。深層にある氷は自らの重みを受けて脇にはみ出すことがあるが、モールトン山付近ではそれがこの山の麓にぶつかって大きな圧力をかけるので、幾重にも層を重ねた砂糖菓子(タフィー)のように、まくれ上がっていく。この岩と氷との接触地帯から外に向かって進んでいけば、透明な青い氷の層の細長い切れ端が平行に並んだ溝に沿って、50万年の南極の歴史を歩み通すことができる。そのアーカイヴを垂直に掘削するのではなく、アメリカの大学から訪れた研究者たちは、アーカイヴに沿ってノコギリで氷を切り、標本の長い溝を掘り出していったのだった。

現在、南極は東部より西部でずっと急激な温暖化が進行しているが、同様な地域的な変異はエーミアン期にも珍しいことではなかった。13万年前、モールトン山地域の温暖化の程度は東南極における温暖化とほとんど変わることはなかったが、引き続いて起こった気温低下に関しては、断崖から飛び降りるというよりは滑らかな斜面を滑り降りるといった感じで、他地域に比べかなりゆっくりと進行した。シナリオの基本的な展開は同じで、まず突如として気温上昇が起こり、温暖期が数千年間続いた後に、氷河期の寒冷状態へと戻る、というものだった。しかし、ことの細部に関しては場所ごとに異なっているので、地球全体の歴史を研究するために単一の記録を利用する場合はよほど気をつけるべきなのである。

現在の温暖化傾向は低緯度地域よりも、広く極地周辺一帯において一段と激しいが、同様の状況は過去にもあった。エーミアン期においては、北極の大半で現在より4〜5℃ほど気温が高かったが、地球全体の平均気温の差は、現時点で推測しうる限りにおいてだが、この数値の半分にわずかに届かない程度だった。だから、専ら高緯度の記録に頼ってその時代の地球の気温を推定するなら、温度を高めに見積もってしまうだろう。

ただ、エーミアン期の地球が今日よりごくわずかだけ温暖だったにしても、温室効果ガスの濃度は明らかにずっと低かった。ということは、私たちが近来の地球温暖化を炭素排出と関連付けることが間違っているのだろうか。そんなことはまったくない。私たちは事の順序を反対向きに捉えていただけだ。現在では、二酸化炭素とメタンが気温の上昇を推し進める原因となっているのだが、過去のその時代には、これら温暖化ガスの蓄積を推し進めた原因が、まさしく温暖化そのものだったのだ。地球軌道の周期が約束どおりのコースをたどるうちに、北半球において氷雪が失われる時期が訪れ、そのために露出し黒くなった陸と海がより多くの太陽エネルギーを吸収するようになった。すると今度は、微生物の呼吸作用が促進され、メタンを吐き出す湿地の活動が活発化し、結果的に地球は温暖化ガスのさらに厚い断熱性の衣で包まれることになったのだ。現在の私たちの場合は、ここ1万7000年ほど続いている完新世間氷期を産み出した日射率周期がすでにそのピークを過ぎているから、目下の温暖化は主として私たち自らが作り出したものだということになる。

現在の温暖化とは発生原因は異なるけれども、エーミアン間氷期がひとつの例としてはっきりと示しているのは、穏やかな温暖化でさえも、大量の氷をすっかり消滅させることがありうるということだ。間氷期に起きた氷の融解を示す、間接的だが有無を言わせぬ証拠を、世界中の陸地に堆積した化石に見ることができる。エーミアン期に形成された古代サンゴ礁跡は、世界中に何百もあって、地上に露出している。そのなかで、過去の海水準を示す最も信頼できる指標となるものが見つかるのは、地質学的に安定している沿岸地域である。そういう場所は、隆起したり陥没したりすることで、古代の堆積物の位置を変えてしまうことがないからだ。そのひとつが、オーストラリアのニューサウスウェルズにあるウォロンゴン大学の地球科学者、ポール・ハーティー率いる調査隊によって行われた研究で紹介されている。ハーティーと同僚たちは、パースのすぐ沖に低く横たわる、白い砂浜に縁取られた不毛の島、ロットネスト島の波に削られた崖を調べた結果、満潮線から人の背丈分をさらに越えた高さに、初期エーミアン期のサンゴ化石を発見した。こうしたサンゴは好んで浅海に棲息するので、当時の海水準が今日より2~3メートル高かったことを示している。

温暖期が長ければ長いほど、海面は上昇する。エーミアン初期に迎えた気温のピークが過ぎてもなお、海面の上昇は続いた。ハーティーのチームは、本土に移り、東へ向かってさらに進んでいった。つまり、次第に膨張する間氷期の海が陸地に侵入していった跡をたどってみたわけだが、そこで発見したのは、現在の海面より7メートル以上高い位置で岩肌に付着し、また相互に付着し合ったまま化石となった軟体動物類だった。それらは、ロットネスト島のサンゴが死んで数千年後にそこに棲息していた生き物たちで、それらがもっと東に寄った高い位置にあったことは、長期にわたって海が内陸へと侵攻したことを示すものだった。このような研究結果は、熱帯地方の別の場所で行われた同様の発見とともに、エーミアン期の海面変化の一貫した流れを概観するのに役立っている。

エーミアン間氷期の最初期に、海洋の水面は今日より2～3メートル高い位置まで上昇し、その後数千年間そこで停滞した。温暖期の半ば以降は、海面は数段階に分けて上昇を続け、最大7メートル程度まで達したが、これはおそらく残っていた極地の氷床が断続的に部分崩壊するのに反応したのだろう。続いて長期の後退が見られているが、これは、次の氷河期が次第に海洋から水を回収し、陸上に戻して凍結させていったのである。

当時も今日同様、最大の氷の堆積は北極と南極であり、これらがエーミアン中期の水位変動の波を産み出す原因となった可能性が最も高い。グリーンランド氷床と同じ規模があれば水位変化を起こしうるが、確実に言えるのは、グリーンランドだけが海洋への水供給に寄与したわけではないということだ。グリーンランドで採取した氷床コアが証明しているのは、この地の中央ドームの大半がこの数千年にわたる長い温暖期を生き抜き、今日の氷床の少なくとも半分に達する広さを持つかなり大きな氷床を残したということだ。地球の反対の極では、東南極の氷床の主要な部分がやはり生き延びた。さもなければ、EPICAやヴォストークのあの超長大な氷床コアを私たちが手に入れることはなかっただろう。

すなわち、間氷期の海面上昇はおそらく複数の氷床の働きによるものだった、そして、なかでも最も可能性の高いのが、グリーンランドと西南極の協働作業だったということだ。またそ

カキの化石。南アフリカ、ダーバン付近。付着した岩とともに、エーミアン間氷期には海中に没していたが、現在は海面より相当に高い位置にある。

れは、1万3000年に及ぶ温暖化でさえ、グリーンランドの氷床を完全に破壊することはなかったことを意味する。今世紀においてかの地の気温上昇と氷解の速度を見守る私たちにとっては、これはいくらか不安を緩和してくれる材料かもしれない。私たちが将来の温暖化を、控えめの排出シナリオの場合に予想されるような、エーミアン間氷期程度の状態に抑えることができれば、おそらく極地の陸氷についてもかなりの量を喪失せずに済むだろう。

一方、グリーンランド北部沖から採取した海底堆積層コアは、その当時、北極海の大部分は季節によっては氷が消滅していたことを明らかにしている。今日海氷下に生息する種類のプランクトンのような微生物は、ずっと南の非結氷海域に現在普通に見られる種類の微生物に取って代わられた。また、長い間堆積層中に埋まっていた生き物の殻に保存された、安定的な酸素同位元素からも、極付近の海が氷結しなかったことが分かる。しかし、海上に浮かぶ氷帽がたとえ消えても、地球の海面を変化させることはなかっただろう。海面の変化に関わるのは陸氷だ。

当時の海岸線を正確な海図に描いた者はいなかったから、海面上昇によって描き変えられたエーミアン期の世界地図を完全に再現することはできないが、消滅したものについて洞察力を働かせることはできる。塩水が広く北ヨーロッパを、また西シベリアの平原を覆い、その結果、スウェーデンとノルウェーは本土から分離し、ソーセージの形の「フェノスカンジア」島として孤立した。そしてまず間違いなく、他にも多数の土地の低い地域——現代の海面上昇で話題になるバングラディッシュ海岸地域や太平洋の小さな島々を含む——は、少なくともエーミアン期のある時期、海面下に没した。

温暖化と海面上昇とはまた別に、地質学的な記録からは、エーミアン間氷期における降雨の影響が明らかになっている。ロットネスト島からさらに東へと進むと、熱くて、砂ぼこりの立つ中部オーストラリアにたどり着くが、エーミアン期におけるその地の気象は思いもよらないものだった。高温化する夏の天候が、低緯度地域一帯のモンスーンを活気づけ、この辺鄙な乾燥の地にこれまでにない量の降雨をもたらした。キンベリー地域では、グレゴリー群湖の水が土手を越えて溢れ出し、カゲロウのように儚い現在のエア湖——湖というよりは砂漠の蜃気楼であることが多い——を取り囲む、カラカラに乾いた低地は絶え間なく洪水にさらされた。インド洋を横切った先の東アフリカ高原地帯では、豪雨がナイル川を溢れさせ、流出河水を東地中海へと大量に注ぎ込んだため、その海域の塩辛い水の上に、塩分濃度の薄い水の層が被さった。以前なら濃厚な塩分を含んだ表層水が、風の影響を受けて、沈下し深い水の層を攪拌したのだが、この水面に浮いた真水のフタはそれを妨げた。そのために、水に溶けた酸素の海底への供給が途絶えてしまった。その結果、ネバネバした有機物でできたヘドロの厚い層が海底に幾重にも堆積した。これは、エジプトの海岸付近で採取された海洋堆積コアのなかにいまだに保存されている。さらにサハラ地方に降り注ぐ豊富な雨は、現在では茫洋と続く流砂の海となった一帯に、草木で織られたエメラルド色のカーペットを敷き詰めたのだった。

現在より温暖で、一般に多湿だった間氷期の世界には、私たちもよく知っている多くの動物が生息していた。またその時代の植物のほとんどが現在も健在である。いくつかの顕著な進化上の変化は起こったが、その時代と現在との間に生じた、生物としての最大の相違点の多くは、遺伝子の変異ではなく、環境的要因を反映したものである。マンモスは現在のランドスケープからは姿を消したが、その原因は人間の狩猟活動か、もしくは人間の手による火を使った生息地の破壊であって、マンモスが毛の薄い象に進化したからではない。エーミアン期と現代の私たちを隔てる時代的距離は近すぎて、その時代に生息していた生物が残した骨や殻や葉の多くがまだ化石にはなっておらず、発見時点では石のレプリカというよりは、むしろミイラに近い存在に見えることもしばしばだ。このように現在の生物と似ているために、私たちはエーミアン期の生物種を利用して、過去の気候が生き物に与えた影響を推測するだけではなく、気候の状態そのものについても学ぶことができる。

最も温暖だったエーミアン間氷期の初期には、寒帯の森林限界線は現在よりも数百キロ北に位置し、しばしば北極海の海岸線に迫ろうとしていた。バフィン島のほぼ全土と南グリーンランドは白樺の森に覆われていて、ハシバミ、ハンノキが北極限界線（北極圏）をゆうに越えたスウェーデンとフィンランドの北部でそよ風に吹かれていた。湖底の堆積物と泥炭層の堆積物に含まれる花粉から明らかになるのは、ナラやシデやイチイの大森林がアルプスより北のヨーロッパ全土をほぼ覆っていたということだ。さらに東に移れば、エーミアン期（お好みなら、カザンツェーボ）を通して、トウヒやモミやマツ類の花粉が、水晶のように澄んだ水を湛えた、水深1600メートルのバイカル湖に吹き込み続けた。これは当時、この地方の寒帯タイガ針葉樹林帯が現在とほとんど同じ姿だったということを意味する。しかしながら、バイカルの北方では、常緑樹の森がツンドラを押しのけて海岸線まで広がり、一方、ナラやニレといった広葉樹が針葉樹林帯の南の境界を侵食していた。

北米大陸でも植物は北極へと向かって侵向していた。アラスカ中央部とユーコンテリトリーでは、現在とそっくりのトウヒとカバの混交林が、夏の天候が温暖かつ湿潤になるにつれて、後退するツンドラの跡に侵入してきて、ついには現在の森林限界線をはるかに越えた地点へと到達した。スギ、ツガ、モミの混交林はワシントン州とブリティシュコロンビア州の海岸地方を領土とし、大陸中央の平原地帯には、落葉樹林とサバンナの複雑なモザイク模様が生じた。

フロリダとジョージアには、エーミアン期の最初期に、乾いたブナの森林が広がったが、その後マツの生育地やイトスギの生えた湿地に所有権を明け渡した。そして、ニューヨーク州北部とオンタリオ州南部では、いまではアパラチア山地南部の普通種になった木々が、ヒッコリーナッツやドングリをたっぷりと実らせて、熊やリスたちをまるまると肥やした。

アジアの夏のモンスーンは、数千年間にわたり氷河の寒冷な気候によって押さえつけられていたが、間氷期の温暖な気候が戻ってくるとともに、再び目を覚まし、その結果、夏の高温多雨による激しい風化作用が働き、中国中央のほこりまみれだった平原に何層もの厚い土壌が形成された。南米コロンビアの峨峨たる山々に囲まれた湖の堆積物から採取した花粉から分かることは、気温が現在よりも0・5〜1・0℃程度高くなってから、カシ類とたわわに葉と花をつける照葉樹ウェインマンニアが混生する湿潤な密林が、標高の高いこの国に戻ってきたことであった。

およそ11万7000年前、寒気が再びじわじわと忍び込み始めると、大草原（ステップ）がバイカル湖の岸からタイガを押し戻し、落葉性の広葉樹の森は南へと後退していった。それにつれて、針葉樹とツンドラが寒冷化しつつあるヨーロッパの風景のなかに再侵出していった。北ドイツは、気候が寒冷化し、乾燥化するにつれて、砂嵐と山火事に翻弄された。高緯度で標高の高い地域に巨大な氷塊が形成されるにしたがって、フランス中部の植生は北部スカンジナビアのそれに次第に似てきた。

一般的には、エーミアン期における動物たちの生活の変化は、植物の世界に生じた変化と並行していた。温暖化によって世界中で種の生息域が再編されるにつれて、草食獣たちは植生の推移に従って移動し、肉食獣たちは獲物となる草食獣を追って移動した。エーミアン期における中部ヨーロッパの森林に生息する獣のリストには、イノシシ、オオカミ、ウサギ、ビーバー、テン、そして多くの種類のネズミが含まれる。間氷期の間は北西ヨーロッパの水辺を走ったり、泳ぎまわったりしていた小さなミズハタネズミの子孫たちも、その祖先の領土に再び侵入してきたが、一方、もっと強い耐寒性を備えた彼らの従兄弟たちは極地の方向をめざした。

　エーミアン期の植物の生態を再構築するより、動物の生態を再構築するほうが困難なことがある。というのも、動物について多くの事を知るためには、その骨やクチクラ（角皮）や殻を発見する必要があるからだ。こうした種類の残存物が手に入ると、非常に多くの情報を得ることがある。例えば、ニュージーランドが現在より2〜3℃ほど温暖だったことが分かるのは、ウェリントンのヴィクトリア大学の古生態学者、モリーン・マラの研究によれば、特性表示種（ダイアグノスティック）のコガネムシがその時代の湖底堆積物に十分に保存されていたからである。一方、植物のほうが研究対象となることが多いのは、その花粉が風や水の力で広範囲に撒き散らされるためである。ニュージーランドの湖底堆積物に含まれる花粉その他の植物遺体が、コガネムシが示した温暖化の証拠を裏書きするとともに、当時のニュージーランドは現在より雨量が多かったことを明らかにしている。

　動物の場合には、ある地域において特定の種が現れたり消えたりするというだけの理由で、その生き物が進化したとか絶滅したとかいう思い違いをする人もいるかもしれない。だがいまでは多くの研究地点から集めた証拠によって、エーミアン期の動物のほとんどが、気候の変化に従って、それぞれの嗜好にあった植生を追いかけた結果、ある場所からは姿を消したり、別の場所に現れたりしたということが明らかになっている。そして移動に関連した変化には、まったく壮観といえるようなものもあった。

温暖化が極みに達した頃には、未来のロンドンの市境にほど遠からぬテムズ川で、カバが水しぶきを上げ、鼻を鳴らしていた。ブリテン島の森の下生えを踏みつけてサイが歩き回り、真っ直ぐな牙を生やした古代ゾウがはるか北方の地デンマークで木の葉を食んでいたり、スイギュウがその重い三日月形の角を水に浸しながら、ライン河の水を飲んでいた。エーミアン期のヨーロッパはほぼ全土にわたって、とりわけ夏には現在よりも温暖ではあったが、比較を絶するほど温暖だったわけでもない。おそらく、カバも、サイも、ゾウも、スイギュウも、私たちがチャンスを与えてやりさえすれば、現在のヨーロッパでも十分に繁栄できるのだろう。なんといっても、現在、私たちは再び長期にわたる温暖化の上昇軌道に乗っているのだから。

北米大陸では、史上最大のライオンである、洞窟に暮らすパンテラ・レオ・アトロクスが、さらに大型のショートフェイスドベアとともに、緑に覆われた土地で暮らしてしていた。中西部では、体の大きなビーバーであるカストロイデス・オヒオエンシスが川岸の木を盛んにかじっており、マンモスや固有種の野生馬や何種類かのアメリカ野牛がそれをじっと眺めていた。マンモスやその類縁種を時として「氷河期の哺乳類」と呼ぶが、彼らは実際のところ間氷期にあっても北米とユーラシアに広く生息していた。この種の耐寒性を備えた獣たちは、温暖化すると、狭くはなったものの残されていた自分たちに有利な生息地へと退去しただけで、その多くはエーミアン間氷期を見事に生き抜き、数千年後には私たちにお馴染みの存在になった。ホッキョクグマ、キョクアザラシ、ホッキョクギツネなどがそうである。同一の化石採掘地点で、過去数十万年の間に動植物の種に生じた変化を記録することで、過去の気候変動が遺伝子進化の圧力以上の劇的な効果を発揮して、その地域の動植物群を追い出したり招き入れたりするのを観察することができるのである。

こうした観察をしながら、エーミアン期を先例として現代と比べてみると、重要な問題が見えてくる。気づいている者はわずかだが、私たちの暮らす人類世は、種がすでに激減した世界なのだ。人間の仕業で現在生息が確認できない動物の種類をすべて記述しただけでこの本の多くのページが埋まってしまう状況なのだ。南北アメリカ大陸は、これまでに、サーベルタイガー、ホラアナライオン、地上性オオナマケモノ、サイ、多くの種類のゾウ、バイソン、そしてラクダを失い、オーストラリアにはもはやショートフェイスドカンガルーもジャイアントウォンバットもいないし、ニュージーランドにもすでにモアは生息していない。重厚な角を持ったヘラジカはアイルランドに1頭も生息せず、ホラアナグマがフランスの壁画に描かれた洞窟を棲家にすることももはやない。

こうした不在は、単に先の氷河期の終焉とともに訪れた温暖化の残した遺産というのではない。これらの種のほとんどは、過去に何度も生じた温暖化を生き抜いた。間氷期を生き抜いただけではない。エーミアン期と完新世に挟まれた氷河期を繰り返し中断させた、百年単位で生じる突然の寒暖の交替にも耐えたのだ。ほとんどの科学者が一致しているように、こうして世界中で種が姿を消すにいたった原因は、気候変動というよりは、むしろ人間の活動にあった。

悲しいことだが、現在生き残っている動物たちの多くが置かれている立場から見れば、これから先、状況は悪化の一途をたどるばかりだ。たとえ私たちが将来に向け比較的控えめな温室効果ガス排出の道を選び、北極圏やアルプス地方の最後の避難場所が破壊されるのを避けたいと願っても、エーミアン間氷期規模の温暖化はより高緯度の、また標高の高い地域へと、多くの種をじわじわと追い詰めていくだろう。過去には、生物たちは気候変動の押したり引いたりする力に単に反応して移動すればよかったが、今回は、人間の存在によってほとんど移動不能となった生息地の境界の内側に閉じ込められてしまうだろう。人類世においては、天候の力以上に、ますます人々が彼らの運命を決定するようになるだろう。

それでは、人類の大昔の祖先たちはどうだったのだろうか。最後の氷河期前のその温暖な間氷期には、彼らは何をしていたのだろう。その頃の北アメリカの平原やアジアの草原は、セレンゲティ自然保護区に匹敵するほどの豊富な数と種類を誇る草食動物や肉食動物の群れを擁する豊かな土地だった。現在私たちの手元には、エーミアン期の人間についての資料としては、各地に散らばったバラバラのスナップがあるだけだ。これにはいくつかの理由がある。第一に、その頃人類は南北アメリカ大陸およびオーストラリアには暮らしていなかった。アジアからこれらの大陸へとまだ誰も渡っていなかったからだ。第二に、エーミアン期の堆積物が地球全体において不均衡な分布をしていて、どれがそうなのか同定が難しいこと。研究に都合のいいように露出されていないとだめなのだが、普通は石切り場や切り通しで発見される。
しかし最も肝心なことは、その当時、少なくともアフリカを除いては、地球上のどこでも、人間の数は多くなかったのである。エーミアン間氷期は、偶然か、ゆえあってのことかはともかく、現生のホモ・サピエンスが、故郷のアフリカから世界へと出て行く、最初の旅のひとつを敢行した時代だった。

これは、初期のヒトが当時の旧世界にまだ広く進出していなかったということではない。インドネシアの湿潤な雨林に覆われた島々には、小柄なホビットのような人たちが歩き回っていた。現在のフランスやドイツでは、槍を担いだネアンデルタール人たちが、氷河に囲まれた広大な草原で、牙の生えた獣やトナカイを追っていた。時代が下り、エーミアン期になると、寒気の後退とともに、開けた草原を好む獲物たちが肩を揺らして北へと移動するにつれて、ネアンデルタール人たちは、密に茂った森林に暮らすゾウ、サイ、ヒグマ、シカそしてオーロックスを狩るようになった。また、南ははるかジブラルタルや中東にいたるまでの海浜地域では、イガイ、アザラシ、イルカや魚類などを獲った。彼らは道具を使い、また私たちの直系の祖先とネアンデルタール人との間に遺伝子の交配が行われた新たな証拠もあるが、それでも厳密に「現生の」という意味でいえば、彼らは人間ではない。

解剖学的な意味で現人（モダンヒューマンズ）と呼ばれる私たちの祖先は、およそ20万年前にアフリカの地で誕生し、その後世界の他の地域へと広がった。多くの科学者の考えでは、アフリカの大型哺乳動物が、他の大陸に生息した類縁種よりも長く生き抜いたのは、彼らが人間との共進化によって、手に武器を持って近づいてくる二足歩行の捕食者に不意打ちを食らいにくい習性を身につけたからだ。

エーミアン期の石器時代中期に当たる時代には、移動を開始したホモ・サピエンスの第一団が、エジプト本土を東に向かって横切り、現在のイスラエルそしてヨルダンへと進んでいった。薄い地層が重なった洞窟から採取した資料の地球化学的分析から分かるのは、当時の地域的な雨量増大によって、アフリカから外の世界へと向かう回廊が開かれ、私たちの祖先にとっては、シナイやネゲブの砂漠を越える遠征が、水を補給できない死の強行軍ではなく、狩猟旅行（ハンティングツアー）のようだったということだ。気候の変動は外への扉を閉じることもあった。寒冷な気候が戻って中東の降雨が止んだエーミアン期の終わりがそうだった。アフリカを出た初期の移民たちの消息は不明となった。おそらくアフリカへと戻ったか、全滅したかだろうが、彼らの足跡を示す歴史上の証拠は見つかっていない。

一方、アフリカ本土では、多くの人々が普段と変わらない生活をしていた。現在のエリトリアの紅海沿岸には、古代の海岸やサンゴ礁跡の堆積物に涙のしずくの形をした手斧が散らばっているが、そこはエーミアン期の人間たちがかつてカキやカニといったご馳走に舌鼓を打った場所だ。大陸の反対の端、南アフリカのブロンボス洞窟では、海岸洞窟を棲家にする者たちが、石や骨を裂き割って道具を作り、魚や軟体動物をムシャムシャやっていた。ほど遠からぬクラジエス川では、人々は食用となる植物や貝類を採集し、またペンギン狩りも行っていた。ペンギンがいたからといって、そこが異常に寒冷だったというわけではなくて、いまと同様、喜望峰周辺の海辺には土着のペンギンがよちよちと歩き回っていたのだった。エーミアン期の終わりに再び寒冷化すると、海面は大幅に降下したので、クラジエス川の河口の洞窟から見渡せるのは、もはや獲物の豊富な海岸線ではなく、広大な海岸平野だった。その後、これらの洞窟に人が住むことはほとんどなかった。それが再び利用されるようになるのは、海面がようやく上昇を始め、波打ち際まで容易に歩いていける距離になった3000年ほど前のことだった。

さて、このくらいでいいだろう。一番最近の事例として、現在の私たちの世界によく似た世界が温暖化し、今日の気温の限度を上回ったときに何が起こったかを少しはイメージできただろうか。エーミアン間氷期の例からは、5000ギガトン級の温室状態がどんなものなのかは分からないので、次の章ではそのような事例を見つけるために、さらに時代をさかのぼってみる。しかし、比較的控えめな1000ギガトンの未来を垣間見るには、エーミアン期の事例で十分である。

温室効果ガスの濃度は、エーミアン期の温暖化に反応して上昇したが、その程度は、現在の私たちの関与による上昇度に比べれば、ほとんど取るに足らない。北半球の夏の温暖化は熱帯モンスーンの力を強め、海面は現在より7メートル程度上昇した。北極海の大部分あるいは全面積が夏場には氷を失ったので、このまま現在の温暖化傾向が続けば、再び北極海からは氷が消えるのはかなり確実だ。それでも、エーミアン期では、グリーンランドと西南極の陸地の氷床は凍ったままその規模をほぼ維持していたし、また東南極の氷床の縮小度はさらに小さいものだった。

エーミアン期の温暖な気候は、低緯度地域よりも北極地方で、より著しい温度の上昇を促進した。地球表面の熱反射率の変化や有機物の分解速度の変化といった増幅作用——現在でも働いている変化だが——の結果であることは、ほぼ間違いない。それでも、永久凍土がすべて長期にわたる融解作用に屈したわけではなかった。おそらく、断熱効果のある物質に表面を覆われていたせいであろう。カナダの地球科学者、ドゥーエイン・フロースたちの研究によれば、アラスカの地中の氷には75万年という古いものがあるが、それはこの氷が幾度となく間氷期をしのいできたことを意味する。エーミアン期の温暖化は確かにツンドラを、ステップを、森林を、そこに生息する生き物たちとともに、北極へ向けて押し上げ、それに続く氷河期はその子孫たちを再び南へと押し戻した。これは、私たちの未来に待ち構えている気候反転の先例である。開放された広大な世界なら、動ける生き物にとって、数世代をかけて生息域を徐々に移してもらうことは、そう大問題ではない。多くの種がこれまでに、ほとんど難なく、寒暖の揺れに応じて何度もそんな移動を繰り返してきたのだ。

しかし、今日では事情は大いに異なる。現在の気候変動の推進力となっているのは、人間が産み出す温室効果ガスであり、これは特定の緯度、季節、時刻などの制限を受けることなく作用するものだから、これまでの間氷期よりもより短期でより多量の氷を破壊するかもしれない。加えて、エーミアン期の世界で私たちの祖先が演じた役割は比較的単純で、現在の間氷期に私たちが演じている役割との違いは著しいものだ。広範囲に狩猟採集活動を行ったものの、部族数は少なく、高度な技術も持ち合わせていない初期人類たちが周囲の環境に与えた影響は、ビーバーのコロニーやマンモスの群れが与える影響よりも、一般には小さいものだった。少なくとも、先の氷河期の終わり頃、クローヴィス文化が強力なヤリなどの殺傷力の高い武器を作り出すなど、死の要因を増大させるまでは、である。しかし今日、私たちははるか遠く大地の隅々まで居住地を広げ、農地を拓き、工場を建て、道路を通している。手に入れた複雑な技術によって、私たちは自然の景観を作り変え、種全体を再配置し、あるいは根絶やしにすることが可能である。今日、この驚くべき人間の時代に、私たちの存在は、高い山、流れの速い川や広い海がかつてそうだったように、生物の移動にとって大きな障害になっている。人類世の温暖化がいまだ明かされない気温のピークに向かって進んでいくとき、私たちの隣人として長い苦しみを味わってきた生き物たちは、氷河期と間氷期が織り成す長い劇的な歴史のなかで一度も経験したことのない、新たな状況に直面することになるだろう。

私たちが行く手をはばんでいるために、彼らは身動きがとれないのだ。

4章　超温室のなかの生命

過去を振り返る君の眼差しが遠くへ延びる分だけ、未来へ向ける君の眼差しも遠くへと届くだろう。

ウィンストン・チャーチル

控えめな1000ギガトンの炭素放出が私たちにもたらす影響を考えるため、エーミアン間氷期を大まかな手引きとして、最近の温暖期の様子がどんなものだったかを覗いてみた。しかし氷のコアに記録されている出来事では、私たちが化石燃料の残りをほぼすべて燃やし尽くした場合に起こる、超温室化した世界の状況は分からない。いったい人類世の気候はどれほど激しく変化するのか、またそんな世界ではどのような生命の営みがあるのだろうが。

気候が急激な温度上昇の壁を越えるとすれば、そのときどんな力が働くのか。具体的なことはまだ見えてこないが、歴史から明らかになっていることがひとつある。それは、曲がり角が確かに存在するということだ。過去にそこを曲がったことが、確かにある。しかし、それはこの過去13万年間の出来事ではなく、また今日生存しているほとんどの種が誕生してからの出来事でもない。起こったのは5500万年前、恐竜の絶滅から約1000万年経った頃であり、現在のところこれが人類世の温暖化が最悪の状態に達した場合の状況を予見する、歴史上最も優れた事例のひとつである。エーミアン間氷期と違い、地球軌道の周期変化が原因で起きたものではない。また温暖化を推し進めたメカニズムは、南北どちらかの半球に偏ったものでもなく、全地球的なものだった。だが何にもまして確かなのは、いまから私たちが検証しようとしているこの事例は極限的なものだということだ。誰がどう見ても、それはこの地球上で生じうる、最も急激かつ強力な温室効果による温暖化のひとつだったのである。

このような超高温の温室が、人間が登場する以前にどうして可能だったのか。それを理解するためには、新生代の最初期へと時代をさかのぼって調べてみなくてはならない。新生代は6500万年前に始まり、いま私たちが新たに人類世と呼んでいる地質学的時間の下位区分を貫いて、そのまま続いている。この偉大な時代は時に「哺乳類の時代」として説明されるが、これは語義のもとになった、体毛で覆われ乳を分泌する温血動物たちの驚くべき多様性を称揚している。

新生代の初めの3100万年は、暁新世および始新世と呼ばれ、すでに今日よりずっと温暖であったが、その理由はいまのところ十分には分かっていない。地球科学者のなかには、大陸移動により陸地の位置取りがわずかに異なっていた関係で、周囲を巡る海流のパターンも違っていたことが原因だと考える人もいる。例えば、南北アメリカを結ぶ中央アメリカの回廊がまだ存在していなかったので、熱帯の暖流とそれに影響される気候は、おそらくはいまと幾分か違っていたろう。しかしながら、ほとんどの専門家はその頃の温暖な気候を、今日よりもずっと高かった温室効果ガス濃度に関連させて考えている。高濃度の原因については、これもいまだに不明である。

理由はなんであれ、新生代初期には地球の気温がどんどんと上昇を続けた。始新世の最適気候は5000万年ほど前から始まり、以来数百万年にわたって、気温は10〜12℃ないしそれ以上、今日の平均よりも上回っていた。この時点から後は、気候変化の支配的な方向は容赦のない寒冷化である。およそ3400万年前、最初の永久氷床の形成が南極で始まった。800万年ほど前に北極がこれに続き、その後過去200〜300万年間にわたり、この惑星は数十回に及ぶ氷河期に耐えてきた。私たちがいま、人類世の将来に極度の温暖化の襲来を予想しているということは、私たちは地質学的な歴史の突如の反転に直面しているということだ。もし5000ギガトン排出の道を選ぶなら、そのとき私たちは本質的に地球の気候を初期始新世まで押し戻すことになるのだ。

ここで述べた概要は、あまりにも簡略化し過ぎている。気候の長期変化のパターンは決してなだらかどころのものではない。特に新生代初期は変化が激しく、気温の上昇曲線のところどころに短い急激な波形が突出している。これらのなかで最も劇的なもののひとつが5500万年前にあり、これは多くの地球科学者たちが、将来の温暖化の最悪のケースの予測として最適な実例だと考えるものだ。「暁新世・始新世境界温暖化極大イベント（PETM）」は、17万年近くにわたって、世界を例外的な高温化状態へと追い込み、それは私たちの極限排出シナリオに驚くほど類似している。

現時点で私たちは、約３００ギガトンの化石燃料由来の炭素を大気中に放出してきた。これに対し、ほとんどの研究者の試算では、ＰＥＴＭ期の間に少なくとも２０００ギガトンの炭素が大気に溢れていたことになる。なかには、５０００ギガトンもの高濃度だったとする研究者もいるが、これは最悪の排出シナリオに近い数値だ。何が原因でこんな結果になったのだろうか。この時に限っては、人間の責任ではない。私たちの最も古い祖先の原人が化石記録に登場するのは、それから５０００万年ほども経ってのことである。

高温状態の起源を突き止めるためには、温室化ガスが作り出した温暖化のパターンに手がかりがある。エーミアン間氷期について多くを教えてくれたアイスコアは、ここでは役に立たない。私たちの手にある最も長いアイスコアでさえ、ＰＥＴＭ期までの道のりのわずか50分の１に満たないところまでしか届かない。そもそも、新生代初期全体がとても高温だったので、私たちに何かを教えてくれる氷床をひとつとて残すことはなかったのだ。

私たちの道案内は、氷ではなく沈殿物である。例えば、科学者が古代の海洋堆積物から引き抜いた長いコアのなかには、有孔虫と呼ばれる微小な原生動物の姿をした、豊かな情報源が含まれていることがある。有孔虫は塩水に生息するアメーバであるが、生物学実験室で見るような泥水に混じったあの小さな粒とは違い、彼らは炭酸カルシウムを使って、見事な渦巻状の、あるいはずんぐりした殻を作り出す。小さな捕食者たちから身を守る鎧を着て、世界中の海のなかを、ミクロの亀のように、漂ったり、這い回ったりしていたのだ。そして彼らが死んで海底に沈むと、その硬い空っぽの殻は、何百万年もそのままに保存されることになる。

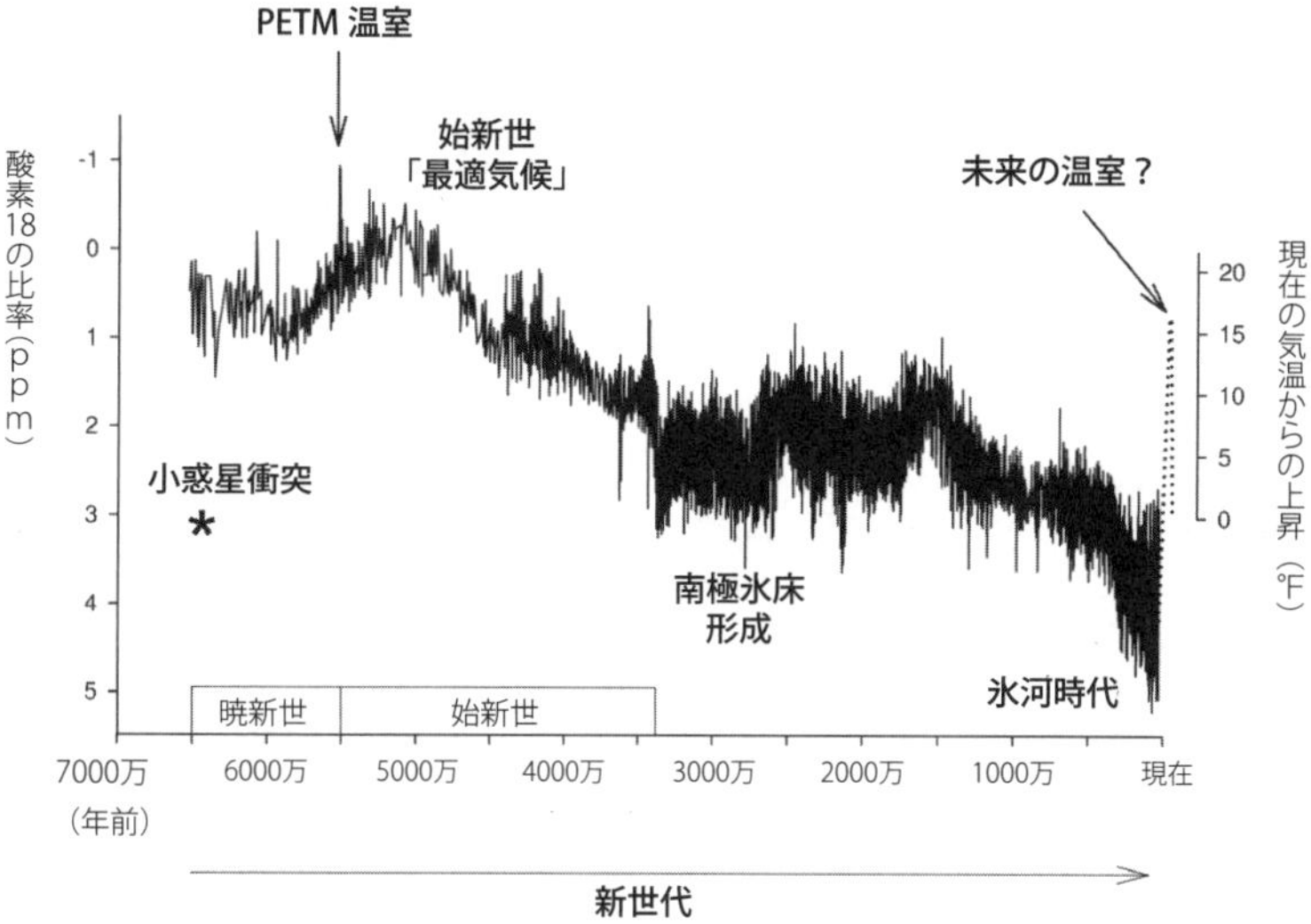

新生代における深海の酸素同位体と気温の関係。初期の温暖な状態に続いて、長期にわたる地球寒冷化が起こった。（ザコス他による）

有孔虫が古海洋学者たちにとって特に役立つのは、酸素18という重くて安定的な酸素原子同位体が含まれているからである。有孔虫の殻に豊富に含まれる酸素16に対する酸素18の比率は、有孔虫が生息していた海域の温度を反映する。そうした意味で、酸素原子同位体は古代の温度計として利用できるのだ。ただしその正確さは、氷床が酸素16を選択的に捕らえて、海洋から酸素16が大量に奪い取られる状態があれば、鈍ることになる。しかし幸いなことに、初期新生代はほとんど無氷状態だったので、その頃の酸素温度計は最近の氷河期に沈殿堆積したサンプルより、いっそう明確に読み取ることができる。３４００万年前の南極における氷床形成に先立つ時代の温度を推定するほうが、その後の時代の温度を推定する場合よりも、信頼性が高いのだ。

太平洋の堆積層コアから得た有孔虫のデータによれば、熱帯の海面温度は、ＰＥＴＭ初期の数百年間中に跳ね上がり、すでに温暖化した状態であったものを３℃も上昇させた。同コアおよびインド洋の堆積層から得たコアにおけるそれ以外の気温指標では、この急上昇は倍の高さに達している。しかし、もっと劇的なのは、南極と北極の海域の有孔虫から得られたデータである。それらによると、北極海と南極海の海面温度は、２０００〜３０００年間で８〜10℃も上昇したのだ。ある研究では、北極点の海面温度が23〜24℃ないしそれ以上だったと推定している。言い換えると、初期始新世へ時間旅行者ができれば、とこしえに氷のない北極海で、寒さに震えることもなく泳ぐことができるということだ。

イェール大学の地球科学者マーク・パガーニと同僚たちが、北極付近の海底から引き上げた堆積コアには、「４エーテル脂質」と呼ばれる複数の物質が含まれている。これはかつて浮遊性プランクトンの油っぽい細胞膜に埋め込まれていたものだ。冷蔵庫で冷やした溶かしバターのように、細胞膜の油は生息環境が寒冷化すると硬化し、過度に温暖化すると液状になる。何種類かの４エーテル脂質は、地域の気温が変化するとき、細胞膜の流動性を最適状態に維持することで、そうした有害な変化に対する細胞の抵抗力を高める働きをする。北極海の堆積コアに含まれるエーテル脂質を分析することで、パガーニのチームは、ＰＥＴＭ期における北極海の海面温度が18〜24℃の範囲にあったことを発見した。これは、有孔虫のデータを支持する結果となっている。

世界中に太古の気象観測所を網の目のように張り巡らしているわけではないから、あの最高温期における地球の平均気温が何度だったかを正確に知ることはできない。エーミアン期の場合と同様に、比較的少数の参照地点に頼るしかない。極地帯の温暖化に伴って、熱帯海域の温度がかなり上昇したことは明らかになっている。タンザニア沖で掘削したコアの地球化学的データによれば、そのあたりの気温は35〜40℃にもなった。広範囲に散在する地質学研究現場のデータから知りうる限りでは、ＰＥＴＭ期には、数千年間で地球全体の温度が５〜６℃近くも上昇した。さらにこの時代は、緯度の違いによる不均整も明らかで、これは私たちがいま経験しているのとほとんどまったく同じ状況だ。両極地帯における温暖化が熱帯地方と比べていっそう激しかったのである。今日では私たちはこの現象を、熱を反射する雪や氷が融け、黒くて吸熱性の高い地表が露出することによって、熱刺激が追加されるためだと考えている。だが、その当時に広大な極氷が存在したことを示す直接的な証拠はない。それでは、なぜ極地の温暖化が進んだのか。それは冬季におけるある程度の雪と海氷の形成がまだ行われていたためだろう。雪や氷が陽光を反射することによって、ある地域が例外的に寒冷状態を保っていたと仮定するなら、ＰＥＴＭが始まったときにこれらの雪と氷を失ったことが、温暖化の追加の一撃が極地を襲った理由の説明になるかもしれない。

はるかな時間をさかのぼる旅で道案内をしてくれるような、アイスコアの温室効果ガスの気泡が手に入らないので、気候科学者たちは人間の存在しない世界において激しい温暖化が生じた原因を見つけ出すのに大きな困難に直面する。しかし、今日と同様、炭素原子が含まれる二酸化炭素やメタンのような気体が主役だったことについては、すべての研究者の見解が一致している。その強力な証拠は、ＰＥＴＭ期の沈殿堆積物のなかに見出される。すなわち、すべての生物の体と排泄物のなかに見つかる希少な炭素原子同位体である炭素13の存在比が、全世界的に低下したのである。炭素13の存在比を低下させたのは、膨大な量の二酸化炭素、あるいはメタン、あるいはこの両者が同時に、大気と海洋へ侵入したこと以外にありえないのである。

地球科学者たちは、この極端な「炭素原子同位体の偏り」をＰＥＴＭの原因を推定するために用いるばかりではない。彼らはこれを利用して、岩や堆積物のなかや、さらには絶滅した動物の歯や初期顕花植物の葉の化石のなかにさえも、ＰＥＴＭ期の確たる証拠を見出そうとする。炭素13の低下はとても有用性の高い化学的なラベルで、放射性年代測定法を用いた場合よりも正確に、異なる大陸に由来するサンプルの年代を一致させることができ、それにより、極端な環境変化が全地球規模で同時的に発生したことが裏づけられるのである。

実際の仕組みを説明しよう。あらゆる生き物は炭素を大量に抱えているが、そのうちのごく一部が炭素13である。植物は周囲の空気から炭素13に汚染された二酸化炭素を吸い込んでしまうが、できる限り炭素13の取り込みを避けようとはする。選別能力が不完全なために、植物には不要な炭素13がわずかながら含まれることになる。ただ、植物に含まれる炭素13の割合は、屋外を漂う空気中に含まれる炭素13の割合とはまったく比較にならないくらい小さい。私たち自身を含めた動物に関しても状況は同じである。というのも、草食獣が植物を食べることによって、食物連鎖を通して炭素を再循環させるからだ。ほとんどの生命体はこうして炭素13の除染が十分になされているので、地質学的な堆積物のなかにおいてその濃度が異常に低い場合には、そこにはおそらく大昔に死んだ生物の遺骸が含まれている可能性があることを意味する。

初めてPETM期の炭素13の特徴的な痕跡に気づいた科学者のひとりに、現在南カリフォルニア大学の古海洋学者であるロウェル・ストットがいる。1980年代当時、大学院生だったストットは、南大西洋の海底コアを調査中だったが、古代有孔虫の炭素13の値がひどく低く出る理由が分からず、疑問に思っていた。

「私が得た数値は奇怪なもので、私にはまったく意味が分からなかったのです」とストットは語る。「どこかで間違いをしでかしたのではないかと思い、サンプルの計算をやり直しましたが、出た結果はまったく変わりませんでした。そこで別種の有孔虫で試してみたのですが、やはり結果は同じでした」。彼の指導教授だったジェームズ・ケネットもこの事態をどう考えたらよいのか分からなかった。これはどんな大学院生も恐れることであり、同時に夢見ることでもあった。すなわち、説明しがたいが、かといって無視するわけにはいかない重要な発見である。「私は無邪気だったから、興奮してしまいましたけどね」と言って、くすくす笑った。「それこそ、これまで誰も見たことがないものでしたから」。3年後に、ケネットとストットはこの発見を『ネイチャー』に発表した。

その後、他の研究者による追跡調査が行われ、同様の炭素13の数値の低下が陸上およびすべての主要な海洋の海底から採集したPETM期の堆積物のなかに認められた。そして、炭素13

が地球規模で減少したことについての、最も理にかなった説明は、「二酸化炭素あるいはメタンといった有機性のガスが、泥炭などの炭素を豊富に含んだ堆積物から大量に放出された」というものだった。しかし、放出されたのはどちらのガスなのだろうか、ＰＥＴＭ以前にはそれはどこに隠れていたのだろうか、そして、なぜそれは突如として現れたのだろうか。

もし二酸化炭素が犯人であっとすれば、水に溶けるときに炭酸を発生させるので、世界中の海洋の酸性化をもたらしたはずだ。海底堆積コアは、炭素13の偏りを便利な時間標識として保存してくれるだけではなく、こういった問題を解くのにも非常に役に立つものである。深海底のコアは通常、灰色や褐色の湿った泥の円筒で、時として、強い酢酸に触れると盛んに泡立つほど、チョークのように白い炭酸塩の粒子を多量に含んでいることがある。しかしＰＥＴＭ期の堆積物は数センチから30センチ強の厚さの、非常に目立つ赤色の帯を形成している。これは、白っぽい炭酸塩が腐蝕し、その後に錆び色の粘土状の物質が残ったということだ。

この赤色層とその下の層との境目を見て分かるのは、推移が突然だったということである。すなわち深い海の酸性化は突如として起こったのだ。だが一方、炭酸塩の堆積が正常に戻るのは徐々にであって、5万年から20万年かかっている。このパターンは、急激な二酸化炭素の増加とその後の長くゆっくりとした減少という展開に一致するだろう。現在私たちが避けたいと願っている、５０００ギガトンの炭素排出という極限のシナリオとそっくりなのだ。私たちが置かれている現在の状況からすれば、恐ろしい警告である。つまり、それがかつて起こったことは明らかなのだから、同じ事態は私たちの地球の未来にも起こりうる、ということなのだ。

二酸化炭素放出の発端についての理にかなった説明のひとつは、北大西洋の地質学に関する、一見無関係かと思える研究から出てくる。海底の真ん中に延びた大きな地殻の裂け目が次第に広がり、新生代を通して、北アメリカとヨーロッパとをますます遠ざけていったのだが、暁新世の後期には、異常に活発な拡張域が、グリーンランドと後にスカンジナビアと呼ばれる土地との間に口を開けた。何十万年もの間、膨大な灼熱の溶岩が海底の割れ目から噴出し、あたりを焼き焦がしながら、炭素が豊富に含まれた水成堆積物のなかへと進入した。もし深海底に存在する有機物ないし石灰質を豊富に含んだ物質がこんな具合に燃やされたとしたら、ちょうど私たちが化石燃料を燃やすときのように、二酸化炭素を放出していただろう。そして、これらの物質には海洋生物の死骸が含まれていたので、結果として生じるガスは炭素13が非常に少ない状態となっただろう。そうしたガスがたっぷりと大気中および海洋中に放出されるなら、そのときは温室効果による温暖化のみならず、炭素13の濃度が地球規模で減少する原因になっていたのである。

しかし、もしPETMの主要汚染物質が二酸化炭素ではなくメタンだったとしたらどうだろうか。メタンは大気中で速やかに酸化し二酸化炭素に変わるので、メタン噴出は炭酸による海洋汚染の間接因ともなりうる。メタンの発生源として考えられるのはどこだろう。微生物が生み出したメタンは、氷結し、特に大陸棚およびその周辺の湿った堆積物のなかに蓄積されている。「クラスレート」とも呼ばれるこの奇妙な物質は、堆積物中に生息するバクテリアが代謝の際に排泄物としてメタンを放出することで形成される。低温と高圧がほどよく組み合わさると、バクテリア由来のメタンは、水分子が緩やかに結びついてできた微小な檻のなかに閉じ込められるようになり、その結果、ドライアイスに似ているが、不安定で繊細な結晶格子が形成される。泥と一緒に白く固まった、凍ったメタンを海面まで引き上げ、マッチを近づければ、それはロウソクのように燃える。

凍結メタンはとても不安定なものなので、この炭素をたっぷり含んだガスを放出させるきっかけとなるものは、海面レベルの変化や気候の温暖化や火山噴火など数多く考えられる。もし1000ないし2000ギガトンのメタンが短期間に放出されたなら、世界中で炭素13の割合は、等量の二酸化炭素が漏出した場合よりもさらに急激に低下するだろう。バクテリア由来のメタンに含まれる炭素13の値は、他のほとんどの生物由来の物質に比べてずっと低いから、二酸化炭素だけが犯人である場合よりも少ない量のメタンで、急速な炭素13の偏りが生じることだろう。

ジェームズ・ケネットは、「クラスレートガン」と呼ばれるこの仮説的メカニズムを利用して、PETM期温暖化のみならず過去数億年間の顕著な気候変動の多くについても説明を試みている。発想はかなり単純だ。メタンの弾丸を装填したエアライフルが兵器庫に収容されるように、クラスレートが海底の泥、泥炭地、永久凍土などに堆積していく。引き金が引かれてメタンが弾倉から噴出すると、地球温暖化が始まり、自然の作用でメタンがすっかり消費されるか、再び埋め戻されるまで続く。

このクラスレートガン仮説は、私たちの時代の温室状態が将来、似たようなメタンの噴出を引き起こすと予想する人たちの間では評判を得てきた。しかし、この説にも問題がある。１００ギガトンから２０００ギガトンのメタンの放出によって、世界的な炭素13の希薄化は説明できるが、研究者たちの間には、温暖化と炭素13の偏りのそれぞれの規模を総合して考えたときに矛盾が少ないのは、もっと大きな５０００ギガトンの二酸化炭素が原因の場合だと見ている人たちもいる。さらには、デイヴィッド・アーチャの説によれば、今日存在する氷結メタンのほとんどはあまりに分散的で、堆積物の厚い毛布に覆われて隔離されているために、ほとんどの環境変化に対し突如として反応を起こすことはない。アーチャの主張が正しければ、クラスレートガンには安全装置がかかっているということになる。アーチャが思い描くのは数千年にわたってゆっくりと広がっていくメタンの開放であり、爆発的な噴出というよりはむしろ水鉄砲の水漏れである。

発端となった温室効果ガスの急上昇の本当の原因がなんであれ、これによって後に続くガスの連続的開放が始まったことは、まず間違いない。同様の事態は、私たち人間の手による５００ギガトン排出が行われる間にも、大いに起こりうる可能性がある。この種の自己拡張的な過程は専門家によって、正のフィードバックループと呼ばれる。

生態動学の専門家であるスティーヴ・ヴォーゲルは、デューク大学での私の指導教授のひとりだったが、このようなフィードバックループを次のように説明した。「自分のパートナーと並んでベッドに横たわっているところを想像してみなさい」。眠そうだった学生たちがにわかに顔を上げるのを眺めながら彼は続けた。「暖房のない、寒い部屋で、君たちふたりはそれぞれ電気毛布を1枚ずつかけている。温度調整器をそれぞれ手にしているが、あいにく闇のなかだし、余計なことにまで気が回らないよね、で、ふたりともそれぞれ手にしているのは相手の調整器なんだ」

クスクスという笑い声が収まると、こう続けた。「さて、そのまま夜がふけて、部屋の温度が下がってきたらどうなる？　ぶるっと来るから、君は少し調整器のノブを回す。だが、そこで温度が上がるのは、君のパートナーの毛布だ。すると、今度は相手のほうが暑すぎると感じる。そこでノブを回して、温度を少し下げる。そうなると、君のほうはますます寒くなってくるから、ノブを回してさらに温度を上げようとする。という具合にやっているうちに、間もなく、君は寒さで死にそうになり、相手は暑さで死にそうなるという具合。これがいわゆる正のフィードバックループというやつだ。良い意味で『正の』というわけではなくて、その増加の効果が周期的に自己増幅してどんどんと大きくなるから、そう呼ばれるんだね」

この忘れようにも忘れられない概念を地球に当てはめてみて分かるのは、気温をあまりに上げ過ぎてしまうと、地球のサーモスタットをどんどん高く上げ続ける、正のフィードバックのスイッチを入れてしまうことになるということだ。そこから先は、温暖化が進めば進むほど、さらに多量の温室効果ガスを放出する作用が活発になることになる。

地球温暖化の場合には、こうしたフィードバックの過程に参加してくる可能性のある要素はきわめて多い。水温が低いより高いほうがそれだけ気体を溶かし込む量が減るので、海洋の水温が上昇するにつれて、より多くの二酸化炭素が海洋中から絞り出され、大気中へと放出される。大気は温度が高まると、土壌、湖、海などからの湿気を吸うので、湿度は高くなるが、水蒸気はそれ自身が主要な温室効果ガスでもある。高温化は、湿地帯や融けつつある永久凍土のなかにある有機体の分解に伴う温室効果ガスの発生を促進し、また凍結メタンを不安定にすることもある。今日のクラスレートメタンの埋蔵量に占める推定炭素量は、他のすべての化石燃料を合計したときの炭素量に近いらしいとする研究もあるので、PETM期の例は、私たちが必要以上に将来の気温を上昇させることに対する、十分な反対論になっている。

さてそれでは、その時代の超温室化した世界はどんな様子だったろうか。まずひとつには、PETM期では、すでに温暖だった暁新世も生き抜いてきたと考えられる極点付近のありとあらゆる陸氷をすっかり消滅させてしまった。極地周辺の海水温が20℃台にまでも達していたので、北極海は生ぬるい、半塩水湖となった。それは氷帽も広大な氷河も存在しない世界だった。もし仮に、長く暗い真冬の闇に覆われた極を囲む山々の一番高い頂にいくらか降雪があったとしても、その雪のほとんど、あるいはすべては、その年の暖かい陽光がたっぷり降り注ぐ夏の数ヶ月のうちに融け去ってしまったことだろう。

太古の海底の軟泥を丹念に調べることでこうした洞察を引き出す際に古海洋学者たちが注目したのは、有孔虫よりも小さな浮遊性の藻類の死骸だ。有孔虫とは異なり、これら浮遊する微生物はむしろミニチュアの単細胞植物といったものだ。光合成を行うので、成長するためには大量の——厚い海氷を通して届く以上の——日射が必要だった。だから、その時代の海底堆積コアがこうした藻類を多量に含有するということは、そこが海氷に覆われない不凍海だったことを示している。さらには、この藻類と同タイプのものが、現在、薄い塩水ないし淡水の生息地に見つかるので、このことから、北極海は凍結せずに自由に流れる複数の河川の流入により塩分が薄められていたと考えられる。ベーリング海峡に横たわる陸橋の存在が仕切りになったので、北極海海盆の北大西洋側を除き、この塩分の薄い海の周囲はすべて陸地によって囲まれてしまっていただろう。そしてそうなることで、取り囲む陸地からさらに多くの雨水が流れ込み、よりいっそう塩分濃度は薄まった。このような発見を総合すると、ほぼ陸封状態になっている現在のバルト海に類似した不凍海の姿が思い浮かぶ。大西洋への開口部付近で塩分濃度が最も高く、内陸最奥部で最も薄くなるだろう。

その当時の南極もいまとはたいそう異なる場所だった。ＰＥＴＭ期の間に巨大氷床が地球上のどこかに存在したという確かな証拠は皆無である。また、土砂を練りこんだ氷山が流れ出したことを密かに告げる小石が、南極沖の海底の泥中にばら撒かれた形跡もない。その代わりに、同じ泥のなかに目立つ粘土の鉱物が、温暖で湿潤な気候によって深く風化され、浸食されたことを語っている。例えば、カオリナイト粘土は現在、極付近で形成されることはあまりないが、ニジェールデルタのような熱帯の高温多雨地域ではありふれたものだ。明らかに、５５００万年前の南の最果ての海は粘土の流入で濁っていたのだ。もし南極に氷が存在することがあったとしても、それは内陸の最高峰に限られていただろう。

海洋の最深部は、現在では世界で最も冷たい水域に属するが、ＰＥＴＭ期には水温が４℃以上も上昇し、海底を住処としてきた冷水帯を好む生物たちの多くが死んだ。研究者たちのなかには、これを南極か北極のどちらか、あるいはその両方で起きた温暖化に起因する現象だと考える人たちがいる。理由は、極地帯の気温の低さは通常、濃密で酸素の豊富な海水を沈下させ、海盆の底に広げるからである。すなわち、ＰＥＴＭ期の高温がその流れを妨げたのではないか、というわけだ。一方、次のように信じている人たちもいる。大量の降雨によって極周辺海域が、浮遊性が高く塩分濃度の低い水の層で覆われたため、冷たくて酸素をたっぷり含んだ表層水の沈下速度が落ちた、ないしは停止したというのである。

原因はなんであれ、どうやら生命の源である底層海流が息の根を止められ、暖かく滞留気味で酸素の不足した海水に変ったため、深海の生き物たちは窒息してしまったようだ。有孔虫の種類は最大で半数が消えたことが化石の資料から分かるが、深海を生息地としていた他の生物も同様であった。反対に、海面付近を住処とする生き物のほとんどは、見たところ困難もなくＰＥＴＭ期を生き抜いた。それは不思議なことではない。というのも、海面付近を浮遊する生物は高温化にも慣れていただろうし、また上空の大気から、そして一緒に海面を浮遊する光合成を行う藻類から、酸素は彼らの元に届いていたのである。

暑苦しさと息苦しさだけでは、深海の生き物たちにとってまだ十分な負担ではないかのように、さらに海水は、先に述べた例の赤い粘土の帯を堆積層に焼き付けるほどまでに、その腐食性を強めた。今日の海洋の炭酸化に直面している海洋性生物種の生死に関して、被告席で判決を待つ身の私たちには、ＰＥＴＭ期の例は痛ましくも教訓的なものとなりそうだ。もし私たちが、この人類世にあってＰＥＴＭ期と似たような道を歩んでいくなら、アサリからサンゴまですべての海の生き物は泡とともに消えてしまうのだろうか。

良い知らせとしては、この試練をどうにか無事に生き抜いた種も多くいたということだ。特に、浅海を生息地としているものたちがそうだった。有孔虫のなかには死に絶えたものも、殻が薄くなったものもいたが、繁栄した種もあった。カキやその他多くの軟体動物が生き残ったし、かなり多くのサンゴも無事だった。白亜質の植物性プランクトンの藻類には、溶けて殻を失うどころか、かえって殻の重量を増したものもあった。全体的には、海洋上部層における絶滅は、新種の登場によって補塡されたが、多くの場合、絶滅の原因が酸性化だったことを示す証拠はなかった。どうやってそんなに多くの殻を背負った生物たちが酸性の湯に浸かりながらそれに耐えたのか、私たちには分からないが、確かに彼らは生きぬいたのだ。悪い知らせとしては、5500万年前に、現存種がいまのままの姿で存在していた例は、あってもごくわずかだったこと。だから、海に住む私たちの隣人たちが、そのような厳しい環境の変化をかつて生き抜いたことがあったとは言うことができないのだ。

PETM期の温室化はもちろん海洋に限られたことではない。その地質学的な記録の多くは海底堆積物由来ではあるのだが。陸上において何が起こったかを知るために私たちが注目するのは、陸で見つかる化石、特に植物化石である。その当時の植物の多くはその姿が現在の植物ときわめてよく似ている――少なくとも、動物と比べた場合よりは似ている――から、私たちは残された葉や木部や種子から、簡単にそれらを同定することができる。だから、専門家はそれらを利用して、過去の気候について大変に多くのことを推測できるのだ。

南極大陸の海岸に沿って露出している化石は、そのあたりがノトファグスという、現在は南半球の温帯雨林に繁茂するブナの緑に覆われていたことを示しているし、また北極圏カナダの大部分は、落葉性の針葉樹で覆われていた。こうした発見がはっきりと声高に物語っているのは、その時代の気候が極地方をみずみずしい緑に変えるほどに温暖湿潤だったということだ。北アメリカにおいては、ＰＥＴＭ期に多くの植物種がその分布域を北極へと向けて１６００キロメートル以上も移動させた。これは、アラバマ州の花壇をカナダ北部のハドソン湾へと引っ越しさせるに等しいような、集団的再定住化である。

スミソニアン自然史博物館の古植物学者であるスコット・ウィング率いる調査隊は、最近ワイオミング州において、ＰＥＴＭ時代の氾濫原堆積物の標本を採集したが、そこには以前の分布地から大幅に北へと移動したポインセチア、ポーポーをはじめさまざまな南方系植物種の祖先の、大変に保存状態の良い葉の化石が大量に含まれていた。しかしウィングたちはまた、この太古の化石からもっと微妙な細部の調査も行った。彼らの注意を最も強く引きつけたのは、葉の形そのものだった。

ＰＥＴＭ期のワイオミングの森ではためいていた葉のふちは、この時代の前後と比較すると、一般に滑らかで歯が立っていなかった。ほとんどの植物においては、葉のふちは光合成を推進するガス交換と受光作用の中心として、旺盛な活動を行っている。寒冷な高緯度地域における成長期は赤道寄りの地域と比べて短いから、時季の短い植物は、冬がきて活動が停止する前に光合成という仕事を完了させるために、しばしば超過労働をしなければならない。結果として多くの高緯度に分布する植物の葉はギザギザのふちを持つことで、その限界領域——「海岸線」とでも呼ぼうか——を拡大し、そうすることで生産性を増大させているのだ。ニューイングランドのノコギリの歯のようなのふちを持つブナやカエデやナラの葉と、南のルイジアナの滑らかで、舌の形をしたマグノーリアの葉とを比べてみて欲しい。「葉のふち指数」を収集した葉の化石に適用してウィングのグループが計算したところ、ワイオミングのビッグホーン川流域では、推定で5℃の気温上昇が生じたが、これはまさに海洋で起きた事象にぴったり沿うものだった。すなわち、熱帯で感じるよりは温暖化の程度は高く、南北両極での温暖化よりは程度が低いというわけだ。

一見まったく矛盾がなさそうな話である。だが、これが地殻構造的な大陸移動によって歪められたものではない、と確かに言えるだろうか。その当時プレートが赤道付近まで移動していたがために、プレート上の化石や堆積コアが温暖化の物証となったのではないか?

いや、大陸移動のスピードはあまりにゆっくりし過ぎていて問題にならない。その当時の大西洋はわずかに幅が狭かったが、その拡張運動はほとんど東西へと向かうものなので、南北の位置にはあまり影響しない。パナマ地峡は一部開いていたので、現在は陸地によってせき止められている暖流が貫通していた。また、ヒマラヤ山脈は現在のような天を突く高みに達しておらず、インド亜大陸はそこまでユーラシアに食い込んでいなかった。しかし、氷河がすっかり消えた地球で、最高水位に達していた海の影響を受けて洪水に沈んだ低地帯を除いては、PETM期の地理は、少なくとも一般的な意味では現在とほとんど変わりがなかった。結果として確かに言えるのは、北極に森林が存在したのは極北の地が本当に著しく温暖化していたからであり、北極が熱帯地方に移動していたためではないということだ。

現在の荒涼たるツンドラ地帯や極地の一面の雪景色に、かつて森林が生育していた姿を想像するのは難しいかもしれない。それはどんな風景だったのだろうか。かつての私の教え子、ペンシルバニアのフランクリンアンドマーシャルカレッジのクリス・ウィリアムズは、新生代初期の樹木に関する世界的な権威となっているが、その研究は当時の様子を生き生きと描き出している。彼の研究地のひとつが北極圏カナダのエレスメア島のアイスバーグベイフォーメーションという、地質学的な情報の宝庫で、その名もそこの現在の気候も、かつての温暖な植物分布域とは際立った対照をなしている。

「そこは保存状態が大変によく、木々は完全な化石にすらなっていません」と、クリスは説明してくれた。「化石ではなく、ミイラ化しているというのがより正確でしょう」。5500万年経っているから元のセルロースは失われているが、まだ細胞組織は十分に残っているので、葉や枝や幹の多くがほとんど新鮮そのものに見える。「北極圏の森林は落葉性のメタセコイアだらけで、なかには30メートルに達するものもあって、新生代初期には数千万年にわたってカナダ北部からアラスカの地表を覆っていました。また、多くのイチョウとイトスギも見られますが、これらの樹種が湿潤な気候を好むことから考えれば、つじつまは合います。つまり当時の北極圏では、川は凍結することなく縦横に流れを結び、湿地も沢山あったのです」

これらの樹種の多くは毎年その葉を落とすが、それは必ずしも寒冷な季節への対応ではなくて、高緯度の冬に長期間続く暗夜に備えるものである可能性のほうが大きい。しかしながら、今日、これらの樹種の姿がこの北方の地から消えた理由は、長期にわたって続いた新生代の寒冷化を確実に反映している。寒冷化に促されてこれらの木々は次第に南下していき、そこで他の樹種との競争に負けてしまったのだ。結果として、非栽培種のメタセコイアとイチョウは、どうやら唯一中国だけにごくわずかな数が野生で生き残っている。そして、この200万〜300万年の間に、何度も訪れた氷河期が、いくらか残されていたあの高緯度北極圏の森林をすっかり消滅させてしまったのだった。

極地に森林が栄えていたので、今日の熱帯地方同様、動物たちは生息地を広げ、多様な種に分化したが、この時代の動物に関しての最も豊富な情報源のいくつかは、ワイオミング州北部およびユタ州中部、フランスおよびベルギーの一部、そして中国湖南(フーナン)省などの乾燥した丘陵地などである。こうした場所では、豊富に化石を含んだ堆積岩が地上に露出しているため、標本採集にはたいへん都合がよい。PETM期に形成された地層は、多くの露出した地層の側面に沿って赤色や紫色の特有な縞模様を描いていて、太古の歯や骨をたっぷりと収集したい古生物学者たちを誘っている。

こうした堆積層に含まれる哺乳動物の化石は他の動物化石よりも注目を集める傾向がある。それには、掘り出される量が多いという理由もあるが、そればかりではなく、PETM期が分類学上の「目」に当たるグループが初めてすべて出揃った注目に値する時代だからでもある。このことはこの時代に、私たちみな、哺乳類なら何であれ、特別な意味を付与する。例えば、始新世に新たに現れた偶蹄目の動物たちから、鹿や牛が進化してくる。別の硬い蹄を持った偶蹄目が後に現代のウマを生み出した。そして、眼が大きく、大容量の脳を持ち、レミュー（メガネザル）に似た新しい動物の系譜は分枝して、サル、類人猿、そしてヒトへと進化した。

しかし、とっくに絶滅したこれらの動物は、私たちが哺乳類の系統樹に新たな枝を書き加えるのには役立ってくれるが、植物ほどには、PETM期の気候について多くを語ってはくれない。というのも、私たちは彼らの体の（骨のような）硬い部分が明らかにしてくれる以上のことはほとんど分からないのである。実際のところ、彼らが仮にわが家の庭にふいに現れたとしても、いったいそれが何なのか分からないだろう。新生代初期においては、ウマの祖先たちはプードルの大きさで、猫背の雑食性の動物だったし、原クジラたちは四足で歩いていた。乱杭歯で、あごの長い、髁節目（原始有蹄類）の捕食動物たちは、獲物を追って、先端にちっぽけな蹄を着けたつま先で駆け回っていた。冗談半分に、彼らを称して「オオカミヒツジ」と呼ぶ科学者もいる。そしてさらに加えて、ヒエノドン〈豚の歯を持つという意味〉、ラビドレムル〈レミューの仲間〉、そしてマクロクラニウム〈大頭という意味〉などがいたが、これらの名前そのものが常軌を逸した生物学的ファンタジーを連想してしまう。

この馴染みがないという要素は、私たちがこの種の生物を気温の指標として利用しようとするときに妨げとなる。最近、エレスメア島で発見されたバクに似た動物の化石が発見されたので、現在のバクがダラリと鼻先が垂れたブタに似た動物で南米大陸の熱帯雨林に生息していることから、当時の気候が温暖化していたことを意味するように見える。しかしながら、数千万年という歳月が間に入って、今日の種とPETM期の種とを切り離しているので、この動物は今日私たちが知っているバクとは必ずしも一致しない。したがって、このような今日の動物の名前を大昔の動物につけることが、私たちの気候調査においては誤りの原因となるかもしれないのだ。

むく毛に覆われたマンモスのような種は、新生代のずっと後期になって登場したが、骨だけでなくその毛も発見されるので、過去の気候のより優れた指標になりうる。しかし残念なことに、PETM期の化石はほとんどがまったく骨だけのものだ。マンモスについて私たちに語ってくれる素材が骨しか残されていなかったとしたらどうだろう。想像してほしい。永久凍土に閉じ込められたマンモスの標本だったら寒冷な気象との関係が明らかだが、骨だけだったら何の手がかりもないということになる。肉をまとわないマンモスの骨格は現代のゾウにとてもよく似ているので、ヨーロッパで氷河期のマンモスの骨格化石を掘り出した科学者が、当時はアフリカから「ゾウ」が北上して来るほど温暖だった、と誤って結論づけてしまうかもしれない。もちろん事実はその反対で、彼らは毎年繰り返される凍える冬の気候に耐えて生きていたのだ。エレスメア島の「バク」について私たちが直面している状況も同様である。手がかりは骸骨だけなので、エレスメア島をはじめ北極圏が現在のような氷とツンドラの土地ではなく森林に覆われていたということを知らなかったら、PETM期のバクが暑さを好んだのか、寒さを好んだのか、確かなことは言えないだろう。

気候を知る手がかりとなりそうなもうひとつの事実は、PETM期の哺乳動物のほとんどが奇妙に小型であって、より古い堆積層から出土する同種の化石と比べても、またさらに新しい堆積層の化石と比べても、その大きさが半分ほどだったということである。古生物学者のなかには、この小型化を温暖化ゆえのものと考える人たちがいる。身体が大きいよりは、小さいほうが高温では有利なのだという。大型獣の身体内部から生み出される熱量は、その皮膚から高温化した大気へ放出される熱量を上回ってしまうというのだ。しかし、これに反対する人たちもいて、ゾウもサイもキリンも、現在のアフリカでまったく問題なくやっているし、巨大な恐竜にしても温暖な中生代にあれだけ繁栄したではないか、と主張する。

最近では、温室効果ガスが動物たちの食べる植物に含まれる栄養素の内容を変えてしまったため小型化が生じた、とする説がある。ＰＥＴＭ期における身体サイズの縮小率と、温室効果ガスの増加により生じた炭素13濃度の低下率とはほぼ対応しているし、多くの植物にとって高濃度の二酸化炭素は、子供にとってのキャンディーに等しい。すなわち、美味しいけど、あまり栄養にはならないのである。二酸化炭素は植物の成長を速めるけれども、そうした条件下で成長した植物は窒素のような他の栄養素が不足しがちになる。鉄筋コンクリートではなく、安くて、容易に組み立てられるボール紙でできた建物のようなものだ。動物の場合、そのような不健康な食事を与えられると、大きく成長しないことが考えられる。ＰＥＴＭ期の哺乳動物たちに起こったことは、これかもしれない。超温室化した将来、未来の動植物たちにも同様のことが起こるのではないかと危惧する専門家もいる。

そのような植物の変化を示す証拠といえそうなものが、ワイオミングのビッグホーンベイジンから掘り出した木の葉の化石のなかに見出された。私のもうひとりの教え子で、現在はオハイオ州マイアミ大学の学部にポストを得ている地質学者のエレン・カラーノの研究グループは、PETM期に堆積した葉には、それよりも古い層や新しい層の葉に比べて、より多くの刺し貫いた跡、トンネルをあけた跡、かじりとった跡などがあることを発見した。「温暖化に伴って、低緯度地域から多くの種が移動してきたので、その時代のその地点における昆虫の個体群は現在より多様性が大きかった、と私たちは考えています」と、彼女は説明してくれた。「さらにもうひとつの要因として考えられるのは、二酸化炭素濃度が高くなったせいで、木の葉の栄養価が低下したということ。そのため昆虫たちは、食べる量を増やさざるを得なかったのです」。カラーノの研究チームは、最近、『アメリカ科学アカデミー紀要』にその発見を発表したが、その際に、将来において温室効果ガスの蓄積が同様の結果を招く可能性があることを警告してその論文を結んでいる。

小柄な体つきだった理由は何であれ、この始新世初期の哺乳動物たちは気候のことなど気にしていない様子だった。なかには絶滅したものもいて、尾の長い「ほとんど霊長類といってもよい」プレシアダピスや、顎の長い「一種のワニ」、カンプソサウルスなどがそうだが、このものも多数あった。地球規模の温室化によって、現在ペンギンとパンダの生息地を隔てている突然生じた長く極端な温暖期の間に出現したものも、あるいはこの時代を最後まで生き抜いた極と赤道の間に存在する地域ごとの気温差が、ある程度均一化されてしまったので、PETM期の生物種はどれも、かなり広く、いたるところに生息していたと思われる。温暖化した世界のなかで、動物たちはそれまでにないほど広い範囲を歩き回り、北極圏に侵入した多くのものたちは、アジアとアメリカの間の陸橋を渡って、広大な新領土へと進出した。例えば、初期霊長類の一種が中国に現われた途端、あっという間に分散して北アメリカへと渡ったので、ほとんど同時的に異なるふたつの場所で同じ種が発生したかのように思えるほどだった。

ＰＥＴＭ期の劇的な環境的変化と進化上の変化のスピードは、正確なところはよく分からない。というのも、非常に古い堆積層の年代を測定する私たちの方法自体が、そもそも完璧ではないからだ。もし堆積物が年ごとにきちんと層を成していて、太古の元帳にページが確実に重なるよう丁寧に積み上げられているのなら、気候の推移が現れている範囲に重なっている薄い層を数えるだけで、気温が最高温度に達するまでにどれくらい時間がかかったのか、あるいは気温が低下を始めたときにＰＥＴＭ期の二酸化炭素曲線がどれくらい時間をかけて下降していったのか、などを正確に知ることができるだろう。しかし実際の堆積物は、そんなに都合よくできてはいない、だからその時代を知るためには、私たちはどちらかといえば冴えない方法を使わざるを得ないわけである。放射性同位元素の炭素14はそんなに古い証拠品としては役立たない。というのも、その原子時計は案外早く寿命が尽きてしまうからだ。また、放射性のポタシウム（カリウム）やウラニウムのような、もっと寿命の長い道具は、短時間の増加分を明確には記録にすることができないので、急速な変化を知ることには向かないのだ。

しかしこうしたことは些細な問題である。ＰＥＴＭ期という先例には、現在の私たちの世界に当てはめて見ることができる教訓がたくさんある。まず、この時代が決定的に明らかにしていることは、超温室化は単に誰か不吉な予言をしたがる人の病的な夢想ではないということだ。つまり、それは実際に起こり得るのである。

私たちはそれがどのように始まったのかを正確には知らない。しかしそれがもたらした最も顕著な影響の数々はおよそ17万年にわたって残り、これは現在最も遠い未来を見ることができるコンピュータモデルが極端な二酸化炭素排出シナリオに基づいて行った予測の範囲に収まる出来事なのである。

私たちはそれがどれほどのスピードで始まったのかを知らない。しかし地質学的な意味でいえば、それは突如として起こり、数百年ばかり経つうちには温暖化の頂点に達した。その意味では、現代における温暖化の頂点へと向かう私たちの道のりは、かつて世界をPETM期の温室化に導いた炭素の充満した道のりといくらか似てはいる。しかし私たちがいま登っている道のほうが、どうやら昔のそれよりもさらに傾斜が急なようである。

私たちはその時代に世界がどれほど温暖化したのかについて、正確には知らない。しかし、5〜6℃に近い地球平均の気温上昇が、高緯度と低緯度の間の気温差を縮め、北極海をいくらか塩気を含んだ湖に変え、大規模な氷雪帯の動植物生息地を大陸上から消し去り、海面をこれ以上ない高さまで上昇させたのである。したがって、同様の環境崩壊は、人類世における極端な排出シナリオによって、可能性の範囲内に入ってくるということになる。

私たちは、PETMを引き起こすのにどれほどの量の二酸化炭素とメタンのガスの溶出が必要だったのか、正確には知らない。しかしそれが必ずしも出し抜けに生じたのではないことは分かっている。正のフィードバックループが大きな役割を果たしたことは、ほぼ確かだ。もし同じことが起これば、現在の化石燃料由来の炭素排出効果を増幅させ、５５００万年前と似た超温室を出現させることもありうるだろう。あいにく正のフィードバックの引き金を引くことになる温度や二酸化炭素濃度の閾値を、私たちは正確には知らないから、比較的控えめな排出シナリオでもこの閾値を超えることがないようにと願うばかりである。

私たちは、温室効果ガスの濃度がどの程度まで上昇したのかを、正確には知らない。しかし、温室効果ガスは、底生生物の群集を破壊し、海底に赤い堆積層を焼き付けるほどのひどい温暖化と酸性化とを深い海にもたらしたことは分かっている。堆積層コアからは、酸性化の最悪状態が沈静化するのに数千年を要したということが明らかだ。もし私たちが５０００ギガトン排出の道を選んで未来に向かった場合、そのときはどうやら将来の堆積物標本に赤い不名誉な印を残すことになりそうである。

私たちは、高濃度の二酸化炭素自体が生物相にどんな影響を及ぼしたのかについて、正確なことは知らない。しかし、高濃度二酸化炭素は、植物の栄養価を低減させ、哺乳動物の成長を損ない、草食性の昆虫にはいっそう盛んに植物を貪ることを促したようである。こういった影響がいくらかでも、将来、作物や家畜や野生の動植物に及ぼされることになれば、これほどありがたくないこともないだろう。

ＰＥＴＭ期を生き延びた動物たちが、いまの動物たちと正確に一致するわけではないが、私たちが彼らから学べることはまだまだたくさんある。この温暖化した気候のなかで、多くの種が繁栄を享受した。この事実から明らかなのは、高温化したことが陸生の生物にとっては、必ずしも妨げにならなかったということだ。しかしそうした条件下では、生物としての成功への重要な鍵のひとつが時宜にかなった移動だった、ということも私たちは知っている。

今日の複雑で予測不可能な世界の国々のネットワークが、PETM型の気候構造に直面したときに、いったい何が起こりうるのかについては、何を言っても推測の域を出ない。そうした変動が起こった際には、きっと勝者もいれば敗者もいるだろう。最近、北極海に新たに開かれようとしている海上航行路を巡って、突如として国際論争が噴出したが、鉱物資源の豊富な南極大陸の氷床融解に続いて起こりそうな領土争いの前には、それもかすんでしまうだろう。最終的には70メートルに達する海面上昇や、あるいは現在の気候帯の極端な撹乱によって引き起こされる領土からの立ち退きを巡る事態については、なおさら言うまでもない。

どちらかといえば明るい話だが、私たち自身の祖先である初期霊長類も含めて、多くの植物や動物がPETM期をまんまと生き抜いている。仮にタイムマシーンに乗って始新世初期へと戻れるなら、私たちの多くは暮らしやすい気候だと感じるかもしれない——バクモドキやうなり声を上げるオオカミヒツジと一緒に、北極圏内の気候に慣れることができればではあるけれど。結局、古生物学者たちはPETM期に続く、さらに長期にわたる高温期を、肯定的な響きを持つ「始新世初期最適気候」と名づけ、気候的災厄を連想させるような名前を選ばなかったのは、それが一般に生命が栄えた時代のようだったからである。

しかし、PETM期の生存者たちは、もっと古い時代に温暖期を、人間の活動に影響を受けることなく、何度も経験した者たちだったのである。もし私たちが自らの手で作った新たな温室が超高温であるなら、彼らにとっては、私たちの後について未来の世界へと生き延びていくのは困難だろう。自分たちに適した気候帯が極方向にシフトしていくのにつれて、新たな陸地や海域を自由に植民地化していくことはもはやできないので、この豊富な炭素で満たされた人類世において巨大な氷床が溶け去るのとともに、生物多様性という豊かに蓄積された富も次第に消え去っていくことになるかもしれない。

5章 未来の化石

私は、不運なことに、時の反対の端に生まれたので、先から反対向きに生きていかねばならない。

T・H・ホワイト『永遠の王』マーリンの台詞より

温室効果というものについてどうしても真剣に考えられない人がいるのは、それが目に見えない現象であるからだ。二酸化炭素は大気に少しのシミも残さないし、悪臭もないし、気候に与える影響もほとんどが微妙なものだから、天気の移ろいやすさに紛れてごまかされてしまう。しかし見えないものを研究して生計を立てている科学者たちにとって化石燃料由来の炭素は、触って分かる(タンジブル)実体的な存在である。彼らにとってそれは、単なる未来世代に漠然とした影響を与える抽象的な概念ではない。現代生活の明らかな事実であって、日々の営みのなかで忘れられてはならず、調整されるべき事項のひとつとしてリストに加えられなければならないのである。目に見えないというほどんど知られていない側面のせいで、大多数の人にとって炭素汚染は、地球の平均気温がゆっくりと上昇しているということ以上に感知するのが難しいのである。だがその存在は、実はずっと広い範囲にまで広がっていて、空気や水や堆積物のみならず、私たちの身体にさえにも浸透しているのである。

世界規模の化石燃料由来の炭素汚染がもたらす地球化学的な影響については、普段から調査に当たっている専門家にとって、疑いようもないものである。もし疑う人がいれば、それはまったくの無知か、きわめつけの石頭だろう。炭素の最もよく知られた属性は気候を変える能力だが、その文脈でいうと炭素汚染そのものは必ずしも全面的に悪だというわけではない。この章でのちほど確認するが、炭素汚染のある側面はかなり肯定的なものだといってよい。だが、その存在がもはや否定できないということこそが、地球の炭素化学に与える人間の強大な影響は現実であり、計測可能であり、そして科学的に重要な意味を持つということを、強力に主張している。

化石燃料に由来する汚染が身近な問題になっている専門家は、主に3種類いる。生態系を生物学的活動レベルで観察する生態学者、比較的最近の出来事について、それがいつどこで起こったかを調べる法医学研究者、そして泥や氷や木や石といった太古の堆積物のなかに、はるかな古い歴史を読み取る地球科学者である。これらの研究者たちは、炭素原子を道具として利用し、自然界の科学的理解を革命的に変えた秘密のテクニックを駆使することができる。だが、その研究自体も、気候の変化を引き起こしているのと同じ気体によって、強い影響を受けてしまっているのだ。化石燃料由来の炭素は、空気や水だけではなく、はるかに多くのものを汚染する。生物や生態系の根本的な原子構造をも汚染し、変えてしまうのだが、どこがどう変わったか、私たちはほとんど誰も気がつかない。

ここで基本的なことを解説しておく。日常生活において化学元素について考えるときは、それを同質的な粒子が想像できないほどたくさん集まったものとして見ている。しかし、PETM時代の堆積物のなかに見つかるあの炭素13のように、炭素はすべて同じというわけではない。科学者たちは、3つの炭素を重さによって区別する。そしてこの3つがそれぞれ人類世において独特な役割を演じるのだ。

炭素の同位体は、ちょうど三つ子の兄弟のようなもので、重さを別にすれば、互いに非常によく似ている。二酸化炭素、メタンからタンパク質、遺伝子にいたるまで、まったく同じ種類の分子化合物のなかに現れるし、化学的な作用も同じである。この三者の主な相違は、原子核を構成する粒子の数である。

炭素12は、「正常な」兄弟と呼んでもいいもので、炭素原子の99％はこれである。ところが、炭素原子100個につき1個くらいの割合で、その核に余分な中性子を持つものがある。この中性子1個分の重さが原子に加わり、炭素12は炭素13とその名を変える。それ以上の差はほとんどない。中年のお腹にぽっこりと、わずかばかりの肉が着いた程度のものである。

もうひとつは、炭素14である。3つのなかでは腐ったりんごと言えようか。突如として爆発を起こすと評判の厄介者だ。炭素13よりもさらにずっと稀なもので、それより中性子ひとつ分だけ重い。もうひとつの違いは、他の兄弟よりずっと若いのである。炭素12と炭素13は、大昔にはるか遠くの恒星の内部の核融合炉で誕生したもので、本質的に不死であるが、炭素14は地球の大気圏上層部で絶え間なく形成されており、若死にする宿命を背負っている。その激しい性格は余分な中性子によって引き起こされる物理的ストレスに由来するものだ。ひとつ分の中性子が、すでに混雑状態の原子核のなかにうまく納まらないのである。周りの粒子たちはこの余計な中性子を弾き飛ばしたがっているかのような状態だ。この不安定性さゆえに、炭素14は「放射性」同位元素と呼ばれている。すなわち、遅かれ早かれ、それは核の塊を吐き出し、もっと軽くて安定した存在（正確に言えば、窒素原子）へと変化してしまう。

石炭、石油、天然ガスに由来する炭素1グラム中に含まれる炭素13および炭素14の量は、大気中の二酸化炭素1グラム中に含まれるその量より少ない。こうした化石燃料のもととなった大昔の植物や藻類が、その細胞を作るときに、重いほうの同位体より正常な炭素12のほうを選んだからだ。彼らの子孫たちも現在同じことをやっている。二酸化炭素分子をひとつ吸い込んだ植物または藻類は、ちょうど海鮮料理のシェフが固い殻のハマグリを扱うように二酸化炭素を扱う。シェフが殻むきナイフを振るうと、殻はたちまち外れて、栄養たっぷりの身が現れる。植物の場合には、殻に当たるのが双子の酸素原子で、身に当たるのが一粒の炭素である。

しかし、ひどく気難しい料理評論家のように、植物の葉や藻類の細胞は、分子を食べるときのえり好みが激しい。重い炭素13と炭素14の原子を含む二酸化炭素は投げ捨てられ、より軽い正常な原子が選ばれる。それでもなお、非常にわずかながら偏屈な変わり者の炭素が忍び込んで、植物の生きた組織のなかに居場所を得ることがある。

こうして植物の体がフィルターになって、化石燃料に蓄積された炭素からは重い同位体が少なくなっている。さらに、かつてはこの太古の堆積物のなかにいくらかは存在していた不安定な放射性の炭素14も、みなとっくの昔に分解してしまっている。このような作用によって、化石燃料は炭素同位体の多様性をほとんど失っているのだ。となれば、化石燃料を燃やしたときに生じる炭素を豊富に含んだ煙についても同様である。化学生態学の奇妙なめぐり合わせで、化石燃料からの排出ガスは、空気を軽量の炭素12で薄めることによって重い同位体の割合を減らし、大気を浄化するのに役立っているのである。

この人間によって引き起こされる大気中の炭素13と炭素14の濃度の減少を、「スウェス効果」と称するが、これは初めてその測定を行ったオーストリア系アメリカ人科学者、ハンス・スウェスに由来する（また彼は、児童書の著者で同時代人である「ドクター・スース」宛のファン・レターをよく受け取って、機嫌が悪くなっていた）。大気中の炭素は、植物の樹液からウサギの筋肉へ、そしてキツネのＤＮＡへといった具合に、世界の食物連鎖のなかを豊かに流れていくので、スウェス効果の証拠となるしるしは、分子でできた地球生命のつづれ織のなかへと深く織り込まれている。普段は気づかないが、私たちの身体や、繊維のひとつひとつにも、このしるしがある。しかし多くの生態学者にとっては、スウェス効果は収集データの正確さを損なう恐れのあるやっかいなものである。

ここで、北アメリカの五大湖のひとつ、イーリー湖の生態学的調査について考えてみよう。都市や芝生や排水パイプや農場から出たリンによる汚染は、長年にわたり、湖の水の表層付近に生息する厄介者の藻類に養分を供給し、不快な浮き滓（スカム）を盛んに増殖させた。これは化学肥料が陸上で作物の収穫を増やすのと同じである。年々、死んだ藻が新しい層となって湖底に積み上げられた結果、湖底の泥は炭素が詰まったその残骸を豊富に含み、かなり臭くはあるが、きれいに沈殿物の層を形成し、そこに湖の汚染問題の記録を保存している。

植物と同様、藻類も光合成を行うために、水に溶け込んだ二酸化炭素を吸収する際には軽量の炭素12を優先的に摂取する。プランクトンで窒息しそうな緑色のイーリー湖の湖面も、この選択的傾向を見せ始めた。いっぱいのジェリービーンズに小石を少々混ぜたお皿のように、時が経つうちに、湖の水には藻類が後に残した不要な重い二酸化炭素分子がどんどん増えていった。好ましい炭素12以上に、重い炭素13という小石をうっかり拾ってしまう確率が増え、緑の粘液状物質（スライム）は世代を経るごとに炭素13で富裕化し、生死を繰り返し、どろどろの湖底へと沈んでいった。

１９８０年代の中頃に厳しい水質規制が施行された後には、イーリー湖へのリンの流入量は以前の４分の１まで減少した。デトロイト市だけで年間のリン流失量を３分の２近く減らしたのだった。しかし、この戦略は功を奏していたのだろうか。

フロリダ大学の生態学者である、クレア・シェルスキとデイヴィッド・ホデルの２人は、湖底の堆積物のアーカイヴ調査をして実態を明らかにしようとした。藻類が豊富に繁殖している間に、湖底の泥に含まれる炭素13の値が増大したということは分かっていた。また、浄化の努力により藻類の繁殖が抑えられ、したがって湖底へともたらされる炭素13の量も減ったということも分かっていた。おもりを付けたコア採集用のパイプを湖底に下ろし、前世紀の堆積物の記録を集め、順番に底に積もった泥の層に含まれる炭素13の量を計っていった。確かに、１９

60年代後半に堆積した層のなかで炭素13の値は頂点に達していた。この時代に、炭素13を豊富に含んだ藻類が最も厚く積もっていたのだ。その後、上昇傾向は逆転する。炭素13の値は減少を続け、1980年代までには汚染以前の状態へと戻っている。

最初、これは良いニュースに思われたが、しかしどこかにしっくりこないところがあった。現在のイーリー湖の周囲は、20世紀末の頃と比べ、さらに人口は増大化し開発も進んでいる。それでもなお、炭素13の記録は完全な回復を示しているようだった。汚染規制は本当にそれほどの効果を上げたのだろうか。シェルスキとホデルは疑っていた。彼らには、その原因について十分な心当たりがあったのだ。

間違いなく、これはスウェス効果が働いたものだった。世界中の藻類における炭素13濃度は、20世紀の間中減少し続けている。化石燃料を燃やしているおかげなのだ。この効果を堆積層コア分析で勘案すると、イーリー湖の回復度は、かつての状態を完全に取りもどしているわけではないようだった。きれいな水を取り戻したいという望みは確かに実現したが、藻類を含む泥中の炭素13濃度の低下は、スウェス効果によって誇張されたものだったのだ。実際のところ、イーリー湖は1900年代前半に比べ、まだかなり多くのヘドロを蓄積していた。

確かに、グリーンピーススープを満たした大樽になるところだったイーリー湖は、規則によって救われた。だが分析結果にある化石燃料由来の炭素がもたらす歪曲効果を補正することで、シェルスキとホデルは行うべき浄化作業がさらにまだ残っていることを明らかにしたのだった。

同じように、化石燃料由来の炭素による汚染は、世界中で気候変動や水生生態学の研究を複雑なものにしている。2003年、タンザニアの湖畔の町キゴマで、ニアンザプロジェクトという米国科学財団とアリゾナ大学が後援する学部学生向けの調査訓練プログラムに、私はインストラクターとして参加した。到着後間もなく、仲間のインストラクターと同僚たち何人かが、私たちの調査地であるタンガニーカ湖が温暖化しつつあることを証明する論文を発表した。

タンガニーカ湖は巨大である。長さ約670キロで、水深はシベリアのバイカル湖に次いで世界第2位の1470メートルを誇る。深水域は酸素を含有しないので、巨大水塊の大部分には生き物の姿がない。酸素を供給するのに十分なだけの光合成を行う藻類が存在し、波の攪拌作用があるのは、水深100メートルまでの表層部だけである。そして、何百種もの、色とりどりの固有のシクリッドがこの比較的浅い上層水域に生息しており、これは世界中でも当地にしか見られない。タンガニーカ湖の美しく澄んだ水はまた、繊細な彫刻が施された巻貝、淡水性のカニやクラゲ、水生のコブラなどの固有種の生命を支えている。

ヴァッサー大学のキャサリン・オライリーとオンタリオ州ウォータルー大学のピエト・ヴァバーグに率いられた2組の研究者たちが、様々なデータや観察記録をまとめ上げたが、彼らはそれぞれ同じ結論に到達した。すなわち、タンガニーカ湖の水温は前世紀中に約1℃上昇したのである。これは近隣のヴィクトリア湖およびマラウィ湖における傾向と共通するものだった。

オライリーのチームはさらに研究を一歩進めて、この温暖化を地元の人々の主な蛋白源と関連付けようとした。魚である。タンガニーカ湖の堆積コアを研究することで、彼らは炭素13の含有率が古い層よりも新しい層になるほど低くなっているということを発見した。これは、イーリー湖の浄化過程のなかで起こったように、藻類が減少しつつあったということを意味しているのかもしれない。しかし、タンガニーカ湖では、リン汚染の規制はまったく行われてこなかったから、何か別の要因が働いているに違いない。

こうしてオライリーのグループは、温暖化の影響で水面付近の水の密度が低下し、それに伴い浮揚性が増大することによって、ちょうど厚い油膜で覆ったように湖面の安定化がもたらされたのではないかという説を提出した。浮遊性（プランクトニック）の藻類は、この分離性を強めた日の当たる水域に浮遊し続けることが困難になり、深くて暗い水域へと沈下を始め、そこでは日光が届かないために死んでしまうだろう。植物を暗い部屋に閉じ込めておくと白化するのと同じことだ。こうしてプランクトンの数が減少すると、今度は湖の食物連鎖を弱体化させ、この広い湖に生息するカタクチイワシに似た魚のエサが減る可能性がある。オライリーの計算では、これは年間漁獲高の大幅な減少を引き起こしかねない。摂取たんぱく質の約3分の1をタンガニーカ湖の魚に頼っている、経済的に停滞したこの地域においては、きわめて深刻なニュースである。

しかしながら、この問題は思ったほどすっきりと決着したわけではない。ヴァバーグは藻類が減少した証拠について後に再評価を試みている。炭素13の堆積層コア記録、すなわちオライリーのチームが出してきたプランクトンの生産性の測定値に対し、ヴァバーグは標準的なスウエス効果による修正を行ったのである。化石燃料由来の炭素の歪曲効果をその分析に導入して分かったのは、農業をはじめとする人間の活動の結果、富栄養化した雨水で汚染される岸付近の水域では、炭素13濃度（すなわち藻類の成長）は実際には上昇していた可能性があるという

2001年のニュアンザ・プロジェクト。タンガニーカ湖の堆積コア採集準備中の学生とスタッフたち。

ことだった。湖は確かに温暖化しつつあるのだが、それがここに生息するプランクトンや魚類にどんな影響を及ぼしているのかはまだ明らかになってはいない。

このような報告はますます増えつつあるが、それらが示しているのは、化石燃料由来の炭素による汚染は世界中の生態系に悪影響を及ぼすということだ。科学者がスウェス効果を測定するときには、通常、基準になる炭素12に対する重い炭素の存在量を示す単位を用いる。この「デルタ炭素13」の数値は、私たちが大気中へと送り込む化石燃料由来の軽い炭素（炭素12）が増えるにつれて、ますます下降し続けているのである。18世紀中であれば、大気から普通に取り出した二酸化炭素のデルタ炭素13値はマイナス6・3pptとなるところだが、それに対し、2世紀にわたって炭素を含んだ煙で希釈された後の現在は、値は下がってマイナス8pptに近いところにある。

これに気づいている人はほとんどいないが、私たちはすでに5500万年前のPETM期の超温室と肩を並べるほどの、地球規模で炭素13が減少した状態のなかを生きているのだ。そして、炭素13の減少は大半が前世紀において生じたことだった。スウェス効果は現在、10年ごとに単位あたり5分の1に近い割合で、デルタ炭素13値を低下させている。このスピードだと、人類世における炭素同位体の偏りは、大気中の二酸化炭素濃度がこの先200〜300年のうちにピークに達するまでには、PETM期の値に達してしまうかもしれない。もし遠い未来のあるときに、海洋学者の一団が深海底の堆積層にコア採取パイプを打ち込んだとしたら、ローウェル・ストットが海洋コアの赤色化した堆積物のなかに見つけたPETMのしるしにそっくりなものを、炭素に溢れた私たちの時代の堆積物中からも発見することだろう。このような同位体の変化が私たちの生活に及ぼす物理的影響は簡単に見過ごされてしまうが、同位体を使って研究している科学者にとっては、それらが持つ歴史的な意味の大きさには目を見張るものがある。私たちはこの時代の環境の墓碑銘を、そうとは知らず、消えない炭素同位体のインクで綴っているところなのである。

しかし私たちの時代の年代を測定するのは容易なことではなくなるだろう。現在、環境中に存在する炭素13を希釈するスウェス効果は、古い歴史的遺物の年代測定の道具である放射性の炭素14をも希薄化する。炭素14は過去への完璧なガイドではない。その保存期間(シェルフライフ)（「半減期(ハーフライフ)」というもっと厳密な用語もある）は、何十億年前の古い岩石の年代測定に使われるウラン２３８などのような放射性長距離ランナーと比べれば、短い。それが効果を発揮するのは、木、骨、殻、泥炭、あるいは水成の泥など、炭素を含むものだけであり、しかも、５万年以上経過していないものに限られる。こうした限界はあるが、放射性炭素年代測定法の時間の痕跡を追跡する能力のおかげで、人間と環境の歴史に関する私たちの理解は革命的に飛躍した。残念ながら、未来の科学者たちにとっては、スウェス効果のせいで、それは現在ほど役立つものではなくなるだろう。

　私たちの時代の歴史を振り返ったとき、学者たちが答えを知りたいと思う疑問のいくつかについては、容易に想像できる。最後の氷床が融け去ったのはいつだったのか。どの時点で海洋は酸性化を終了したのか。海面上昇に呼応した国境の再画定にはどれほどの時間がかかったのか。こうした疑問のいくつかには、書き残された文書によって答えが与えられはずだが、それが見つかるものは、あまり多くはないかもしれない。

　今日の歴史記録の大半は、単に非常に多くの文書が電子化されているという理由だけで、結局は失われてしまうだろう。電子文書を作り解読する装置やコードが、大企業の利害に沿ってあまりにも頻繁に変わるので、それらは、１００年単位どころか数十年も経たないうちに役に立たなくなってしまう。その結果はすでにわが家でも現れている。私はいまだに古風なフロッピーディスクを何枚か保存している。それらはかつて１９８０年代に私のＴＲＳ－80型コンピユータにデータを入れるためのものだったが、もはや二度とそのデータを読むことはかなわないだろう。だがそのFDにはやっとの思いで手に入れた情報が詰まっているので、どうしても捨てることができないのだ。古い8トラックの録音テープだとか、最近のリーダーが読み取ろうとしない、最初のデジカメのメモリチップだとかについては、まあ、言うまでもないことだ。

幸いなことに、世界中の氷、サンゴ、木の年輪、鍾乳石、そして堆積層が、これまで何百万年も続けてきたように、いまでも年ごとに最新の環境情報を蓄積してくれている。いま人がほとんど住んでいない地域の堆積物にも、私たちがいま地球上に存在することを明かす消しがたいしるしが含まれていて、炭素同位体の狂いとか、大気中に蓄積された鉛その他の汚染物質とかによって、そうしたしるしの同定が行われるだろう。人類世後半の時代を生きる賢い人々には、書かれたテクスト同様、それが手がかりとなる。むしろ、今日の情報技術によって作られた儚いメディアがとうに忘れ去られたその後でも、それらは役に立つ。

いや、むしろこういうべきだろう。これらの地球化学的なしるしのうち、ただひとつを除くすべては、将来もはっきりと姿を残し続ける。そう、私たちの化石燃料排出によって、炭素14の読解コードがいま混乱に陥っているのだ。どうしてそうなるのかを説明する前に、炭素14による年代測定の方法について理解してもらう必要があるだろう。そこでまずは、読者自身も、「あなたは放射性（レディオアクティヴ）である」という事実を知ってもらいたい。

私たちの皮膚や肉や骨を形作る炭素を基礎にした食物の分子には、少量の炭素14が含まれる。そのため、私たちはみなわずかながら放射性なのだ。なぜそうなるかといえば、地球の生態系を支える光合成を行う植物や微生物が、毎日吸い込む二酸化炭素とともに炭素14原子を吸収しているからだ。平均的な肺1杯分の空気に含まれる放射性炭素はごくごくわずかで、二酸化炭素分子1兆個に1個以下の割合であるが、そのごくわずかな量の放射能が地球の食物連鎖のネットワークを通して、私たち全員に感染するわけだ。あなたの身体の4つにひとつの細胞が、そのDNAもしくはDNAを囲むヒストンタンパク質のなかに、炭素14をひとつ含んでいる。そのため、どこか身体の一部から1グラムの炭素を精製した場合、それをガイガーウンターにかけると、1分間に10回くらいの計測音が出る。これは人の1分間の平均的な呼吸回数にほぼ等しい。ある推計によると、普通の成人の体内における炭素14の崩壊は、毎秒約300回だという。

そもそも大気がどうして放射能を帯びるかというと、原因は宇宙線である。宇宙線はあらゆる方向から私たちに向かってやってくる。はるか遠い恒星や銀河から吹き飛ばされた原子を構成する粒子（陽子、中性子、電子など）の残骸が波動となって、宇宙空間を通り抜けてくるのだ。選びうる無数の道のひとつを通り、何十億キロもの距離を越えてやってきた粒子のいくつかが、地球の大気圏上層で空気の分子と衝突する。高速で動く中性子が、大気構成物質のうち最も数が多い窒素原子のひとつにぶつかる衝撃で、窒素原子の中心部、すなわち核から、小さな陽子の粒が弾き出される。原子科学の命名法に従えば、それはもはや窒素原子ではなく、放射性の炭素14へと変わったのである。

遅かれ早かれ、この新しい炭素14原子はその不安定な核の制御を失うことになる。この炭素原子はベータ粒子をはじき出し、再び何の変哲もない懐かしい窒素へと戻るのだ。放射能とはつまり、重すぎる原子核から余計な粒子を強い力で放逐することなのである。

放射能があっちこっちへと撒き散らす物質が、強力なエネルギーを放出し、生物を傷つけることがある。例えば、ラジウムは潜在的に危険なヘリウム原子核の散弾をひっきりなしに連射する。私たちは賢明にも、そうした強力な放射線源には決して近づかない。その目に見えない噴出物が私たちの細胞のなかへと入り込み、火傷や放射能症や癌などを引き起こす危険があるからだ。これと比較すれば、炭素14は紙鉄砲のようなもので、ほとんどの場合、その榴散弾があなたの遺伝子や組織を傷つける可能性はない。唯一あなたを傷つける可能性があるとすれば、炭素14を吸い込むか呑み込むかして、それが血流に乗って細胞のすぐ近くまで入り込んだ場合である。もちろん、私たちは呼吸したり飲食したりする度に、まさに炭素14を吸い込んだり呑み込んだりしている。言い換えれば、危険をもたらすのは私たちの周囲に存在する炭素14ではなく、私たちのなかに入り込んだ炭素14である。

炭素14によって直面する健康上の危険はいくつかある。それは私たちの身体の組織中に深く埋まっているから、そのわずか一部でも破裂すると、その飛礫が近隣の分子や大事な細胞の組織を傷つけることがある。そしてさらに脅威なのは、炭素が私たちの遺伝子の主要な構成要素のひとつであるということだ。DNAの二重らせんの鎖のなかには、放射性の時限爆弾があるのだ。そのひとつが爆発すると、精密に組織された構造体が壊れ、親細胞の健康状態や振る舞いに変化を生じさせかねないような変異を起こすことになる。もしそれに結びついて構造的に支えているタンパク質分子がひとつ、あるいはそれ以上がちぎれ飛んでしまった場合は、遺伝情報を保存したり、あるいは呼び出そうとしたりするときに、遺伝子が閉じたり開いたりする仕方を変えてしまうかもしれない。本当に運の悪い場合には、そうした変異が生まれつきの障害や致命的な腫瘍を生じさせることもありうるだろう。

このリスクは、私たちの身体に備わっている細胞の修復機能のおかげで、ありがたいことにかなり小さくなっている。だが現実的に存在し、最近までは、生命にとって避けることのできない定めと考えられていた。ところが、もはや回避不能ではなくなった。市場経済という無限のイノベーションを求めるエネルギーが、人の健康を害するこの太古の毒で金儲けをする方法を生み出したのだ。殺虫剤を使わない有機作物だけで安心ですか？「放射性炭素処理済」タイプもお求めになられますか？　これは、空気の構成成分が調整できる機密性の高い温室で育てられた野菜のようだ。詳細な方法は企業秘密である。だが、オンラインで見つけた特許申請によれば、どうやら石炭か石油かガスを燃やし、二酸化炭素で満たされた排気を温室のなかへ送り込んでいるらしい。化石燃料には炭素14が含まれない。だから、その気化物を吸い込むと、作物は放射能を取り込むことなく育つわけである。そしてこれがおそらく、地球で最初の無放射能で育った有機生命体ということになるだろう。

炭素14のほとんどが大気圏上層でひっそりと作られるが、長い時間を誰からも気づかれずにそこで過ごすわけではない。空気の構成成分としては2番目に多い酸素原子が、単身の炭素原子を目ざとく見つけ出し、それに取り付くのである。誕生してから数時間のうちに、炭素14原子と酸素ヒッチハイカーとのフレッシュコンビは、二酸化炭素として風に乗って漂っていく。最終的には、この放射性の二酸化炭素分子は、下降し、大気圏下層域へと紛れ込んでいくが、そこで光合成のバクテリアや藻類や植物の細胞のなかへと吸い込まれる可能性もあるわけだ。ともかく、そこで彼らは正常な炭素の群れに紛れ込み、そして遅かれ早かれ、エネルギーや飛来粒子の爆発の影響を受け、窒素原子という本来の自分の姿へと再び戻っていくことになるのである。

私たちは、放射能を持った動物や植物を食べ、自身の身体をつくるためにその組織中に含まれる栄養素を利用している。そうすることによって、私たちは1回ごとの食事とともに、地球の生物学的炭素の流れの一部を私たちの身体のなかへと引き込み、そして、呼吸、排泄、分泌、皮膚などの剝脱、出産などによって、一部を放出する。しかし、私たちが死ぬと、私たちの身体はこの流れから切り離され、そしてその瞬間から先は、身体のなかで崩壊する炭素14原子の入れ換えが止まる。そうなると、5740年後までには、私たちが持っていた炭素14の総量のおよそ半分が消滅してしまうことになる。さらに5740年が経過すると、残っていた原子の半数が崩壊する。ついにはそのすべてが消えてしまうか、あるいは正確な測定が不可能なまでに希薄化していく。通常であれば、ほぼ完全に消滅するまでにかかる時間は、5万年である。

科学者にとっては大変に喜ばしいことだが、炭素14の平均崩壊速度はきわめて安定的で信頼性が高いので、分子時計として昔の生き物の年代測定に使うことができる。測定に必要なのは、物体のなかに無傷のまま残存する炭素14の値を測るだけである。もしも炭素14の予想量のおよそ半分が残っていれば、その物質は5740年くらいの古さだということになるだろう。もし4分の1しか残っていない場合は、さらに2倍の古さとなり……云々という具合である。見出される炭素14が少なければ、それだけ古いと考えられるわけだ。

残念ながら、人類世の幕開けの数世紀のうちに、私たちはこのシステムを混乱に陥れてしまった。私たちが燃やす化石燃料は何百万年という古いものだから、元来そこに含まれていた、不安定な炭素14はとっくの昔に崩壊している。石炭や石油や天然ガスを燃やすときに生じる二酸化炭素は「死んだ」気体であって、最近伐採した炭素14を含有する木を燃やすときに煙突から立ち上る煙とは、異なるものだ。だから、膨大な量の安定的な化石由来の炭素を再生し、循環させることによって、私たちは大気中の自然放射能の値を低減させてしまったわけである。ようやく、大気汚染の明るい側面が現れた。この種の汚染は、大気と私たちの身体のなかの放射性炭素をわずかながら希薄化するのである。

もし未来の歴史学者がこの人類世の初期の物体を放射性炭素測定にかけたとすると、彼らは深刻な問題に直面するだろう。1800年代後半から1900年代半ばにかけて形成された、骨、毛、木、水成の泥などの物質は、空気中の安定的な炭素12によって希釈されているために、放射能値が通常より低くなっているからだ。「炭素14が少ないほど古い」つもりで標本を分析すると、測定結果がより古い年代になってしまうのだ。

マイアミにある「ベータ分析」年代測定ラボの、ダーデン・フードによれば、放射性炭素へのスウェス効果が初めて顕著になったのは1890年代だった。最近彼から受けた説明によると、「1800年代後半から1940年代の間に刻まれた木の年輪を分析すると、見出される炭素14の値は、他の時代の場合と比べて、約3%低くなる」

説明の仕方を変えてみよう。第1次世界大戦で死亡したアメリカ軍歩兵の遺体を、放射性炭素測定にかけたとする。化石燃料由来の炭素はすでに彼の時代の大気、海洋、人の身体を汚染しつつあって、見かけ上の年齢を変えてしまっている。その時間のずれは、彼が実際よりも200〜300年も昔に死んだということになってしまう。それは、彼の祖国が誕生するずっと前だ。その頃、まだ誰も知りようがなかったことだが（炭素14は1940年になって初めて発見される）、20世紀の最初の数十年を生きた者は誰もが、地球規模の炭素汚染のおかげで、生ける化石だったのだ。

しかし事態がさらにいっそう複雑化するのは、第2次世界大戦が終結に向かう段階で、私たちがもうひとつ別の種類の炭素汚染を発明したときからである。アメリカ合衆国やソヴィエト連邦をはじめとする国々が大気圏上空で、強力な熱核兵器の実験を始めたのだ。これらの実験は、窒素原子を大気中で破壊することによって炭素14を作り出した宇宙線の爆発を、ある意味で人工的に再現したものだった。部分的核実験禁止条約の締結により違法化される以前の1950年代および60年代には、何百回もの地上核実験が行われ、私たちが燃やす化石燃料から生じる二酸化炭素によるスウェス効果を一時的には圧倒するほどの、大量の炭素14が生み出された。その恐ろしい花火大会の最盛期だった1963年までに、地球大気中の炭素14の濃度は2倍近くにも達していた。

その地球規模の核汚染の結果、1950年代以来、芽を伸ばし、地を這い、空を飛び、または水中を泳いでいた、生きとし生けるものたちは、原子爆弾の放射性炭素を濃密に帯びることになってしまった。それは、あなたがどこへ行こうともついて来る。あなたの手の皮膚のなかにも、この本のページのなかにも、あなたの飼い犬がクンクンと押し付けてくるその濡れた鼻先にも。もちろん、あなたの犬が欲しがっているスナックにも放射性物質は含まれている。核実験が、その後数十年にわたって人の健康に及ぼした被害の推定が公表されているが、それらの裏付けを取ることは難しい。しかし被害の大きさは、癌および先天性欠損の件数で、数十万から数百万に及ぶものである。

原爆炭素汚染がもたらす影響が、すべて悪いものだったわけではない。法医科学研究者たちは、驚くほど創造的な利用法をわがものとした。

さて、想像してみよう。1910年のヴィンテージとされるすばらしいワインに、あなたはちょっとした投資を行ったところだ。念のために、そのワインの放射線炭素量をチェックしてみたほうがよくはないか。もし炭素14が余計に含まれていたとしたら、残念無念、原爆ショックの1950年代、ないしその後に熟した葡萄から醸造されたものということになる。

あるいは、あなたの買った象牙の彫刻は、象牙取引禁止法の制定以前に採取された合法的なゾウの牙から作られたものだろうか。そうでなければ、知らずにゾウの密猟取引を、あなたが支援してしまっていることになる。それをもし確かめたいと思ったら、その彫刻に含まれる炭素14の量が、その象牙が収穫されたとされる年の大気中の原爆炭素濃度と一致するかどうかをチェックしてみればよい。

野生生物研究者たちでさえ、放射性炭素という困りものを仕事に利用している。五大湖のひとつであるスペリオル湖にある森に覆われた島、アイル・ローヤル国立公園では、歯に含まれる原爆由来の炭素の濃度を利用して、オオジカの年齢判定に使っている。

それでは、この原爆炭素は、放射性炭素年代測定にいったいどんな影響をもたらしたのだろうか。あらゆる場所で放射能レベルを急上昇させることによって、原爆炭素はこの惑星の放射性炭素時計を完全にリセットしてしまった。20世紀前半では、炭素14を希薄化するスウェス効果のおかげで、あらゆるものが実年齢より年かさに見えたものだった。しかし今日においては、核実験のために、地球上に生息するすべての生き物に含まれる炭素14は本来の量を超えてしまった。この時代に生まれたり作られたりしたものに、従来の公式を適用してみた場合に算出されるのは、人間の仕業で実年齢を超過してしまった値ではない。だが、かといって、正確な「ゼロ」年代も私たちは得ることができない。原爆炭素は、理論上の原子同位体時計の針をずっと先へと進めてしまったので、私たちは現在を走り抜けて、未来へと入り込んでしまう。あなたは2012年に生きているかもしれないが、あなたの身体の大部分は——少なくとも、その見かけ上の年齢は——あなたのはるか何世紀も先の放射性炭素の時間直線上にあるのだ。

ダーデン・フードの計算によれば、どうやら私が生まれたのは西暦5300年のようだ。実際は、私がこの世に現れたのは1956年のことだが、私が胎児の時期にへその緒を通して、届けられた食物の分子に、多分どこか太平洋上空にできたきのこ雲のなかで形成された炭素14

が侵入していたのだ。1956年の食物連鎖を満たした原爆炭素は、私をとても放射性にしたので、生まれたての私の身体が、私より3000年先の仮想未来にあるという事態になったのだ。

しかし、原爆汚染は現在急速に薄れつつある。分解が非常に速やかだということではない。分解が進んで蓄積量が目立った減少を示すまでには、数千年の時間がかかるだろう。そうではなく、炭素の運び屋の鉱物や水生微生物の身体が海中に沈んで、毎年毎年、海底に層を成す墓のなかへと納められるからである。こうした作用によって、大量の化石燃料由来の炭素とともに、鉱物や微生物は放射性炭素を隔離保存するわけである。減少のスピードはますます加速していて、多くの科学者は、10年か20年ほどのうちには、スウェス効果が原爆炭素に対する優位性を取り戻すだろうと予想している。

原爆炭素効果はますます弱まりつつあるので、私たちの見かけの放射性炭素年代も未来のはるかな深みから徐々に近いところへと戻りつつある。今日の新生児に含まれる炭素14の値が、私が生まれた1956年より低下しているばかりではない。私たちが取り込む食べ物によってもたらされる炭素14の摂取量も減少している。これによって、私たちの炭素原子同位体年代のずれも、極端なものではなくなるはずである。

私はフードに頼んで、いまの私の炭素同位体年代を計算してもらった。しばらく計算機をカチカチとやった後、フードは答えてくれた。「今日生きている人々のほとんどは、体内にかなりの原爆炭素をまだ持っている。もし君が、私が食べているのと同じ種類のシリアルを毎朝食べていると仮定すると、どうやら、いまの君の放射性炭素年齢は580歳増しといったところだろう」

アーサー王の魔法使いマーリンのように、時間を後戻りして生きているなんて聞けば、いくらか面食らうだろう。人生の出発が西暦5300年で、中年後期に達するのが2589年といった具合なのだから。しかし、こうした原爆炭素伝説の見るからに奇怪な物語にも、明らかに私たちの励みとなる側面がある。生物医学研究者たちは、知られている原爆炭素濃度の年減少率を利用して、人体とその健康に関する古くからの、重要な問題に答えるために役立てている。

私たちの脳細胞が形成されるのは、若いときだけなのだろうか。もしそうであるなら、私たちのニューロンに及ぼす、「セックス、薬物(ドラッグ)、ロックンロール」の影響は、ひょっとして、私たちが願う以上に長く続くものなのかもしれない。脂肪細胞は私たちの腰や腹にいつまでも固着したままなのだろうか。もしそうであるなら、ダイエットは肥満に対する一時的な抑制策に過ぎない。腫れ物はどうだろう。最近になって急に腫れ上がったものなのか、あるいは単にゆっくりと成長しつつある瘤なのか。

原爆炭素分析を利用すれば、こうした疑問のすべてに答えを出すことができる。私たちの身体の異なった部分には異なった量の炭素14が含まれているが、その理由は、身体部位ごとに炭素14を拒絶あるいは吸収する仕方が異なるからではなく、それぞれの部位の形成された時期がまちまちであるからだ。炭素14の量を特定の年代に一致させてみると、私たちのもとには良いニュースも悪いニュースも届く。残念ながら、愉快なことやゲームに使ってしまった視覚記憶系のニューロンは更新されない。しかし、体脂肪細胞はほぼ8年ごとに入れ替わる。多くの腫れ物の中心核は年代を確定できる可能性が十分なので、癌治療計画に役立てることができる。

時間を歪める原爆炭素の効果が影響を与えるのは、1950年代から西暦2020年くらいまでの間に形成されたものだけだ。この効果は実際、奇妙なものである。未来の科学者たちが、私たちの時代に作られたものを放射性炭素測定法を使って調べようとするのであれば、このワープ効果に対処しなくてはならないだろう。もちろん、私たちが人類世の炭素汚染によってもたらされる結果を考えるときに、これは最も取るに足らない懸念のひとつに過ぎない。放射性炭素年代の崩壊という事態そのものが、氷を溶かすとか、種を絶滅に追い込むわけではないし、炭素14が不活性な（安定的な）化石燃料由来の炭素12によって希薄化されるということは、どちらかといえば健康にはありがたいことだ。

しかし、見方を変えてみたらどうだろうか？　私たちの多くは、死んだ後に、この世に存在したことの積極的な証を何らかの形で後に残したいと思っている。これはそれほど大げさな欲求ではない――自我を満足させることだったり、深層心理に根ざした死への恐怖であるかもしれないが。しかしながら、今後いくつもの未来の時代を通して、私たちの身体や文明の残骸とともに存在し続ける、放射性炭素同位体というラベルを破壊することで、私たちは、歴史を時系列的に整理するシステムをすっかり混乱させてしまったのである。

私たちが生きている間に産み出された文明の遺産を追跡する未来の科学者にとっては、放射性炭素年代測定によって年代を確定することが容易にはできなくなる。20世紀前半に作られたものは、もっと前の時代に由来するものと見えるだろうし、また20世紀後半に製造されたものは、もっと後の時代に由来するものだと見えるだろう。実際のところ、放射線炭素を使って、それが私たちの時代に由来することを正確に推定できるものは、何ひとつないだろう。原爆炭素が退場した後に、スウェス効果が再び地位を回復すると、モノは人工的に古い見せかけを装うようになるだろう。その頃は、すでに炭素の残りが減少していく人類世終盤の時代である。放射能レベルが一致していて、私たちの時代に由来すると見えるようなものがあるかもしれないが、それらは未来の博物館収蔵品のなかに紛れ込んだ、時間を旅するペテン師に過ぎないだろう。

現在私たちが使っている時間の枠は、地質学的資料を字義通りに読んでいる限りは、存在しないことになる。放射能分析的な意味では、未来の歴史家の目から見た現在の私たちが生きている世界は、歴史の本からまるまる破り取られた、失われた一章となることだろう。

6章　酸の海

大海原の皮膚の静謐なる美と光輝を眺めているとき、その下に脈打つあの猛虎の心臓をひとは忘れてしまう。柔らかなビロードのその手にはしかし残虐な爪が隠されていることを、ひとはあえて思い出そうとはしない。

ハーマン・メルヴィル『モビー・ディック』114章

これまで地球温暖化について考えるとき、私が思いを凝らすのは、多くの人がそうであるように、もっぱら天候、氷床、そして海面上昇のことだった。しかしこの問題には、一般に注目されることが少ない別の側面がある。それは化学的変化に関係しているが、生き物にとっては炭素同位体の不均衡よりずっと有害なものである。海洋の酸性化は、今日の炭素危機の最も重要な側面のひとつなのだ。しかしこの問題が論じられることは稀である――もっとはっきりと目に見えるものについては、私たちはクヨクヨと悩むものなのだが。人間由来の温室効果ガスの蓄積によって生じる気候変動は、議論の対象となるもので、ある状況では害をもたらし、またある状況では益をもたらし、また時が経てば最終的には回復可能なものである。しかし酸化によってもたらされる回復不能な種の絶滅には、明らかな肯定的側面が存在しない。地球の青く広がる海原の下を泳ぎ、海底を這ったり座したりしている水生生物への脅威となる海洋の酸性化は、化石燃料由来の温室効果ガスを削減もせず排出し続ける行為に対して、倫理の秤をノーのほうへ傾けさせるものだ。

どうして海洋は酸性化するのだろうか。海はあまりに広大で、一見したところ温められた空気によって危害を加えられるとはとうてい思えない。海洋はまた、化学者には「炭酸塩−重炭酸塩緩衝システム」として知られる、物質による防御線によって、ほとんどの化学的撹乱からは守られている。しかしこの緩衝システムはある程度の防御力を提供するが、それはあくまで「ある程度まで」のことである。汚染物質の攻撃が長引けば、実際のところ、海洋の化学要塞も打ち破られてしまうだろう。

問題はそこだ。二酸化炭素は水に溶けるのだ。魚は水に溶け込んでいる酸素をエラから呼吸し、また私たちが毎年放出する余分な二酸化炭素のうち4分の1が海洋へと溶け込む。純粋に気候中心の見方からすれば、余分な二酸化炭素を取り込んでくれる海は、頼もしい同盟者に似ている。あたかもすべての大海が、対地球温暖化の戦いにおいて、私たちの側についてくれているかのようである。最終的には、このようにして私たちの排出した炭素のほとんどが、洗浄されて大気のなかから消えていくことになろう。しかし、二酸化炭素は海洋のような水塊に入っても、単に消滅してしまうわけではない。それは炭酸へと姿を変えるのである。

この過程に関与する化学作用は相当に複雑ではあるが、この文脈で把握しておくべき重要な概念は、かなり単純なものである。分子の主要な登場人物は、その名前ばかりでなく、その物理的構造にも、すべて炭素を含んでいるところが共通しているが、あるものは捕食者、またあるものは犠牲者という具合に、立場は分かれる。捕食者の第一のものは炭酸であり、その主なる犠牲者は「炭酸塩」と呼ばれる塩基性の分子で、なかでも炭酸カルシウムという固形物になったものが狙われる。コンクリート舗装のかけら――セメントは海洋の炭酸塩堆積物から精製したものが多い――に、蓄電池に使われる酸を振りかけてみよう。酸の分子は標的に襲いかかり、コンクリートからはシューシューと勢いよく泡が吹き出し、その後には中和された塩水のくすんだ水溜まりが残る。同じ化学反応によって消火器の泡が噴出されるときには人命を救うことになるが、海洋生物の殻を襲うときには彼らの命を奪うことになるのだ。

炭酸は正の電荷を帯びた微小な水素イオンを周囲の水のなかに放出する。水素イオンの正の電荷は、それぞれの水素原子から負の電子が一時的に失われたことを表している。これは水に溶けることでもたらされる必然的な結果だ。水着を脱がされてしまった分子の海水浴客を思い浮かべると分かりやすいかもしれない。想像してみよう。身を守ってくれる電子の水着を奪われて裸になった粒子が、水中をあちこちと漂いつつ、イライラしながらも懸命に、誰かから代わりの水着を奪ってやろうとしているのだ。炭酸塩やその従兄弟の重炭酸塩がそうだが、着脱可能な電子を密かにまとっている通りがかりの分子なら誰しも、乱暴な化学的ストリップをやらされる危険性があるわけだ。

溶液のなかをあちこち漂う、こうした精力的な水素イオンが多ければ多いほど、その溶液の酸性度は上昇し、貝殻や石灰岩のような物質に対する腐食性は増大する。このような炭酸塩を豊富に含んだ物質を酸性化した水のなかで固体の状態に保とうとすることは、ハリケーンの最中に干草を積み上げようとするのにいささか似ている。

海洋が完全に酸化してまるで酢酸のようになると予想する人はいない。そうなるには、現実離れした量の二酸化炭素が、猛烈な勢いで放出される必要があるだろう。実際にはむしろ、海は酸性とアルカリ性の境界へと徐々に近づきつつも、しかしまだアルカリ性の側に留まっている状態だ。化学者たちはその境目の線に中性のペーハー（pH）値7を印し、ここを境に、より高いpH値を塩基性（アルカリ性）領域とし、より低いpH値を酸性領域としている。海洋科学者たちは、前世紀中に平均海洋pHが低下していく様子に、次第に大きな関心を寄せるようになっていった。それほどの大事には聞こえないかもしれないが、pH値は対数目盛で標示されるから、最近のpHが10分の1目盛下がったということは、海洋の平均酸性度がすでに約25％上昇したことを意味する。ほとんどの科学者は今世紀末までにはpHが0・3ないし0・4下がると予測しており、これは酸性化の度合いが2倍以上に達したことを意味するのである。

海洋の酸性化の直接の犠牲者となりそうな生き物は、どうやら、方解石や霰石（あられいし）のような酸溶解性の炭酸化合物を使って殻やその他の身体組織を作るものたちだ。霰石は方解石よりさらに溶解性が強いので、これを使う種が最も大きなリスクにさらされる。ある資料によると、南極海の海面の大半は西暦２０３０年までに、霰石を溶解するのに十分な酸性度に達するが、北極海の浅い水域においては、同じ酸性度に到達する時期がさらに早まる可能性もある。もし私たちが極限の二酸化炭素排出の道を歩んだ場合には、極地方の海域は、西暦２１００年までに海面から海底まですっかり霰石を腐食させるほど酸性化し、その状態が数千年間にわたって続くことになるだろう。

どんな種類の生き物たちが危険にさらされているのだろうか。広く知られている海洋生物をざっと調査しただけで、失えば私たちの多くが悲しむような種の目録ができる。アラスカのタラバガニとカリフォルニア産アワビ。カリブ産のホラガイにイセエビ。チェザピーク湾のカキにガザミ。高級なメイン州のオオノ貝とホタテ。アイルランド産トリ貝とムール貝。無数の種類のヒトデ、カシパン、ウニ、そしてフジツボ。さらにはサンゴ礁の美しい石灰石の建造物まで。

ミケランジェロは大理石をノミで削り傑作を生み出した。それとほとんど同じ素材から、手もなく、たいした頭脳さえ持たない生き物が、繊細な彫刻が施された殻をどうやって作り出すのだろうか。その製造過程には専門家にさえいまだに謎の部分があるが、その基本原理はかなり明快である。海水にはいろいろな物質が溶け込んでいる。例えば、塩や、陸上の岩石や土壌から侵蝕されて溶け出したカルシウム原子も含まれている。同様に、炭酸塩と重炭酸塩の分子も、鉱物が風化することで水のなかに溶け込んでいる。海に棲む石灰化作用の担い手たちは、あたりの海水のなかからカルシウムと炭酸塩を集め、それらを結合して、方解石や霰石の結晶格子を作り出すというわけだ。より正確に言えば、彼らの体組織中の特殊化した細胞がその作業を行う。1分子、1分子と積み上げながら、炭酸カルシウムの分子の合成物は、貝殻の外側の薄い唇状部や、サンゴの枝の上についたポリプの椀状の棲家の縁にゆっくりと堆積していき、

タイス貝とその獲物のフジツボ。干潮時に露出している。メイン州の海岸で。

ちょうど水溜りの表面に雨粒が輪を広げていくように、規則正しく列を並べて、外へと広がっていく。

海の石灰作りたちは、食物から得るエネルギーの多くを、殻を分泌し、維持する仕事に費やしている。もし彼らの周囲の海水のpHが低下して酸性領域に近づけば、海水に溶解している炭酸塩をうまく取り出すことがますます困難になってくる。そのうえ、水素イオンの大群が炭酸塩貯蔵庫である貝殻やサンゴを襲ったときに生じる腐食の傷みを修復するには、より多くのエネルギーが必要である。酸性領域のある地点に達したとき、カルシウムと炭酸塩のペアは、作られる数より切り離される数のほうが上回るようになる。するとと、襲いかかる水素イオンがだんだんと増えてくるにつれて、貝殻は分子のレンガをひとつ、またひとつと失いながら、崩れ始める。

どの生き物が酸性化に適応することができ、どの生き物ができないのか、私たちにはまだ正確なところは分からない。ほとんどの海洋生物の完全な生活史さえまだ明らかになっていないし、ましてや海水の奇怪な化学的変化に対して彼らが示す反応など知る由もない。しかし私たちが確かに知っていることは、少なくとも理論の上では、酸性度の上昇が、殻を作り出す者にとって、炭酸塩を引き寄せて固体化し、固定化することをいっそう困難にするということだ。そして、ダーウィン的な生存競争においては、このように慢性的に体が蝕まれている状態を克服するために要求される余分な生理的投資が、生殖と休眠、成長と停滞、さらには生と死、といった差となって表れるかもしれない。最悪の場合、種によっては、不運にもその殻に類する固い部分がすっかり溶け去ってしまうことにもなりかねない。

2005年に英国学士院は、現在予想されているこうした変化のいくつかについて、すでに手遅れで回避不能であるという見通しを発表し、議論を呼んだ。海水に溶け込んだ炭酸ガスの深海への移行が遅れているために、温室効果ガスの排出を直ちに完全に止めたとしても、海洋の化学的性質が正常な状態に戻るまでには、何百年もの時を要するだろうというのだ。デイヴィッド・アーチャの推計では、回復の過程に費やされる時間は短くて2000年、長ければ1万年ほどだが、どれくらい長くなるかは、次のふたつの条件次第だ。ひとつは、私たちが控えめな排出量シナリオに従うか、極限のシナリオを取るかという選択。もうひとつは、地質学的侵蝕作用の中性化効果によって、海洋がいかに速く現在の化学的均衡状態を取り戻せるかというスピードの問題である。もし大気中の二酸化炭素濃度が最終的に５００～５５０ｐｐｍに達する場合は、霰石は極地を囲む冷たい海では溶解するだろう。もし二酸化炭素濃度が３倍になったときには、やはり極地の海では方解石も分解するだろう。さらにもし完全放出の５０００ギガトン排出となれば、熱帯海域でさえ、霰石であれ方解石であれ、貝殻は破壊されることになるだろう。

なぜ寒冷な場所のほうがこれほどひどい酸性化の被害をこうむりやすいのだろうか。それは、温かい水よりは冷たい水のほうが、溶かし込むことができる気体の量が多いからである。したがって、寒冷な高緯度海域に保持されている溶けた二酸化炭素の量は、低緯度海域における二酸化炭素量より多いのだ。水温が及ぼすこの効果のために、霰石の腐食は、まずは極地方で起こり、しかもその最も寒冷な季節である冬に最も激しくなるだろう。

ほとんどのメディアはこの問題をまだ無視しているが、肉眼でかろうじて見える程度のプランクトンをポスターの主役に使って、海洋酸性化に対する警報をすでに発している海洋科学者たちもいる。メッセージを広く伝えるためにはこうしたプランクトンは美しいほうが効果的だ。なかでも翼足類〈クリオネなどの仲間〉と呼ばれる微小軟体動物は際立っている。彼らを「海の蝶（シーバタフライズ）」と呼ぶ生物学者もいるほどである。これらの小動物は、巻貝、ナメクジ、二枚貝などと同じ分類学上の「門」に属するが、その親類たちの多くがやるように、這ったり、穴を掘ったりはしない。彼らは泳ぐ。いや、より正しくは、海面下を飛翔するのである。彼らの柔らかな組織の大部分は、か細い、パラシュートに似たひれ、というよりは一対の翼からできている。「翼の生えた足」という学名の通りなのだ。

顕微鏡で見ると、多くの翼足類は、セロファンの波打つシーツに包まれた、透明な巻貝の赤ちゃんのように見える。実際、本物の巻貝の幼生は翼足類にとてもよく似てはいるのだが、彼らのは成長すると無骨な底生生活者になってしまう。それに引き換え翼足類のほうは、永遠に子供のままのようだ。彼らは密集して、日差しが入る水面に近い層を漂いながら、自分たちよりさらに小さい獲物を捕食し、水に溶けた鉱物を吸収して、霰石製の脆くて溶けやすい殻を作る。プランクトンネットを引いて、世界中で採集されている翼足類の殻には、炭酸によって食刻された線と穿たれた穴が、不吉な予兆となって現れており、実験室内の研究ではその原因が確認できている模様だ。訓練を受けた目には、これは警告の旗(フラグ)なのである。

翼足類は、それ自体として、関心を持たれるだけの価値が十分にある生き物だが、彼らは生態学的にも重要である。南極周辺の冷水海域では、掬い上げたバケツ1杯分の海水に何万匹もの翼足類が含まれることがあるほどで、彼らはペンギンやアザラシやクジラへとつながる食物連鎖を支えている。南極のロス海では、極微小な翼足類が、えびに似たクリルの膨大な群れを、総重量で上回ることもある。幸いなことに、2枚の翼を持つ翼足類のなかには――「海の天使(シー・エンジェルズ)」と呼ばれるものだが――もともと殻を持たないものもいるので、ひょっとしたら彼らは酸による腐食に対する抵抗力があるかもしれない。殻を持たずとも、必ずしも無防備なわけではない。南極産翼足類のなかには、少なくとも1種類、非常に強力な毒を出すものがおり、他の浮遊性のある動物たちは時としてこの「守護天使」を捕まえて、連れまわして、大きな捕食者たちから身を守る楯代わりにする。酸性化は殻を持った蝶タイプの翼足類より、天使タイプの翼足類のほうに味方するのかもしれないが、海洋生態系という観点からは、これは必ずしも良い知らせではない。毒性を持つ種類が殻を持つ種類に取って代わるなら、翼足類を主なエサにしている他の生き物にとっては、悲劇的な事態となる恐れがある。

一方、また別の種類の小さな石灰化作用の担い手も難儀することになりそうだ。衛星からの映像には、時折、ミルクを流したような濁りが、アラスカ沖の海上を何百平方キロにも渡って広がる様子が映し出されることがある。これは単細胞の藻で、そのライフサイクルのある段階において、クリーム色のホイールキャップ状に石膏を塗り固めた、極小のボーリングの球のような姿になる。彼らの長い学名、円石藻（*coccolithopore*）は、鉱物化した（*litho*）、方解石の鎧を着けて動き回る（*phoros*）、球状の（*coccus*）細胞という意味である。

アラスカ沿岸では1回の大量発生期につき、海面を浮遊する方解石の円盤の累積総量が100万トンを超えることもある。円石藻は小さな植物のように光合成を行い、アラスカ沖のような海域においては、海洋の食物連鎖を支える重要な基盤をなしているのである。その円盤型の鎧は、翼足類が好む霰石という酸化の影響をより受けやすい物質ではなく、方解石から作られてはいるのだが、もうすでに溶解の兆しを見せ始めているものもある。

英国学士院の計算によると、霰石に関して、極地方の海域のほとんどがまもなく不飽和状態に達するそうだ。すなわち、もし霰石を分泌する生き物たちによって、彼らの大きな生理的犠牲のうえでその生産が維持されない限りは、こうした海域では霰石は溶解するということだ。

不飽和状態はその後、両極から熱帯へと向かってじりじりと進みながら、温暖な低緯度地域へと拡大していくものと予想される。しかしジャマイカやタヒチのきらめく波が酸化して、そこの住民たちにとって致命的なものになるずっと前に、また別の作用が、海の世界の最深部、つまり最も暗く奥まったところで、もっと目に見えにくい悪さを働くことになるだろう。

水は冷えると収縮する。したがって冷たい水のほうがより高密度で、より重たい。こうした理由から、南極の長い暗黒の冬と記録破りの寒さは、世界で最も濃密な海水を生み出すことになる。海面付近で塩水が凍結すると、凍らない塩分の残余が溶解状態のまま残る。そうなると、海水の密度はさらに高まる。次に働くのは重力で、重い凍結寸前の海水を南半球の海盆の底へと引きずり込む。濃密な水は、海中の洪水のように、ゆるゆると海底を這うように流れていく。この潮は海溝の底の平原では数百メートルの厚さに、もっと深い峡谷や地溝ではさらに厚みを増す。毎年、この南極の底潮は大量に形成されるので、大西洋および太平洋の海底を半分以上にわたって覆いつくすほどで、北極からの底潮とぶつかって初めて、海底を這って北へ向かう動きをようやく止める。時として、その2潮流の接触地帯が、メイン州とカナダ東部沖のグランドバンクスあたりまで北上することがある。

普通なら、これは良いことである。深海底は暗すぎて、植物も藻類も光合成を行うことはできない。だから、その潮流がなければ深海生物は窒息してしまうだろう。花のようなイソギンチャクはそこにじっと座って待っておりさえすれば、緩やかに動く底潮が粒子状のエサを運んできてくれる。さらに、その冷たいが穏やかな風のような水流は、イソギンチャクの繊細な触手の間をやさしく流れ、水面を激しくかき回す極地の風から吸収した酸素を届ける唯一の源にもなる。

しかし、人類世に生きる海洋生物にとっては不運なことに、その極からの風のなかには他の気体もクルクルと動きまわっていて、酸素とともに炭酸ガスも深海への旅に参加してくるのだ。

私たちの多くは、気候変動という観点からでしか温室効果ガスのことを考えていないので、極付近の下降流を生じる海域は、二酸化炭素を大気から深海へと逃してくれるありがたい雨水管のようなものに思われるかもしれない。しかしこの場合、「去るものは日々に疎し」というわけではなく、消えてなくなったりはしない。こうして、海面下に引き込まれる二酸化炭素の分子ひとつごとに、1個の炭酸分子が海の水に追加される。そしてそれが極付近から侵入すれば、その酸性の分子が早晩、深海のイソギンチャクのバイキング会場——私たちがこれまで見たどんなものとも似つかない、冷たく、暗い世界——を汚染する可能性は十分にある。海洋を支える下部構造が地球という惑星の大部分を覆っているのだが、そこはまだほとんど海洋生物学者の調査が及んでいない領域だ。まったく想像がつかないないので、そんな場所は存在しないかのように私たちは普段、振舞っている。しかし、それは確かに存在しているのだ。

深海は、寒冷で水圧が高く、暗黒であるにもかかわらず、そこには多くの種が生息している。その住人のほとんどは、有機物が堆積した軟泥の上か、そのなかに暮らしていて、降り注ぐプランクトンの遺骸や時折沈んでくるクジラの死骸を食べている。深海の動物は、おとぎ話のように愛らしく麗しいものはあまりないが、その代わりおどろおどろしいものは満載だ。暗闇に発光する吸盤を持ったタコたち。名は体を表す吸血（バンパイア）イカ。歯がむき出しの大きな口を持ったメスのちょうちんアンコウは、お尻のあたりにちっぽけなオスを永遠に癒着させていて、そいつはメスの退化した付属器官のようにそこから垂れ下がっている。南極沖の酷寒の海域には、薄い黄色の、細長い足をした、晩餐の大皿ほどの大きさの「ウミグモ」がいて、でこぼこの表皮の巨大海綿がごろごろしている海底に、優美に歩を進めていく。

　数百メートルを超える深海では生物個体数は減る傾向がある。深海には一般に大きな生物量（バイオマス）を支え得るほどの十分なエサがないからである。しかしながら、深海の生物多様性には驚くべきものがある。ニュージャージーとデラウェアから沖に数キロ、海面下３０００メートルほどの海底の、柔らかな堆積物の広がりから、８００種近い生物が、細長いコア採集管によって捕獲された。潜水艇の助けを借りて調査したところ、ベーリング海の１６００メートルほどの深さの峡谷の壁面が、色とりどりの海綿や蟹や魚の驚くべき宝庫となっていることを、生物学者たちは最近発見した。近年、網や浚渫（しゅんせつ）機器によって引き上げられる新種の数がきわめて多いことから、世界の深海に生息する生物種の合計が１０００万を超えても不思議はない、と考える科学者たちもいるほどである。

　この話に最も関連が深いのは、身体の硬質な部位に炭酸塩を含んでいて、まったく泳ぐことをしない多くの生き物たちである。遠隔操作の潜航艇に付けられたカメラが、花のように見える、羽毛の生えた赤いウミユリ（最も近い親類はヒトデ）の画像を送ってくる。猫背のヤマアラシのように剛毛を生やしたナマコが、海底に点々と散らばっている。牙の形をしたクッソク類の巻貝が、有機堆積物を見つけ出して呑み込んでやろうと、身をよじらせて泥のなかを進んでいく。深海性のオオシャクシガイは、身内と袂を分かち肉を求める捕食者となったのだが、その身内とはプランクトンを漉し取って生活する、あのハマグリである。ヤドカリは、巻貝の殻の家を引きずりながら慌しく動き回っている。そしておそらく、最も驚くことは、サンゴが多数存在することである。

多くの人の常識では、サンゴ礁は温暖な熱帯の浅海だけに存在する。しかし事実は、既知の全サンゴ種の3分の2が深海の冷水域に生息しており、その数はインド洋や太平洋、カリブ海の有名な浅海のサンゴ礁をはるかに上回る。冷水域を好むサンゴは、深さ数十メートルから3000メートルの水域に、驚くほど豊富に存在する。浚渫泥と一緒に引き上げられたり、潜水艇に写されるサンゴの種には、貴重な黒サンゴ、ゴルゴンウミウチワ（扇サンゴ）、アイヴォリーツリーや赤い「風船(バブル)ガム」サンゴ、石のように硬いイシサンゴ、また小枝のようなタケサンゴなどがある。なんらかの理由で、深海のサンゴの大群落は北太平洋より北大西洋に多く見られる。北太平洋ではサンゴは個体群が孤立する傾向があり、多様だが分散型の集団が海底のあちこちに広がっている。それとは対照的に大西洋産の多くの種は、その先祖の死んだ残骸の上に高く積み重なり、数十メートルから100メートルを超えるような塚を形成しており、なかには1マイル（1・6キロ）を超えるほどの大サンゴ礁を築き上げるものもある。浅海のサンゴ礁と同様、こうした深海のサンゴ礁は、他の多種多様な生き物たちに棲家と栄養を供給する。ある最近の調査では、ロペリア・ペルトゥーサという北大西洋の主要な造礁サンゴが作る深海の林を棲家として1300を超える種が生息していることが分かった。この生物種の隠れた宝庫はオーストラリアのグレートバリアリーフに匹敵する。

深海のサンゴの種類と数の豊富さは、雨のように降り注ぐエサになるプランクトンの量と、生息する海域の水の性質を反映したものだ。条件が整っていれば、個々のポリプの薄い外皮の細胞が、酸に敏感な霰石を使って、茶碗の形をした土台を作り上げる。この石のような集合住居の形成は、食料が乏しく、水が冷たいときには、非常に遅々としたものになる。中部大西洋の光の届かない深みで最近発見されたサンゴ礁は、現在の規模に達するまでに数千年を要している。その炭酸塩のバランスをかろうじて黒字に保っているコロニーにとって、酸性化が何を意味するのかは容易に予測できる。

英国学士院によれば、西暦2100年までに二酸化炭素濃度が急激に上昇して550ppmに達すれば、熱帯の海面近くのサンゴ礁において、石灰化による霰石の年間形成速度が半減する恐れがある。コロラドの米国大気研究センターのジョアン・クレーパス率いる研究チームが出してきた見積もりはもっと控えめなもので、同じ条件下で熱帯のサンゴ成長率には3分の1ないしそれ以上の低下が生じるというものだ。しかし、実際にこれらの数字がどうなっても、炭酸の蓄積が深海のサンゴにとってとりわけ厄介なものとなるのは、冷たい降下流が膨大な量の二酸化炭素を深海底へと忙しく送り届けるからだ。気候科学者のケン・カルデーラとマイケル・ウィケットの見るところでは、たとえ大気中の二酸化炭素濃度が、控えめな排出シナリオで予想される最高値をかなり下回る、わずか450ppmで落ち着いたとしても、世界の最深海域の海水の大部分は、そのまま霰石と方解石を溶解し続けることになる。

実を言えば、人類世の今後の数千年間に、酸性化が海洋生物の多くにどのような影響をもたらすのかについて、私たちはまだ知らない。これら海洋生物種については、ようやく発見されたに過ぎない。ましてや、その多くについては実験室での観察などまだ行われてすらいない。だが、私たちには危惧するだけの十分な理由はある。英国学士院によれば、「海洋生態系にとって、冷水域のサンゴが持つ生物学的に豊かな価値と重要性について、私たちによる理解と正しい評価が始まるより早く、海洋の酸性化はその生存を脅かすことになるだろう」。オレンジ・ラフィーのような、同じく絶滅を危惧されている深海魚を追って、いまや深海トロール漁船がやみくもに魚網を引き、密集した、脆い、太古のサンゴの林を破壊している。しかし、このような蛮行を禁じる開明的な時代が将来訪れたとしても、酸性化を避けて身を隠す場所はないだろう――それは、もっとごつごつとした岩だらけの地形で、網も届かないような深海の領域にすら、である。

一方、この問題についての研究には、もっと楽観的なものもある。プリマス海洋研究所のヘレン・フィンドリー率いる英国の生物学者チームによる最近の研究で、ある種の底生のツタノハガイ、巻貝、イガイやフジツボの仲間などは、酸性化した状況下で殻の厚みをどうやら増加させることができる、ということが分かった。研究室実験では、浮遊性藻類の円石藻にも同様の能力を持つ種のあることが証明されたし、また北大西洋におけるある堆積物コア分析からは、酸性度が上昇中の前世紀間に、研究地点においては円石藻の殻が次第に重みを増す傾向があったという、驚くべき結果が明らかになっている。

イスラエルの生物学者、マオズ・フィネとダン・チェルノフが地中海産のサンゴを高濃度の二酸化炭素にさらしたところ、サンゴはその硬質な身体部位を完全に捨て去ることで、酸性化の上昇を生き抜いた。7・3という低いpH値にさらされて1年の後、裸のポリプは単に生きていただけではなく、繁殖していたのだ（pH7・3という値は、今日の海洋水平均を10倍近くも上回り、またpH7という酸性とアルカリ性の境界値に非常に近い）。このサンゴは、典型的な硬いサンゴ形成物ではなく、柔らかな、花のような小さいイソギンチャクの束に似たものだったが、おそらく毎日新しい石灰石を堆積することにエネルギーを使う必要がないために、普通のポリプの3倍の容積を持っていた。これまで記録されたことがなかったこのサンゴの変身が、5500万年前のPETM期の超温室化のような、遠い過去に自然が起こした極限の酸性化を、ある種のサンゴがどうやって生き延びたのかを説明してくれるかもしれない。

残念ながら、これら希望のきらめきも、その放つ光は頼りない。多くの海洋生物が将来の酸性化に対してどのような反応を示すのか、あるいは何種類のサンゴが殻を捨てるのかについては、まだ不明である。それに、もし仮に多くの種類のサンゴが無期限に殻なしで暮らせたとしても、サンゴ礁の形成が止まってしまうので、サンゴ礁に暮らすために特殊化した他の生き物たちは生息地を失うことになり、その結果、私たちの子孫たちの多くにとっても好ましくない状況が到来するだろう。サンゴ礁に生息する魚類は、アジアにおける海産魚の年間漁獲高の4分の1にものぼり、10億に近い人口を養っているのだ。

サンゴのなかには、酸性化に対してどうやら適応する防御力を持つものはいるようだが、彼らとて、人類世のこれからの数百年の間には、また別の問題にも直面せざるを得なくなるだろう。過去50年間の気温上昇の圧力は、すでに多くの熱帯サンゴ礁をその耐性の限界近くまで追い込んでいる。浅海のサンゴたちはまた、育つ水域の深さについてもえり好みが激しいので、彼らは、海水の酸性化という障害に加えて、海面上昇にもペースを合わせていく必要があるだろう。単純な呼吸活動さえも影響を受けることになるかもしれない。温暖な水域は、冷水域よりも酸素の溶け込み量が少ない、だから温暖化して二酸化炭素量が増えた海で酸素を吸収しようとすることは、ビニール袋に一度吐き出した息を吸い込むような行為に似ているのだ。

皮肉にも、サンゴ類の分布域の外縁に生息するいくつかの種は、少なくとも現状では、温暖化で有利になっているようである。最近、エダミドリイシサンゴの新たな小群落が、フロリダのフォートローダデール沖で発見されたが、そこでは過去数十年間にその姿は見られなかった。また、エルクホーンサンゴはメキシコ湾の北部に新たな入植地を建設中である。これらは、水温変化に押されて、生息地が極地方向へと拡大している現象ではないかと考える海洋生物学者もいるが、直感的に理解できる説である。以前は冷水域だった場所の水温が上昇するにつれ、過去の間氷期にも起きたように、そこにサンゴが定着するための新しい領土が開ける可能性がありそうだ。残念ながら、海洋の酸性化はこの楽観的シナリオを踏みにじる。たとえ新たに温暖化した水域がサンゴを呼び込み、そこでサンゴ礁が成長を始めたとしても、海水の化学的組成の変化は彼らに対して不利に働きそうだ。

海洋の漸進的な酸性化は、人の一生に比べれば長期間続くのだが、温室効果ガス濃度とか地球の気温と同様に、酸性度が最高値に達すれば、その後は下降を始めることになる。鉱物が風化すれば、重炭酸塩は海洋へと洗い流され、そうなると海洋が抱えていた大量の酸を中和し、大気中からも二酸化炭素を除去するだろう。ほとんどの専門家が見積もるところでは、酸による汚染の最悪の局面は控えめな排出シナリオにおいては数世紀にわたり、極限のシナリオでは数千年にわたって続く可能性がある。

一方で、海洋の酸性化に伴う種の絶滅は、いったん起これば取り返しがつかない。進化の再生力により、最終的には純粋に数の上での生物多様性は取り戻せるかもしれないが、失われてしまった種がそれぞれ持つ特徴の独特な組み合わせや、種の間に成り立っていた相互作用を再び創り出すことはできない。あまりにも多くの時間、あまりにも多くの複雑性、そしてあまりに多くの偶然が、今日の生物の発生起源の背後にはあるので、近い将来に失うかもしれないそれらを私たちが取り戻すことは不可能である。たとえはるか遠い未来に地球に生息する種の数が、ついにすでに欠損を抱えている現在の数まで増えるにしても、人類世が取るに足らない短い時代に見えるほどの長大な時間尺度においてそうなるに過ぎないのである。二酸化炭素の低減曲線は、数千年という時間単位で測られるが、多くの動物や植物の種としての齢を測る時間尺度は、百万年単位となるだろう。

この問題に関しては、過去の温暖化が手引きとなってくれる。エーミアン間氷期は酸性化を促すほどの二酸化炭素濃度の大きな増加はなかったが、ＰＥＴＭ期の温室は深海の堆積層の記録に永遠なる化学的な火傷の痕を残した。およそ半数の底生の有孔虫がその酸の風呂のなかで死滅した。このことからだけでも、絶滅の危険性が現実的なものであることは明らかである。その間に熱帯地方ではサンゴ礁が激減した。それに対し、中緯度地方ではサンゴ礁はしばらく生きつづけていたが、そのうちにほとんどのサンゴが礁形成者(リーフ)としての主役の地位を、カキ、コケムシ(外肛動物門)、紅藻類などの大型で硬い殻を作る種に譲った。この海洋コミュニティーの再編成については、化学的変化と同様に、水温上昇にもある程度その原因があったかもしれない。生き延びた造礁サンゴのほとんどは、おそらく酸性度は高かったかもしれないが、にもかかわらずどうやらより寒冷な高緯度帯に群生することになったらしいのだ。しかし、いずれにせよ、ある程度の規模のサンゴ礁が海に戻ってくるのはようやく数百万年も経った後のことだった。その頃にはすでに二酸化炭素が充満する始新世の最適気候(最高温期)はとうに過ぎ去り、世界は長期の寒冷化モードへと切り替わっていた。

しかしPETM期の例はまた未来に対するいくらかの希望も与えてくれる。その大昔の消滅生物のリストは選択的なものだったのだ。海における絶滅は確かに起こりはしたが、多くの軟体動物やサンゴや他の石灰生産者たちが、とりわけ浅海では、うまく生き延びた。早い段階で酸性化に見舞われていたであろう、南洋の冷水域から掘り出した堆積コアから分かることは、炭酸カルシウムの殻を有するプランクトンの種の間では、ほとんど根本的な変化は生じなかったということである。これらプランクトンのあるものは消えたが、新たに出現してくるものも、あるいはこの酸性化の激動を生き延びたものもあったのだ。彼らの生息環境で炭酸塩は不飽和状態であったという地質学的な証拠があるにもかかわらず、これらのプランクトンの化石のなかにその殻の厚さや重さの変化の痕跡を示すものはほとんどなかった。

将来、酸が蓄積することでどの種が絶滅するのかという問いに対し、私たちの答えは推測の域を出るものではない。またそうした種の絶滅が彼らの周囲に存在する他の種にどのような影響を及ぼすかについては、ただ答えのない問いを発することしかできない。しかし私たちが確かに言えることは、重要な生態学的変化が起こるだろうということ、そしてそうした変化のなかには少なくともいくつかの歓迎されざるものが含まれるだろうということだ。海洋生物の複雑な生態系のなかからえり抜きの石灰生産者を失う海洋は、決勝戦の直前に、突如インフルエンザで幾人ものメンバーを失うアイスホッケーチームみたいなものだろう。代役の選手がいても、古くからのメンバーとうまく連携しないかもしれないし、そのつぎはぎチームの戦いぶりは、メンバーとファンが期待していたものとはほど遠いだろう。

ヒトデとウニについて考えてみよう。これらふたつのグループの生物は身を守るトゲと殻を方解石から作り、そしてその幼生は特に高い溶解性をもった高マグネシウム含有型の方解石を分泌する。ヒトデはフジツボやイガイを捕食し、ウニは海草その他の藻類を食べる。この肉食系と草食系の2種の生物の働きで、混み合った石の基層の上に小さな居住区域が開かれ、そこには他の海底定着型の生き物たちが付着することが可能となる。例えば、ウニが侵入できないように、海底の一角をカゴで囲ってみると、そこは藻類が青々と生い茂る庭のようになる。室内実験で明らかになったのは、ある種のヒトデとウニの幼生たちは、二酸化炭素濃度が2倍になると成長が止まり、危ういほど脆弱な殻を作り出すということだ。酸性化によってこうした生態系の中枢を担う生物が死滅すると、海草や貝類やフジツボから成る生物コミュニティーが根底から変貌する可能性がある。

2008年に『ネイチャー』に発表された論文で、英国の海洋生物学者、ジェーソン・ホール・スペンサー率いる科学者チームは、炭酸汚染がこうした生物にすでに及ぼしている影響の実例についての研究報告を行った。彼らの研究対象はイタリア東部海岸付近の地中海海底の火山活動が活発な地域で、そこでは二酸化炭素が冷たい噴気孔から噴出していて、一帯の海域を酸性化している。その酸化の程度はpH測度で2分の1までにも減少しているが、これは高緯度海域で間もなく起こると予想されている事態に近い。彼らは硫黄のような他の有毒性物質を放出していない気孔を慎重に選んだので、この実例はこうした変化が一段と大きな規模で引き起こされる可能性について、信頼できるヒントを与えてくれそうである。

サンゴは噴気孔周辺の海域には広く普通に見られるが、噴気孔に近接した場所には見られなかった。また、しばしばサンゴ礁の結束を助ける、硬い皮膜を作るサンゴ質の藻類も、酸性化海域からは姿を消していた。ウニや多くの巻貝も、死んだか、追い出されていた。一方、硬質な溶解性の部位を持たない生物はほとんどが繁栄していた。たくさんの触手を持つイソギンチャクは噴気孔付近に柔らかな花束のように群れていた。また、二酸化炭素が大好きな海草類も元気だったが、おそらくその理由は、水に溶け込んだ二酸化炭素が豊富なことに加え、底生の生き物が消えた分だけ過密状態が緩和されたこと、そして草食性のウニがいないこと、などが挙げられる。このような海洋環境の多様性から予想できるのは、総じてかなり複雑な話ではある。しかし大事な点は、局地的な自然に生じた炭酸化が、その付近の海底に生息する生き物たちの世界を明らかに変えてしまったということだ。

次第に酸性化しつつある冷たい海水が深層から水面へと湧き上がっている海域では、より大規模な生物生息域と地域経済が危機にさらされるかもしれない。このような湧昇海域は世界屈指の生産性の高い環境なのだが、そこでは養分が深海から日射を通す浅海へともたらされ、その養分を吸収した藻類が、人工肥料を施した芝生のように成長するためである。小さな浮遊性の動物たちが藻類を食べ、次には、このプランクトンたちがマイワシやカタクチイワシの大群を支える。アシカ、イカ、イルカやその他の捕食者たちはこうした場所で祝宴を開き、地元の漁船のトロール網は貴重な蛋白源の収獲でいっぱいに膨れ上がる。世界の漁獲高の4分の1は、南アメリカ、カリフォルニア、スペイン、南アフリカ、そしてニュージーランドの西側の海岸に沿った、岸に近い湧昇海域からもたらされる。

海洋学者たちはすでに、数十年前に海洋深部へと侵入した過剰な二酸化炭素によって、カリフォルニアの湧昇海域においてpH値が低下していることを報告し始めているが、酸性化の初期の兆しはまずこのような場所から熱帯海域へと広がり、その後に他の低緯度の浅海の酸性化が追いつくことになるだろう。この緊密に結びついた食物連鎖を構成する要素のうち、酸性化によって失われそうなものがどれかと予測することは、この時点では難しいが、ペルーや南アフリカで突発的に起こる自然現象には、もしひとつだけでも鎖の環が外れた場合に起こりかねない事態の凄まじさが暗示されている。

通常は、これらの海岸に沿った寒流の湧昇は藻類の繁殖を非常に促進するので、泡立つ波頭が緑色になるくらいだ。しかし時として湧昇流が衰えることもあれば、停止することさえある。ペルーにおいては、この変化の原因はエルニーニョによる気候の攪乱であり、南アフリカにおいては岸に沿って流れるベングェラ海流に関連した天候の乱れに起因するが、どちらの場合も生じる結果は同様である。すなわち、藻類が衰退し、続いて魚類が、そしてそれを捕食するものたちが姿を消す。1983年の異常に強力なエルニーニョはペルーのカタクチイワシ漁中心の漁業を一時的に崩壊させたし、ベングェラ海流の変動も同様に漁獲の大幅な減少をもたらすことがある。これらの生息環境に普通に見られる藻類は炭酸塩の殻を持たないので、pH値の低下による影響をあまり受けないかもしれないが、それでも酸性化の初期段階には、ことによるとこうした海岸一帯に生息する貝類やカニの仲間が被害を受ける可能性くらいはありそうだ。要するに、私たちにはまだ何も分かっていないのだ。

もちろん、現実の生態系というものは驚くほど複雑であり、AマイナスBがCになる、といった、単純な化学式のように扱えば、誤解を生じさせることになりかねない。願わくば、酸性化が海洋にもたらす生態学上の影響について、なるべく遅くならないうちに、私たちはさらにもっと多くのことを知りたいものである。英国学士院の報告が公にされて以来、アメリカ国立科学財団から地球圏・生物圏国際共同研究計画にいたるまで、多くの科学組織が海洋酸性化について率先して研究を始めている。

しかし私たちが考えるよりさらに速いスピードで時間は尽きようとしているのかもしれない。上空高く反射板を設置して、陽光を地球から逸らすという野心的な地球工学的計画によって、地上の気候を冷ますことはできるのかもしれないが、もし仮にうまくいったとしても、すでに増加した分の二酸化炭素はそのまま循環し続けることになるだろう。さらに悪いことには、膨大な量の大気中の二酸化炭素を海洋中へ送り込もうという計画も進行中である。もっぱら気温の変化を回避する方法ばかりを考えている人々には、この解決策はきわめて理にかなったものに思えるようだ。海は私たちが排出したものをほとんど吸収してしまう能力を持っているのだから、水中炭素封鎖で事態の好転を図ったらいいのではないか?

しかしより広い環境的視野を持つ人には、これはまるで消火のために火にガソリンを注ぐ行為のように見えるだろう。ケン・カルデーラとマイク・ウィケットが、『地球物理研究ジャーナル』誌に記載された最近の論文で指摘したように、二酸化炭素を海水に注ぎ込むことは、つまるところ、「海洋の表面と気候とにもたらされる影響を低減する対価として、深海にもたらされるさらに大きな化学的影響」を引き受ける結果となるだろう。

広い反対の声で炭素の海洋封鎖にストップがかかるかどうかは、時間が経ってみないと分からない。しかし科学者の世界の外側では、この問題の暗い側面を議論している人はごくわずかだし、さらに話が海洋生態系に及ぼす排出炭素の致命的な影響についてはなおさらである。一般の出版物における最も影響力のある記事のひとつに、2006年に『ニューヨーカー』誌に掲載された、エリザベス・コルバートの見事な記事「翳りゆく海」がある。こうしたものがもっと必要なのだ、しかもすぐに。だが被害を拡大しないうちに現在の状況を変えるためには、私たちのほとんどがその存在すら知らず、発音も分からないような名前をもった、濡れてグニュグニュとした小さな海洋生物たちによって、人々の同情を集めることも必要かもしれない。「円石藻を救え」とか「ロペリア大好き」とか書いたTシャツやバナーが、狭い科学者たちの世界の外で大きな反響を起こせるだろうか。

海洋の酸性化は私たちの炭素排出を制限するべき、最も強力な理由のひとつであるが、それは私たち自身のためだけではなく、この水が支配する惑星に私たちとともに暮らす、無数の他の種のためでもある。気温および海面の上昇も、私たちの炭素排出に応じて変化するだろうが、それらは遠い将来において最終的には回復することになるだろう。しかし死に絶えた種が戻ることはない。絶滅こそは、地球温暖化よりもはるかに、永遠なるものだ。

7章　上昇する海

水甚大いに地に瀰漫りければ天下の高山みなおほはれたり
『創世記』第7章19節『新旧約聖書』(日本聖書協会1980)

そして七日目が訪れたとき、苦痛にゆがんだ顔に掛かった髪を、ゆっくりと掻きもどすように、洪水は引き、殺戮は終わった。
『ギルガメシュ叙事詩』

大気と海洋における目には見えないが重大な化学的撹乱は、地球規模の炭素汚染という現実の証であるが、それはまた今後到来するさらなる変化について警告するものでもある。こうした変化のなかで、炭素や馴染みのない水生生物種についてほとんど関心のない人々にとってさえ気がかりであるもののひとつは、やはり目には見えないタイプの変化だ。しかし、ここで目に見えないというのは、その変化過程があまりにゆっくりとしているため、私たちには日々その展開する様子を観察することができない、という意味においてである。世界が温暖化するにつれ、海洋の物理的形態が変化しつつあるのだ。

世界的な海水準の上昇は、心理学的な意味で、海洋酸性化と合わせ鏡の関係になっている。酸性化の作用については報道不足で、一般の人たちの間に強い感情的な反応を引き起こすことはあまりない。しかし海面上昇となると話はまったく違う。海岸沿いの居住地に及ぼす影響は容易に想像できるし、私たちの多くは叙事詩にうたわれたノアやアトランティスの時代の洪水の話を聞いて育ったから、押し寄せてくる水への原初的恐怖が心のなかに根強く残っている。結果として、海面上昇は問題として広く認識されているのだが、その詳細については誤解されることが多い。海水準とは正確には何なのか？　それはどこまで上昇し、どれくらいの速度なのか？　それはどれほど危険なことなのか？　そして、寒冷化に向かいながら長く尾を引いて延びていく二酸化炭素曲線のはるか先では、世界中の海の様子はいったいどうなっていることだろうか？

海水準を定義し、測定すること自体に、誰も疑問を持ったり不思議に感じたりはしない。「海水準」とは単に海洋の表面の高さだ。だから世界中でそれを測って、平均値を算出すればよい。だが、実際に出かけて行って測ってくるという具体的なことについて、もっと注意深く考えてほしい。そうすれば、私が高校1年生のとき以来、海水準という概念の多様な側面をしっかり把握しようと奮闘してきた理由を理解してもらえるだろう。

私が初めてこの驚くほど複雑な主題に遭遇したのは、1970年代、コネティカット州マンチェスターでの高校時代で、アリブリオ先生の物理の授業中だった。ある日、歳のせいで白くなった軍隊風のクルーカットの髪を片手でとかしながら、先生は教壇で突然私の名を呼んだ。

「ステージャ！　海水準とはなんだ？　調べて来週報告しなさい」

1週間後、海水準とはいろいろなところで測った海面の高さの平均値です、と立ち上がって私は答えた。「不合格だ！」と先生はどなった。

「どうやって測る？　正確なことが知りたいのだ」

さらに1週間後、海水準の測定には物差しではなくて気圧計（バロメータ）を使う、と報告した。かつて測量技師だった人が、山の高さは海水準における気圧を基準に計算するということを話してくれたのだった。「まだ合格とは言えないな！　考えてもみろ。天気の変化につれて、気圧は毎日上がったり下がったりするだろう。そんな当てにならない道具で海水準の基準値を決められるかね」

と、こんな具合であった。海面は波で乱される。潮の上げ下げは言うまでもない。そうなると、いったいそのどこを、そしていつ測ればいいのだ。さらに何を基準に測ればいいのか。陸地のある地点を基準に測るとする。そうなると、明らかにずっと流動性の高い海の水はもちろんのこと、一見堅固な地面も長い時間のうちには動くものだということを勘定に入れなければならない。地球の地殻活動が驚くほど活発な地域はいくらもある。マグマで満たされたマントル層の上に浮かべた巨大ないかだのように、漂流し、上下にも揺れ動く。地球の主要な運動の多くは、地殻プレートの衝突や地域的な地下水の動きといった作用が生み出すものであって、ゆっくりとしたものだが、しかしときには急な動きを見せることもある。もし仮に私たちがそうした場所を基準にして海水準を計測したとなれば、海面の上昇や下降が実際よりも速いスピードで起こっているといった、誤った結論を出しかねない。

このように地面と水面との関係はしばしば不安定なものなので、英国の正式な海水準を示す真鍮製の水準点の位置は、ある1地点での計測結果で決められている。ニューリンという場所だ。観潮標尺で海面の位置を15分ごとに、1915年から1921年まで6年間にわたって計測することで（もちろん、年間を通して夜昼なく測って）、データを蓄積した。そして、イングランド、スコットランド、ウェールズにおけるすべての海抜の標示は、英国地図上のこの基準点に基づいて決められたものだ。国が変われればその基準点も変わるし、ひとつの国のなかでもさまざまな必要に応じて異なる基準を用いる。例えば、航海用の地図なら、干潮時の潮がそれ以下にはまず下がることのない海図上の点を基準に水深計測を行うことによって、海面下の岩礁や砂洲といった危険を回避できるようにするのが普通だ。一方、橋梁や低位置のケーブルに対する警告のためには、満潮時の平均海水準を基準にその高さが標示される。

私はアリブリオ先生の質問に対して満足な回答を出せなかったが、それがどうやらあの授業の大事なポイントだったのかもしれない。年月が過ぎ、私自身が科学を授業で教えていて気づいたのだが、わが旧師は私を苦しめようとしていたのではなく、見かけは単純な問題の背後に驚くほど奥深い精妙さが存在するということを知ってもらいたかったのだろう。

今日では、先端技術による衛星システムがレーダーなどの技術を使って、世界中で海面の高さを監視し計算している。こうした道具を使えば、潮の満ち引きや海流や海底の山が発する重力場などの働きによって、海水の大きな激しい流れが1メートル前後も盛り上がったり沈んだりしている場所を、広い海のなかで確認することができるのである。

しかし衛星軌道がゆっくりと劣化し、次第に地上に近づく過程で、衛星はどのように測定目盛の調整を行うのだろうか。測定の精度をチェックするために地球へと探測線を落とすのだろうか。深い湖での研究の経験から、目盛りの精密な調整が行われたとされる電子機器によって示される計測値が、重い錘鉛を結んだ目盛り付きのロープを下ろして得られる計測値とはまったく異なることがあることを、私は知っている。

それでは、はるか上空を飛ぶ衛星は、厳密には、何を基準にして海水準を測定するのだろうか。発したレーダー信号が海面に反射し戻るまでの時間を計り、それからどうやって衛星がその瞬間に海面から何キロ上空にあるのかを計算するのだろう。もし衛星が次にその同じ地点を通過するときに計った値がわずかに小さいものだった場合には、海水準が上昇したことを意味するのだろうか。あるいはわずかなエネルギーの喪失が衛星の軌道をいささか降下させたのだろうか。あるいはこれらふたつの変化を合わせた結果だろうか。

今日では、多くの衛星とGPSのおかげで、私たちは面の高さを測定するためにさまざまな方法を選択することができる。地図を描いたり、地点を割り出したり、海水準を測ったりするために、宇宙に基点を置き、角度と参照地点を連結させる、3次元ネットワークを利用するのである。しかし先端技術の粋をつくした衛星ですら、本当に長期にわたる傾向について測定するとなると、まだ役には立たない。というのも、衛星による記録はたかだか過去20~30年の範囲に限定されるからだ。ずっと古い時代に起きた大きな海面レベルの変化の様子を知りたいと思えば、衛星ではなく、地球史学者（ジオヒストリアン）に頼らざるを得ない。

　最後の氷河期のピーク以降の海水準を合成した海図は、タヒチ、バルバドス、西オーストラリアや紅海といった場所の化石堆積物から割り出した計測値を組み合わせたものだ。こうした海図は海水準の変化自体はなんら新しい出来事ではないということを明らかに示している。およそ2万年前、大陸氷床が発達し、ほとんどの陸水が海洋への流入を妨げられていた頃なら、現在の恐怖の岬（ケープフィア）から北カロライナの砂浜をはるばる大陸棚の縁まで、東に向かって約80キロの道のりを徒歩で行くことができただろう。ネイティヴアメリカンの祖先たちは、現在は嵐の襲う海峡の水面下に没してしまった陸橋を通って、シベリアからアラスカまでベーリング海を歩いて渡った。また古代ヨーロッパ人たちは、現在の英仏海峡に当たるあたりをさ迷いながら、浜辺や入り江のような場所で海面の広がりを目にすることすらなかったかもしれない。最後の氷河期には、数万年にわたって、海面はおよそ１２０メートル降下したが、同様の厳しい氷河時代は過去２００万～３００万年間に繰り返し地球を襲っている。もし衛星カメラでこの間のカロライナ州沿岸を継続的に撮影できたとするならば、その場面の高速映像は、家庭用ビデオで撮ったビーチの映像に似ているだろう。次々と寄せては返す波が、繰り返し、陸と水の境界を呑み込んでは吐き出していくからだ。

　最後の氷河期の冷凍状態から私たちが脱したとき、海水が沿岸部の土地を深く侵蝕して、地球の海面が今日の位置に近づき、安定するまでに、数千年をかけて氷河が解ける必要があった。その侵蝕の規模は人類世において進行中の何もかもを凌駕する。現在残っている陸氷の量はわずかであって、将来の海水準を上昇させても、せいぜい氷河期後の上昇分の半分をやや超える程度である。しかし海面上昇は石器時代の遊牧民だった私たちの祖先たちをほとんど煩わせることはなかった。それに対して、将来の海面上昇はより小規模であっても、ずっと大きな人口を抱えた私たちの子孫たちに、比べものにならない困難を与えることになるだろう。私たちの子孫の住まいも所有物も、かつてのマンモスの毛皮でできたテントのように容易に移動させるわけにいかないからだ。

その最後の海面急上昇は、今日生じているものと比べてどうだったのだろうか。１９９３年から２００３年まで、海洋のレベルは年に３・１ミリずつ上昇したが、これは20世紀平均の２倍近い速さである。アニー・カズナーヴ率いるフランスの研究チームの報告では、２００３年から２００８年の間にいくらかスピードが鈍ったが（年平均２・５ミリ）、その原因はおそらく、高温へと向かう途中に不規則な揺らぎが生じて一時的に地球温暖化傾向が減速したからだろう。最近の速度と比べてみれば、平均的な氷河期後の回復速度は約４倍速かったし、また氷床の急な発達や崩壊によって、何度か激しい突発的な変化が起こり、事態の進展はさらに速くなったりした。例えば約１万４５００年前には、急激に氷河が解け始め、現在の10倍以上の速度で海面を15～20メートルも上昇させた。それでもまだ陸から肉眼で確認できないほどのゆっくりしたスピードだったが、数百年のうちには海岸線の姿を劇的に変えてしまうほどの上昇であった。

過去と同様に、今日の海面上昇の原因は、陸氷の融解および海水の熱膨張効果である。熱膨張効果というのは、温度上昇によって温度計のなかの液体が膨張するのと同じ現象だ。世界の気温がさらに上がれば、海水の膨張と極氷の融解はともに続くだろう。しかしいつの時点でも、海面上昇の規模を最も左右することになるのは、おそらく残っている氷の状態ということになる。

現在海水準を劇的に変化させるのに十分な規模の氷塊は3つしかない。グリーンランド、西南極、そして東南極にそれぞれある。衛星からの測定では、グリーンランドと西南極のものは2002年以降重量を減らしていることが分かっているが、東南極の氷床は、南極点周辺の積雪と異常な低温のせいで、実のところ少し大きくなっている。

世界の陸氷のおよそ10％を有するグリーンランドにおいて、季節的な氷解が促進する海面上昇は、現在の地球全体の約10分の1の規模に当たる。もしここの氷の全量が最終的に融けたとすると、そのために起こる海面の上昇は7メートルに達する可能性がある。

3大氷床のなかで最も不安定なのが、陸地への固着がおぼつかない西南極の氷床だ。陸地を200万平方キロ近くに渡って覆い、融け出せば海面を5メートルほども上昇させるに足る水量を保っている。その狭い西部の半島における冬季の気温は、地球上の他のどこよりも上昇速度が高く、1950年以降6℃の上昇を示している。不安定なのだが、その不安定の度合いについてはいまだに測りがたく、不明である。しかしいまのところ、海面上昇への影響度はグリーンランドよりもごくわずかに高いといった程度である。

世界の現存する氷の約80％を占める、巨大な東南極氷床は、その露出面の標高が大変に高く、寒冷なため、現時点では融ける量が比較的少ないので、いまのところ安定状態を保っているようである。さらに温暖化し、高湿化した世界をシミュレーションした結果から分かるのは、数世紀後の東南極では降雪量が増加し、その結果、標高の低い海岸沿いの氷床は後退するが、内陸部の氷床はその厚みをさらに増す可能性がある。したがって、地球全体の海面上昇をいくらか遅らせる結果になるかもしれない。少なくとも、初期段階ではそうなるだろう。

しかし長期にわたる温室化の未来を多くの氷床が生き延びることは想像しがたい。もし気温が、控えめの排出シナリオで予想される範囲に近い1～4℃以上上昇した場合に、グリーンランドの氷帽が不安定化すると予見する専門家もいる。そして、コンピュータのシミュレーションにおいて、激しい高温化により安定度のより高い南極の氷帽を模擬的に壊わす実験をした学者の多くが、5℃の気温上昇により氷帽の不安定化が生じると予測する。5℃の上昇とは、極限のシナリオで予想される温度である。しかし極氷にとって、将来の高温化の規模よりも一段と大きな脅威となるのは、現在と同程度かそれ以上の気温が、少なくとも5～10万年続くという、温暖化の持続時間の長さである。

氷を完全に失った世界はどんな姿を見せるのだろうか。その可能性としての未来をちょっと覗いてみたいなら、現在の世界の地形図の上に70メートルの仮想海水を重ねて印刷してくれるコンピュータプログラムが利用できる。そうした地図を見ると、アメリカ合衆国南東部はサメにあちこちかじられたような姿をしており、親指のようなフロリダ半島はすっかり嚙み取られて消えている。サメどもはユカタン半島もかじって、根元だけ残し、また中国東部にもチベット高原に届くほどの裂傷を負わせている。人間によってもたらされる海面上昇の意味を懸命に理解しようとする人たちが見れば、こうした強烈なイメージは不安の上げ潮をなおいっそう高める効果がある。だが、海面が最終的にどこまで高くなるかということは、記憶に留めておくべき事柄のうちのひとつに過ぎない。私たちにはさらに海面が上昇していく速さを知っておく必要がある。こんなところにこそ、短期的な思考によって私たちが欺かれる可能性が潜んでいる。

魔法のような利子の複利払いとか、「人は年平均1ポンド（453グラム）のホコリを食べている」といった、驚くべき、でもどうやら本当らしい統計のことを思い出してほしい。そんな意外な事実の衝撃効果のほとんどは、関連する時間尺度の誤認から生じるものだ。私たちは、何年もかけて堅実に金を蓄える必要があることを見過ごしながら、億万長者になることばかりを考えてしまう傾向がある。あるいは、日々のサラダに紛れ込んだわずか2、3粒の砂を飲み込んでいることではなく、バケツ1杯の土をガツガツ食べていることを私たちは想像してしまう。一気に数ガロンの水を飲むなら、体液が希釈されて、私たちは死んでしまうこともありうるが、同じ量を2、3ヶ月で飲むなら、こんどは脱水症で死んでしまうかもしれない。このような違いが生じるのは「時間」のせいである。

例えば、西南極の氷床の「崩壊」に反応して海水準が上昇する可能性がある、と科学者が警告するとき、地震によって建物が瓦解するようなスピードで氷床が崩れ落ちるところを、私たちはイメージしてしまう。氷河が割れたとか、棚氷が岸から離れたときのメディアの熱を帯びた報道もやはりその印象を拡大する。しかし、「崩壊」という言葉を使うときに、地球科学者と素人とではその意味合いが違ってくる。氷河学者には速いと見えることも、私たちの多くには、「普段ほどには緩慢ではない」といった表現にしてもらうほうが具合のいい場合もある。

さてそれでは、そうした崩壊が生じるのに要する時間はどのくらいだろうか。

最近の学会で私が出会ったある著名な氷河学者が、西南極で「破滅的な」氷床の崩落が差し迫っているようだ、と述べたので、私はその人にぜひ詳細を聞かせてほしいと迫った。しばらく躊躇していたが、推測では、そうした崩壊が起こるまでに、少なくとも数十年、もしかすると100年かそれ以上の年月がかかるだろう、と彼は言った。この時間の長さは、地球物理学者のチャールズ・ベントリーの見積もりでは、温暖化と海面上昇と氷床を支えている棚氷の消失とが同時に進行するとベントリーが最近『サイエンス』誌上に発表した論文とよく一致する。ベントリーによると、西部の大氷壁が「ほんの100年ほどのうちに、着底線(グラウンディングライン)の後退という破滅的な出来事によって崩壊」することが考えられる。

このような事象が起こるまでに数十年から数百年もの時間がかかりそうだということが、たとえ起きてもそれは取るに足らない変動だということを意味しているわけではない。時間がかかるのは、膨大な量の、比較的動きの遅い氷が関係しているからである。氷床がとても大きいので、そのすべてが長大な距離を動いて、陸地を越え海にいたるまでには膨大な歳月を要するというわけである。最近の証拠から言えそうなことは、西南極の内陸部の氷床が部分によっては、痩せずに太ってきていること、そして大きな崩壊は、起きても部分的なものに留まり、半島のギザギザの脊梁に乗り上げたかなり巨大な氷塊は残るだろうということだ。それでもなお、海洋の水位上昇が3メートル近くに達する可能性はある。

それでは、このような海面上昇を岸から眺めると、どう見えるのだろうか。もし仮にあなたが岸に座って、上昇が生じるのを眺めようとしても、たいしたことが起こるわけではない。似た規模の変化は、メイン州の絵のように美しいマスコンガス湾では常に生じている。もっとも、その変化は3メートルの干満の交替という短いサイクルに圧縮されたものだ。私は幸福な気分でそこに長い時間座って、上げ潮がゆっくりと、丸石やホンダワラの間に満ちてくるのを眺め、フジツボが、潮位線の変化を待ちかねたように、シュッシュッと水を吐き出す音に耳を澄ましていたことがある。だが、いくらカモメの鳴き声やモミに覆われた美しい島々に囲まれていても、地球規模の海面上昇が岸辺を呑み込んでいくのを眺められるほど長い時間をそこで待たなければならないのなら、とてもではないが私は遠慮したい。過去に氷河の後退によって生じた最速の海面上昇の場合であっても、とても普通の人の目で確認できるようなものではなかっただろう。潮の満ち引きと同じように、そうした変化の本当の姿を見届けるには、よく訓練された想像力が必要なのである。

最近のIPCCの評価報告書は、海水準は西暦2100年までに、私たちの炭素排出量次第で、0・3〜0・6メートル上昇する可能性があるとしている。そうなれば平均で今日の2倍近い値になるが、さらに最近の予測値はその2〜3倍を示す。しかしこうした加速化したペースでも、科学者以外の多くの人々が想像しているように、水が泡を立てながら岸へ向けて突進

メイン州、マスコンガス湾の干潮と満潮。（リック・イーラガン提供）

してくるわけではない。この上昇率の問題を正しく見てもらうために、覚えておいてほしいのは、20世紀の間に水位はすでに約18センチ上昇しているということだ。この変化はとてもゆっくりだったから、私たちのなかで気づいた人はほとんどいなかった。そういうことだから、残念ながら、海面上昇が起こっていることすら疑う人が出てくるのかもしれない。

これは大事な点である。海面上昇は、私たちの炭素汚染が引き起こした深刻で残念な結果だ。しかしよく言われているような意味でそうだというわけでは必ずしもない。人間の一生の時間尺度では、現実の海面上昇は聖書の大洪水に匹敵するようなものとはならないだろう。ただしそれも状況次第であって、最も可能性が高いのは、嵐による局地的な高潮が陸地内部へと溢れ出し、これまで安全だった内陸の町や村に洪水が不意打ちを食らわすような場合だ。理論上は、ほとんどの沿岸住民たちはゆっくりと上昇する海を監視し、危険地帯に住む人たちにも適切な警告を発することができるだろう。現実に彼らがそうするかどうかは、もちろん、また別の問題ではあるが。

しかしながら、最初はゆっくりとした海面上昇が、地域規模で唐突かつきわめて破壊的な変化を実際に生じさせる、ある種の状況が存在する。地盤の低い地域への海洋の侵出を地理的な障壁によって押さえ込んでいるような場所において、それは起こりうる。これは、小アジアにおいて少なくとも一度は実際に生じたことのある状況である。現在の黒海はかつて海面より低い土地にある淡水湖であった。現在トルコのボスポラス水道に面したイスタンブールの位置には、当時、細い首のような土地があって、それによって、その淡水湖はずっと大きな地中海から は隔てられていた。およそ8000年前、海水準も氷河期後の急激な上昇期の終わりに近づきつつあったその頃、壁が低くなった箇所から、水がその壁の向こうに流れ込んだのだった。

こうして侵蝕が始まった。わずか数ヶ月の間に、ナイアガラ瀑布の数百倍もの威力を持つ激流が黒海を擁する盆地に流れ込み、日に15センチもの割合で水位を上昇させ、とうとう2、3年後には、元の湖面より152メートルも高いところで地中海とつながってしまった。少なくともこれが歴史の事象を再構成してみて明らかになったことだ。その後行われた検証では、水位上昇は35メートル程度であった可能性が高く、最初の見積もりをかなり下回ったが、それでも高いビルを水没させるに十分だった。

この洪水の正確な規模がどうであっても、その最初の1年の間に何千平方キロという土地が消失したのだった。無数の家が、かまどが、そして土器が、30メートルあるいはそれを超える深さの海水の底に沈み、そのまま保存されたのだった。その結果、この地方の農業共同体は散り散りになり、その後、ヨーロッパおよびアジアへの農業の普及に貢献することになったとも考えられる。だから、3000年後にバビロニアの『ギルガメシュ叙事詩』にうたわれる洪水神話がこの惨事の響きを伝えている可能性があると指摘する歴史学者もいる。もちろん、もっと新しいノアの箱舟の物語とともに、である。

幸運なことに、現在の沿岸地理には黒海タイプのメガトン級洪水が新たに起こるような兆しはない。だが、海面よりすでに低いところにある沿岸の都市は、人工的な土手や防波堤の上を越える水には実に弱い。それに、1回ないしそれ以上の氷床の融解による大きな水位上昇が、私たちあるいは私たちの子孫を待ち構えている可能性はまだある。しかし漸進的な海面上昇であっても、世界中の海岸を、堅固な境界というよりは容易に変形する流動的な曲線へと変えてしまうことだろうし、さらに長期的に見れば、それは大陸の外縁をすっかり作り変えるだけの力を持っている。

コンピュータで生み出した地図の助けを借りれば、こうした変化は容易に想像できる。電子地図のいくつかはオンラインで自由に手に入れることができる。これらの地図は一般に、この先200~300年のうちに起こりそうな、1メートル単位の初期段階の海面上昇を対象にしている。私が最初に見つけた地図は、アリゾナ大学地球科学部のジェレミー・ワイスとジョン・オーヴァペックによって作られたものだった。地図の色分けには工夫が凝らされていた。海洋は美しいディープブルーで、陸地は濃いみどり色である。これに対して、水没地帯は明るい、血のような赤で示されている。まるでかわいいペットにつけられた傷のようで、あなたの目はたちまちそこに引き付けられる。

これらの傷のほとんどは数メートルの水位上昇があってもたいした深手にはならないから、大陸全土を眺めてみても、問題の地域の多くは、大陸の縁に沿ってほんの薄い外皮を形成するに過ぎない。しかし傾斜が緩やかな地点に視点を寄せてみると、興味深い事態が見えてくる。北米において最もひどい深手を負うのは、テキサスとメキシコ国境から東バージニアにかけて広がる、沿岸の低い平野である。わずか1メートルの水位上昇後に、フロリダキーズおよびエバーグレーズは深紅の潮に覆われ、ミシシッピーデルタは血を滴らせているかのようになり、ニューオーリンズは落ちかかった巨大水滴の真ん中で泳いでいる。

他の地域についても目を凝らしてつぶさに調べてみると、かがり火を燃やしたように輝くホットスポットがいくつも見えてくる。サンフランシスコ湾、中国東部の大半、ベトナムの南端部、カメルーンの港町ドゥアーラ、オランダ内陸部、デンマーク南西の岸辺、そしてナイル、ニジェール、オリノコ、アマゾンといった各河川の広大なデルタ地帯。しかも最初のわずか1メートルの水位上昇後に、これだけのことが起こるのだ。それからさらに最大6メートルまで水位を加算しても、地理的な要因で、赤色部分に起こる変化はそれほど劇的なものではない。したがって最も注目に値する浸水の多くは、後期よりむしろ初期に起こることになろう。

こんなやり方で未来を点検することは、サンゴ礁でのシュノーケリングにどこか似ている。何か面白そうなものを見つける、息を止める、もっと近くで見ようとして潜る。しかし息継ぎのために浮かんでくることも大事だ。これらの地図を眺めて恐怖を覚えることもあるだろう——特に、あなたがたまたまよく知っている場所の運命を予言している場合には。しかしここで最もふさわしい反応は、恐怖（テロ）だろうか。

私がここで「恐怖」という言葉を使うときは、誇張を意図しているわけではない。海面上昇は本当に人々を脅かすものである。だから、気候変動について人々の意識を喚起しようとしてこの言葉を使いながら、その言動がどれくらい不要なパニックを生み出すかについて、思いいたらない人たちもいるのではないかといぶかしむ。英国のコンピュータプログラム設計者、アレックス・ティングルが掲示する、ファイアツリーというオンライン地図は、世界中の閲覧者からのコメントを載せている。以下は、最近のコメントから選んでみたものである。

「自分の家が沈んでしまうのかどうかを知りたい人には、これはとても便利なページです。時間設定を変えたりすることはできますか？　例えば２０１５年のことが知りたいような場合に……」

「夢のわが家を建てたときは、将来海面下に沈んでしまわないよう確かめて作ったの。だから50年後も溺れないで済みそうです……あなたの地図を使ってチェックしたのよ。だから、もちろん、将来も安心です」

「海岸地域に住んでいる人たちはみんな、向こう20年の間に引っ越したほうがいい……２０５

0年までに、海面は3メートルも上昇してしまうから」

最初の人はどうやら10年以内にひどい洪水が起こるものと予想しているようだ。次の人は、やって来るスピードが速くて自分が溺れてしまいそうだと考えているように見える。そして3番目の人が持った海水準上昇率についての印象には、数字1桁分の狂いがおそらく生じている。こうしたコメントが具体的に示してくれているのは、私たちの多くが時間尺度の把握がいかに苦手かということだ。人の手によって加工された早回しのビデオ映像もまた、言葉や論理よりも声高に語る、消去不可能なイメージを私たちの記憶に刷り込むことで、事態をさらに悪化させるものである。

ファイアツリーのいわゆる洪水地図や、名としてはより適切な「浸水」地図や「海水準」地図に塗られた血のような赤色は、できるだけ大きな関心を呼び覚ましたいがための手段だが、しかしそうすることで、その企ては的を外し、多くの人たちの心に恐怖心を植えつけてしまう可能性がある。そうした人たちには、より冷静な説明や描写のほうがもっと役立ったかもしれないのである。「洪水（フラッド）」という語自体も、この文脈で使われると、異常なスピードや致命的な破壊といった、いずれも非現実的なイメージを喚起するかもしれない。にもかかわらず、科学分野の文献のなかですら、日常的に使用されてしまっている。

典型的な使用例を挙げてみよう。『サイエンス』に掲載されたある最近の論文は私たちに告げる。グリーンランドの氷床が融けることにより、海水準の際立った上昇が生じる可能性があり、そのために、「南フロリダの大半が洪水（フラディング）に襲われる」と。しかしながら、数世紀にわたっ

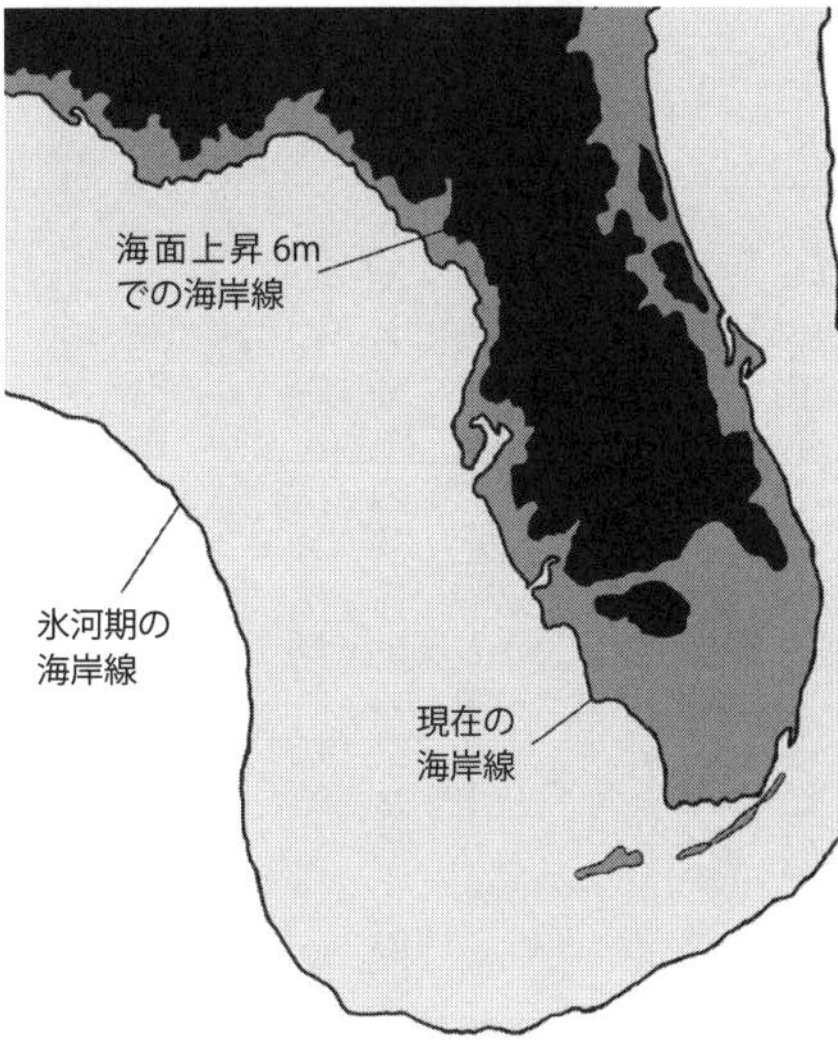

フロリダの海岸線の地図。最後の氷河期、今日、そして未来と3つの海岸線が描かれている。未来の海岸線は、控えめな1000ギガトン排出シナリオの場合に起こりうる長期海面上昇後の結果を示すもの。(アリゾナ大学、地球科学部のオンライン地図から)

て7メートルの上昇というのは、平均すればほぼ今日の緩慢なペースに近いのであって、人が普通に洪水と呼ぶようなものとは異なる。このような言葉の選択が人々を混乱に陥れたり、不安を感じている市民たちと、同じメッセージの異なった側面ばかりを見ている気候変動否定論者たちとの間の争いを激化させかねない。否、海面上昇によって南フロリダを洪水が襲ったりはしない。あっという間にそんな仕業をやってのけるものは、嵐や津波や水かさが増した川だけだ。しかし、科学者たちがウソをついているわけでもない。海の水は本当に南フロリダを水浸しにする、あるいは「浸水」させるだろう。ただ、そうなるまでには相当に長い年月がかかるということなのだ。

別の言い方をしてみよう。パニックはこの問題への反応としては適切ではない。しかし無頓着や否定も適切ではない。海水準の上昇はほぼ全過程において感知できないほどゆっくりと進行するだろう。しかし、だからといって、取るに足らない問題だというわけでは決してない。こんな問題はないほうが、私たちは幸せに過ごせるだろうし、それを現在引き起こしつつある温室効果ガスの排出を、私たちがこの先も継続すればするほど、結局はそれだけ多くの土地をそのために失うことになる。長く将来にわたって、海洋に面した国々は、沿岸の都市や港湾施設の移動と再建に、再三再四、費用のかさむ投資を行わざるをえないだろう。そして場所によっては——特に海抜の低い島や海岸沿いの平野は——何千年にもわたりその姿を消してしまうことになるだろう。これは深刻な問題であるが、大げさな言葉を使わずとも、私たちの注目に十分値する問題だと、私は考える。

もちろん、誰もが私に同意してくれるわけではない。ジェームズ・ハンセンはNASAの研究者で、気候変動を深刻に受け止めるよう唱道していて、そのため最も広く引用されるが、彼は回避すべき未来像のリストのなかで、最悪の例に人々の注目を向けさせることで知られている。ハンセンは、21世紀中の海面上昇を0・3~0・6メートルとするIPCCの最近の予測に反論して、「爆発的に急激な」氷床の崩壊は極氷の融ける速度を10年ごとに倍加させることによって、西暦2100年までに、海水準をさらに5メートル上昇させる可能性があると論じている。この説の通りだとすれば、年平均5センチの上昇が必要となるだろう。これは現在のスピードのほぼ20倍である。彼はこのことについて一段と強い警報を鳴らすよう研究者たちに強く迫り、海面上昇について「科学者が口をつぐむこと」は、気候変動に関する不安を最小限に押しとどめようとする政治的な圧力の反映ではないか、と言う。

ハンセンと同じ見解を持つ科学者もいるが、同意しない者もいる。同意しないわけは、ひとつには、不確実性に直面したときに慎重であることは、不適切な沈黙ではなく、むしろ良き科学の証明であると彼らは考えているからであり、またひとつには、氷河崩壊型の大きな海面上昇を生じさせうるに十分な量の不安定な氷床は存在しないと見ているからである。この問題に関しては、さらに最近、コロラド州ボールダーの極地・高山研究所の氷河学者、テッド・フェファーたちによる再検討が行われたが、その結論は、21世紀中に2メートル以上の水位上昇は「物理的に支持できない」ものであり、そして最も生じる可能性の高い結果は約80センチの上昇であるという。しかし、氷床の動力学についての私たちの理解はまだ初期的段階にあるので、グリーンランドや南極で人類世の温暖化に反応した解氷が生じるのかどうか、生じるとするならそれはいつなのか、あるいはどんな規模になるのか、といった問題について、私たちには確かなことが言いえるはずはないのだ。

これこそ、長期に及ぶ歴史的視野が最も役立つ状況である。すでに縮小している極氷は本当に大きな海面の上昇を引き起こしうるのか。「間違いなく、起こしうる」。そう答えるのは、メキシコ国立大学を拠点にした古代のサンゴ礁と海水準についての専門家、ポール・ブランチョンである。「沈水サンゴ礁は、無視する科学者が多すぎるのだが、明白な証拠になる」と言って、彼は私に説明してくれた。ポールと同僚たちは化石化したサンゴ礁堆積物を利用して、エーミアン間氷期最後期および最近の氷河期直後に起きた１００年単位の海面の急上昇を再現した。「部分的な氷床崩壊の歴史を見ると、起きるのは年に数センチという狭い数値内の上昇のようである」。エーミアン期後期に一度急激な上昇が生じたが、その平均上昇率が年5センチで、今日よりは1桁大きい数字になるが、これが約100年続いた。「そして8000年ほど前のもう一方の上昇期は、カリブ海で多くのサンゴ礁が沈下した時期と一致する。サンゴ礁は結局数世紀後に斜面のずっと上のほうで再生した」

このサンゴ礁の沈下という事態を過去に繰り返させる原因となった可能性が最も高いのは、西南極氷床である。議論のために、また氷と海洋についてより多くの情報が必要なことを説明するためにも、ひとつのシナリオを想像してみよう。西南極の氷床の半分強が明日から崩落を始めるという設定だ。流れ出した氷は周辺海域の水に入った途端に海水に置き換わるから、関連して生じる海面上昇は、現在から西暦2100年までの間に、おそらく最大3メートルほどになるだろう。しかしこれほど大量の氷の流入に対する海水準の反応は、想像する以上に複雑である。

西南極の氷床はとても大きくて厚いので、その巨大な容積が生み出す重力に引っ張られて、南極の岸から2000キロ内の海水はわずかに盛り上がっている。もしその氷のすべてが融け去ったとするならば、南極周囲の表層水は北半球に向けて流れてゆき、その海水準を変化させるだろう。ある海域では平均よりも高くなり、また別の海域では低くなり、といった具合に。氷が消えた西南極半島では、その重みで下方にひしゃげられていた基岩がゆっくりと反撥を始めるから、これも海面レベルをまたさらに不安定化させる要因となるかもしれない。

こうしたすべてを踏まえての結論は、地球温暖化による相当急激な海面上昇のリスクは現実的なのだが、しかしそれが起こる可能性はどの程度か、また起こったとしてそれが正確にはどんな経過をたどるのか、といったことの詳細はいまだに不明である。しかしながら、確かに言えることは、何らかの形の海面上昇が起こり、はるか未来まで続くことになるということ、そしてそれは莫大な人的および生態的コストを意味するだろう、ということである。

カンザス大学の科学者チームは最近、こうしたコストを算出するために、浸水地図と現在の人口統計とを組み合わせてみた。その研究によると、最初の1メートルの上昇でおよそ100万平方キロの沿岸部の土地が水没し、1億を越える人々が移住を余儀なくされる可能性があり、その半数近くが東南アジアの住民である。北西ヨーロッパは約3万4700平方キロの土地を喪失し、最終的には1200万人が居住地から追われることになりそうである。そしてアメリカ合衆国東南部では、6万2000平方キロが喪失すると予想され、避難者総数は260万人以上と見込まれる。

この研究の前提条件は基本的には適切だが、細部にはいくらか疑問の余地がある。海洋がせり上がってくるにつれて、人々が移住していくことは明らかだが、そうした人々の数について正確には私たちは知りえない。というのも、これからの数十年、もしくは数百年で、人口統計がどう変化するのかが分からないからである。影響をこうむる人の数は別にして、こうした海水準の上昇は人々の日常生活にどのような影響を及ぼすことになるのだろうか。

変化のスピードが少なくとも変化の規模と同じくらい重要になるだろう。もし今日の2倍の速さで1メートル上昇すると仮定した場合に、その状態に達するまでには200年近い時間がかかることになるだろう。たとえそれが100年でも、居住移転は数世代にわたり、海岸線に沿って数千キロから1万キロほどの範囲に広がるだろう。エーミアン期のような急激な上昇が起こると仮定するなら、こうした変化が起こるスピードはさらに5倍になる。しかしそうなった場合でさえ、あなたがカフェにいる間にビーチの子供たちが急上昇する水にさらわれてしまうような事態になるわけではない。海面上昇時代を生きるということは、港湾からマンハッタンの地下鉄道網へと浸み出す海水が年々増えていき、ついには排水ポンプが停止し、鉄道トンネルは打ち捨てられて海中洞窟となりはてるというようなことだ。

私たちの子孫のほとんどにとって、将来受けることになる苦痛は、急性の激痛というよりは慢性の鈍痛により近いものとなろう。これは早くも1975年時点で認識されていた。この年、北カロライナのリサーチトライアングルパークに、温室効果ガス汚染の将来について議論するために、著名な地球科学者たちが選ばれて一堂に会した。この問題をテーマに掲げて行われた会議としては、初期の主要なもののひとつだった。公表された会議の議事録のなかで、議長は次のように結語を述べている。「われわれの意見がほぼ一致したのは、海水準の上昇は破局の原因であるというよりは、経済的な負担の増大という意味で悩ましい問題である、という点でした」。比較的穏やかな危惧がその当時表明されたわけだが、それは来るべき変動は小規模なものだという誤った思い込みがあったためではない。どちらかといえば、変動規模は過大に見積もられていた。議論に上っていた長期的海面上昇率は年平均数センチと予想されていて、これはハンセンの短期的な最悪のケースのシナリオにずっと近いものだった。今日の刺激を増大させたメディアの雰囲気のなかで、その会議に参加した同じ学者が、終末論を煽るような調子でしゃべることもあるが、しかしもっと冷静な知的環境のなかで出された当時の結論は、現在でも多くの専門家には賢明なものに聞こえる。私の同僚のひとりが苦笑いを浮かべていみじくも言ったように、「海面上昇で死にはしまいが、君の気がかりな場所が犠牲になったときには、死んでしまいたい気分になったって不思議はないさ」

ヨーロッパの場合には、100年に1メートルの上昇で、将来は1年間に12万人の人々が内陸へと移住せざるを得なくなる可能性がある。大変な数の人たちが根なし草となり、住まいと職を求めて彷徨うことになるのだが、そもそも住居も雇用者も移動することがありうるのだし、いまだってもっと世俗的な理由で、パニックや社会不安を引き起こすことなく、引越し、転職するヨーロッパ人は大勢いるのである。アメリカ合衆国では、毎年10〜20％の人口が転居している。この統計を西ヨーロッパの4億人に当てはめれば、おおよその数字で4000万〜8000万人という数の移住者が毎年出ることになる。ということは、急速な海面上昇はこの総数に3〜7％を上乗せする勘定になるだろう。

人口数だけに焦点を絞っても、もちろん、海面上昇によって生じる避難民への影響を把握することにはならない。この変動によって岸辺の棲家を追われることになる人たちは、平均的な内陸居住者よりも、経済的、文化的、情緒的に、おそらくより緊密な海との関係を持った人たちである可能性が高いから、沈下する海岸線からすでに人口過密な内陸部へと移住を余儀なくされることは、住まいだけではなく、生計をも失うことを意味することがあるかもしれない。

変化の速度が遅いということは、人々が高所に向かって突如として不愉快な避難をするのに比べて、もっと複雑な仕方で反応するゆとりを人々に与えるだろう。裕福な国々では、住宅価格と保険料率はロケーションと不可分であるが、海洋に面した国々では、それらは浸水地図上の位置に影響されるようになるだろう。人によっては、それは土地の先買いをして引っ越したり、海沿いの物件をすべて避けたりする動機となるだろうし、また人によっては、年中収獲できる不動産関係の掘り出し物や短期的なビジネスチャンスに釣られて、海岸方向を目指すこともあるかもしれない。

アムステルダムの場合を考えてみよう。中世初期、そこは孤立した何の特色もない村で、海岸から内陸に数キロ入ったあたりに位置していた。現在がっしりとした堤防で囲まれたイーセル湖港があるところには、かつて、広大な低湿地が北海への接近を拒んでいた。自然に上昇してきた海が、オランダの海岸をゆっくりと浸食し、ついには海洋貿易航路そして世界へとつながる富を呼び込む海路が開かれるにいたった。気候変動があろうとなかろうと、低い海岸地域の生活は常にリスクをはらむものだから、北海の嵐はたびたびその一帯にひどい破壊をもたらした。例えば、1287年のセントルシアの洪水や、数十万の死者を出した1362年の大洪水グローテマンドレンケがそうである。しかし長期の海面上昇がなく、大西洋と新たにつながることがなければ、アムステルダムは数百年後に実現するような、輝かしい文化と経済の中心地には決してなりえなかっただろう。

このような状況はこれから数世紀後の海水準の話を複雑にすることにもなる。浸水域が刻一刻と拡大し、オーシャンフロントの居住地域をゆっくりと侵蝕していくにつれて、人の移動によって社会経済的な変化が起こる帯状の地域――「期待先行ゾーン」と呼んでもいい――も、それに先立って内陸へとおそらく動いていくだろう。その次に並ぶ居住地ではこれから起ころうとしていることに気づき、彼らの陸に囲まれただけの居住環境をウォーターフロント的地位（コースタルステータス）へと大わらわで進化させる準備に取りかかるだろう。町の玄関口に海が到着してから回避不能な水没にいたるまでの何年もの蜜月の間に、投資の標的となった町は、結果的に商業と観光業の景気が高まり、大いに栄えることになるかもしれない。傾斜が急な土地ほど、平坦地よりも長い蜜月期間を享受するだろう。平地は水位の上昇でより速く水没する。浸水地帯からかき集められるだけ集めたモノ（ハード）も専門知識（ソフト）も高く売れないなら、二の矢として港湾施設を用意してやれば、焼け残り品を特売価格で引き取ってもらえるかもしれない。

しかしすべてが良いこと尽くめとはいかない。海面が上昇していけば、費用はかさむが、常に防潮堤など防水施設の更新を図る必要があるだろう。それらを設置して守ろうとした資産もろとも、ついにそうした施設も打ち捨てられてしまうまでの間だけだが。さらには、いろんな事件も発生するだろう。時折起こる堤防の決壊により、海抜以下のオランダの町は繰り返し大きな被害をこうむってきた。１４２１年には、嵐による高潮で複数の堤防が決壊したことにより、70もの集落が水没し、1万もの人命が失われた。期待先行ゾーンで起こる好況の時期は、せいぜいのところ、最終的な不動産権利譲渡前の短期間のパーティーに過ぎないだろう。

経済的に最も貧しい国が、当然ながら、最も大きな被害をこうむることになりそうである。土地の低いバングラディッシュは、ガンジス川とブラーマプトラ川の広大な氾濫原に積もって凝固した堆積物のため、自らの重みによってすでに沈下しつつあり、住民は長い間、季節性の洪水と暴風による高潮という、いわば金槌と金床の間であえいできた。しかしいまや海面上昇によって国土の多くを消失する危機にあり、そうなると土地を奪われた人々は、国境に移動を阻まれて、容易には逃げ道を見出せないだろう。幸運なことには、海岸付近の氾濫原を越えれば、国土はおおむねヒマラヤに向かって緩やかな傾斜をなしているので、海蝕が内陸部へと徐々に深く侵攻するまでには、おそらくは数百年という長い時間がかかるだろう。例のアリゾナ大学の地図によれば、垂直方向に2メートル海面が上昇すると、バングラディッシュの国土のおよそ5分の1が水没し、6メートルだと、約半分が消滅することになる。

平均気温が最高点に達し、気候が寒冷化に向かう反転期が去っても、海面はなお長らく上昇を続けるだろう。そして上昇が止まる時点は、気温がピークにいたる時機とその高さ、および海に融け出す陸氷の最終的な量によって決まってくる。控えめな排出シナリオなら、おそらく極氷は完全融解のかなり手前で停止するが、極限の5000ギガトンシナリオだと、地球上の氷はほとんど消失し、海水準の上昇は数十メートルとなり、そんな状態が数千年間続くことになるだろう。もし海面が、フェファーが予測する100年に80センチのペースで、70メートル上昇すると仮定すれば、海面は今後約9000年にわたって上昇し続けると予想してよさそうだ。

しかしそれはほんの始まりに過ぎない。遠い未来において正味の融解段階がついに終わったとき、沿岸に位置する国の人々は、また違う種類の、さらに長期的な海洋の変化に対処しなくてはならないだろう。大気と海洋の温度が下がり、極地帯や高山地帯に再び雪が積もり始めるとき、新たな問題として登場するのは長期にわたる海水準の低下である。

この何千年にもわたる将来の寒冷化がもたらす変化は、温暖化による変化と比べると、ずっとゆっくりとしたものになるだろう。解氷後の水が突如として大海原から溢れ出して、戻ってくるようなことはない。初期段階の海面の後退はほとんど、海水温が低下するにつれて生じるわずかな収縮が原因となるだろう。しかし大陸内に蓄積される陸氷は最終的には、冬の雪が次第に積もり圧縮されることで再形成されるだろう。3キロのグリーンランド陸氷の形成には10万年を超える年月がかかりそうだし、東南極ではところにより100万年にも及ぶような歳月を要する可能性がある。それらの膨大な氷塊をいくつも再生させるために、私たちが考察の対象としている氷の復元にかかる時間は、数万年から数十万年に及ぶものなのだ。しかしその変化の遅々たるペースにもかかわらず、海面の低下はあいかわらず社会と生態系に対し深刻な影響を長期にわたって及ぼし続けるだろう。1000年経ち、2000年経つうちに、以前は深く沈んでいた岩やサンゴ礁が航行の危険となってくるだろう。さらに、沿岸の町々や港湾施設などは繰り返し内陸に取り残され、岸に近い島は、次々に、陸橋によって本土とつながる一方で、サンゴ礁や海山の頂上が露出して、新島がいくつも誕生することだろう。

海水準の変化はほとんどの人にとって、命を脅かす問題であるよりは経済的問題となるだろうが、私たちよりも移動性あるいは適応性に劣る生物種にとっては、もっとずっと深刻な被害をもたらすだろう。

潮性湿地が生き残り、幼魚、カニやエビの幼生、稚貝などを守り育てる大事な役割を果たし続けるためには、毎日繰り返し浸水を受けまた干上がることが必要だ。以前の氷河後退期には、潮汐点の先へ先へと内陸に移動することによって消失を免れたが、今回の場合は必ずしもそれが選択できない。海から上がった先の土地を私たちがすでに押さえつつあるからだ。かつてのように内陸への移動を促すというよりは、海面上昇は世界中の潮間帯の生物生息域を人間居住域という突破しがたい壁に向かって容赦なく追い詰めているのだ。

南オーストラリアの海岸の町アデレードの先見の明がある市民たちは、海洋浸食に加えて、堆積層の凝固と地下水汲み上げに起因する地盤沈下という致命的な影響から、地域の潮性湿地を救おうとして必死の取り組みを行っている。沼沢地の内陸への後退を現在妨げている堤防や道路といった障害物を除去したりあるいは移動させたりする計画が進行中であるが、長期にわたる海面上昇という妖怪がそうした努力に対して投げかける影は徐々に濃さを増しつつある。オーストラリアの海洋海浜科学者ピーター・コーウェルはこのことについての徒労感をアデレードサンデーメール紙上に表明して、次のように問うている。どの時点で「われわれはあきらめて、この湿地を守る努力をするよりは、引っ越したほうが得策であると判断するのか」と。

熱帯のマングローブ林も似たような脅威に直面しているが、その環境に依存する海の生き物たちもまた、周囲の田園地帯での人間の活動によって生息地を奪われ、そこに逃げ込んだ陸生生物たちも同様の危機にある。例を挙げれば、ベンガル地方の海岸の低地では、マングローブが絡み合う密林が絶滅危惧種であるトラたちの避難場所になっているが、その密林も減少しつつある。エビの養殖場によって、海面上昇にも勝るスピードでその辺縁部が失われつつあるためだ。やはり消滅が心配されているものに潮間帯の干潟があり、そこには経済的にも生態学的にも価値のある貝が根菜のように育っているが、彼らの生息可能な水深が限られているため、したがって、上昇であれ下降であれ海水準の変化の影響を受けやすい。

遠い未来に、地球寒冷化が始まると、その時代にわずかでも残った塩性湿地やマングローブ、干潟に対する生態学的保護という課題も、一気に、今日とは逆向きの方向で進めることになるだろう。幸いにも、温暖化が促進する海面上昇の速さに比べて、海面下降のほうが緩やかなので、ほとんどの海辺の生態系にとっては、より組しやすいであろう。

熱帯地方では、浅海のサンゴ礁の頂上部は、海面が下がるにしたがって、外気にさらされる機会が増加することで、次第に死に絶えていくかもしれないが、新しいサンゴの群落が礁の辺縁に沿った深みで増殖する可能性もありそうだ――海洋の酸性化によってストップがかからなければの話だが。サンゴ礁の専門家ポール・ブランチョンは、バルバドスとニューギニアのサンゴ化石のなかにその証拠をほとんど見出していない。「過去に海面が下がったとき、サンゴ礁は必ずしも完全に死に絶えたわけではなかったが、しかし、普通の場合とは違って、新しい型の礁が成長してくることもなかった」とブランチョンは説明してくれた。「想像だが、これは、サンゴが下へ向かって移動せざるを得なくなり、薄いベニヤのように広い範囲に自らをべったりと貼り付けるようにして広がり、海面上昇のときのように上に向かって礁を形成しなかったからではなかろうか。」

最も急速な環境変化は次の数世紀の間に起こるだろう。温暖化と解氷が最も激しい時代である。それでは、こうした変化に対し人々はどのように行動するだろうか。この疑問に答えるのためには、人間が誘発した地下変動の結果、すでに沈下し続けている海沿いの都市に目を向けてみるだけでもヒントが得られそうだ。まずそんな都市が珍しくないことに驚くかもしれない。あまりにも一般的なことなので、そうした地盤沈下に悩む都市の苦心惨憺ぶりについてはほとんど聞こえてこない。もしくは海面上昇によって生じる問題との類似性を見逃しているのである。しかしあなた自身が下に沈みつつあろうと、または水のほうがあなたの頭を越えるまで上昇してこようと、結果にそもそもほとんど変わりはないのだ。

ヴェニスがそのよい例だ。ヴェニスの町にはすでに浸水した地域があるうえ、建物が自らの重みで湿った泥中に沈み、地盤を支える地下水が汲み上げられるにつれて、現在、町は海面上昇の2倍の速度で沈下している。昔から住民たちが苦情を寄せ、建造物が失われ、そして矯正手段が試みられ、功を奏したりしなかったりで、費用もかさんだが、それは致命的な大災害というよりは、腹立たしい出来事といった類のものだった。そしてもちろん、浸水のおかげでヴェニスは世界に名高い観光地ともなったのである。

ニューオーリンズの例もまた示唆に富む。この町も昔からミシシッピーデルタのなかに沈下してきた。堆積物が自らの重みとその上に載った建造物の重みを受けて地盤を圧迫し、地下水を涸らす。護岸堤防が再生する川泥の堆積を妨げる。氷河時代に生じ、いまに残る大陸地殻の歪みに、基岩が反応する。こうした要因が働いているのである。実際、石油掘削と地下水からの取水の結果、メキシコ湾岸の大部分も沈降しつつある。場所によっては20世紀中に3メートルの沈下が起きた。ニューオーリンズの町そのものは、広範囲にわたって、年に6ミリずつ沈下しており、地域によってはその4倍の速度で沈んでいる。明らかなことは、海水準よりはるかに低い位置にある都市であればどこでも、強大な嵐により被害をこうむる現実的な危険に直面しているということだ。しかし２００５年にハリケーン・カトリーナとリタが実際に市民たちに襲いかかるまでは、ほとんどの住民はニューオーリンズから逃げ出そうとはしなかったし、将来においてもハリケーンの襲来は回避できないにも関わらず、多くの市民が現在同じ地に家を建て直しているのである。

　東京の低地も多くの場所で、20世紀の間に2～4メートル沈下した。地下水くみ上げの結果である。地盤沈下速度は東京湾沿岸で年10センチを超えることがある。同様の作用によりタイのバンコクでは軟弱な地盤が年12センチもの速さで沈下している。これはハンセンの極限的浸水予測のスピードを2倍以上上回っており、最近の海水準上昇率の40倍である。そして中国最大の都市上海は、揚子江扇状地への沈下率が毎年10ミリメートルずつ増加している。前世紀中に、この都市は3メートル近く沈下し、数十億ドルに達する地質構造上および洪水による損害をこうむっている。

　こうした例のおかげで明らかになることは、将来に起こる海進がおおむねどんなものになるかということである。緩慢で容赦なく、費用がかかり腹立たしいが、人間にとって致命的なものではまずない。泡を立てながら波が岸に向かって押し寄せてくることはないが、それでもなるべく低速化してもらうに越したことはない現象なのである。上海をはじめすでに沈みつつある都市の住民たちはきっとうなずくはずである。人間的見地からすれば、地球規模の海面上昇は、これまで数十の都市がそれぞれ個別的に直面してきた問題を、全世界的な現象へと変えることになるだろう。

私の予想だが、どうやら、私たちの子孫たちのこうした変動に対処する仕方は、私たちがこれまでこうした環境的撹乱に対処してきたやり方と変わらないのではないだろうか。てんでバラバラに、ということだ。ゆとりのある人たちは、海岸線に防波堤を作る、あるいは都市に洪水予防水門を建てるだろうし、また波がくるよりもずっと先に転居する人たちもいるだろう。なかには、自分たちがそこにいる間は大嵐はやってこないことを願いつつ、嵐による高潮の被害をこうむるリスクの増大を甘受し、運命を信じ、苦難の果てに最後までがんばり通す人たちもいることだろう。その頃もいまと同様、社会の厚生に責任ある人々の犯す過ちが、気候変動の脅威をよりいっそう破壊的にするだろう。そして地球寒冷化がついに陸地へ向かう海水の進攻を反転させ、撤退へと導くとき、その後の世代は海浜を目指して戻っていき、一時は海面下に沈んでいたものの、再度姿を現した土地に、再び定住を始めるのだろう。

いまだにあまり明らかでないのは、こういった変化が人類世の未来における沿岸一帯の生息域や生物種にどういった影響を与えるかだ。こうした生き物たちは、海水準の上昇や下降に伴い、内陸方向へあるいは海岸方向へと移動することで、氷河期と間氷期との移行期におけるさらに大きな海面の変化を何度も生き抜いた。しかし今回は、人間が支配する世界である。未来の海岸線が推移するにつれ、そのたびに新たに人で溢れかえる海岸地帯に、彼らが移住できるだけの十分なゆとりが残されるよう、私たちはただ願うばかりである。

8章 氷の消えた北極

冬の世界で、ほとんどあらゆるものの運命を最後に決定するのは、水の結晶作用である。

ベルンド・ハインリッチ『冬の世界』(2003)

「極氷帽(ポーラーアイスキャップス)が融け始めている!」。今日、あまりにもしばしば耳にするので、意味のない常套句(クリシュ)になってしまっている恐れがある——真実を告げているのに、である。北極の氷床の後退は地球温暖化の最も明らかな徴候のひとつであり、それは今後長い年月にわたって膨大な環境および社会の変動を余儀なくするだろう。しかしこの問題は私たちが普段耳にする以上に大きな難解さを少なからず伴っている。「極氷帽」と言うけれど、正確にはいったい何を意味するのだろうか。なぜそれは融け出しているのだろうか。ホッキョクグマたちは滅びる運命にあるのだろうか。そして氷がない北極というのは、いったいどんなものなのか。悪くなるのか、良くなるのか、それとも良さも悪さも相半ばするといったところなのだろうか。

いまのところ、南北両極とも氷帽を頂いている。しかし北極の氷帽だけは私たちの生きている間に消滅してしまいそうである。そのわけは、それが海面に浮いた氷の比較的薄いフタであって、南極のそれとは根本的に異なるからである。南極の氷は硬い地面の上に載っているが、北極では水深4〜5キロメートルの海の上に浮いているのだ。ひと冬に増す厚みはわずか2メートル程度だが、これは少なくとも全体の半分に相当し、季節を通して失われる氷の量を補っている。また長年にわたって計測した全体の厚さの平均は3メートルである。最近の数十年にわたる減少化の以前でも、北極の氷の殻はすでにところどころきわめて薄い部分があったため、ロシアとアメリカの潜水艦があたりを偵察するために、時折氷を割って浮上したものだった。

これとは対照的に、南極には4・8キロにも及ぶ厚さの巨大な氷の板の下に埋もれた硬い大陸がある。世界一の規模の氷塊である東南極氷床は、信じがたいほど冷たく、分厚く、膨大で、その標高の高い極南方の冬は平均マイナス60℃にもなる。度を越した寒さのため、いまのところは大きな氷解は起こりえない。加えて、夏の温暖化は（南極点でマイナス25℃近くまで上がる）内陸部での降雪を増加させる傾向があるので、これまでのところ、より温暖な沿岸低地における氷の消滅分のほとんどは相殺されてしまう。

私たちは大氷塊が海へと滑り落ちることへの警戒の声を聞くが、最もその可能性が高いのは東南極氷床の10分の1ほどの規模の西南極氷床である。そのほとんどは海洋潮流によって加えられる温暖効果にさらされる半島の上に載っていて、海面レベルないし海面下にある氷がしっかりとつなぎ止められていないからだ。9章で取り上げるが、グリーンランドも危うい。しかしグリーンランドは、「極点上ないし極点に非常に接近している」という厳密な意味における極氷帽には数えられない。グリーンランドの南端部は北極圏（北緯66度33分内）にさえ属していないのだ。

面積と厚さの点から見て、最も速いスピードで失われつつあるのは海面に浮いた北極の氷帽だ。1970年代から2006年の間に、9月の氷塊の広がりはおよそ半分に縮小し、2007年にはさらに急速な減少が生じて、1979年に衛星による測定が開始されて以降、最小の規模となった。この傾向が完全氷解まで進むのはいつごろになるのか、正確なことはまだ分からないが、今世紀末よりかなり前に、ことによると西暦2020年を待つことなく、それは起こるだろうと予想する専門家がほとんどである。

北極が温暖化する速度は地球平均をはるかに上回り、極周辺域の大部分が20世紀後半だけで2〜3℃の気温上昇を記録している。これは、北極上空に温室効果ガスが何らかの原因で密集状態になっているために生じているのではない。温暖化ガスと、それ自体で気温上昇の原因になりうる他の局地的要因とが一緒になって引き起こしている現象であり、そうした要因のうち最も重要なものとしては、熱を反射する白い雪や氷に代わって熱を吸収する暗い水や土や植生が出現したことが挙げられよう。これまでは、まさに大量の雪と氷が存在すること自体が、北極のとてつもない寒さを維持する役割を果たしてきたのだった。というのも北方の弱い日射がもたらす熱エネルギーは、かなりの量が水を固体から液体へと変化させることですっかり消費されてしまうし、また同じく大量のエネルギーが輝く白い氷の表面で反射してしまい、それを暖めることすらないからである。そもそも温度計で数目盛分低いところから始めたので、北極は現在、ある意味で地球の他地域に追いつこうと鬼ごっこをやっているわけである。

しかし温室効果による温暖化とエネルギー反射率だけがこの物語のすべてではない。氷帽後退のもうひとつの要因には、北極振動と呼ばれる自然の気候の乱れがある。これによって、北極地方の気候は、突然に予想外の温暖化と寒冷化とを繰り返すのである。最近の氷解の大方はこの現象に起因するものと考える科学者もいる。北極振動がほぼ明確な温暖化モードに切り替わったのは、氷帽の後退が始まった時期とおおよそ重なり、1989年だったという理由からである。この温暖化モードになると、強くなった西風の働きで、温暖な海流が押されて氷結帯へと流れ込み、氷を下から融かす。この風はまた割れた浮き氷の間に現れた水面を押し広げ、押し広げられた水面にはこれまでより多くの若くて薄い氷が形成されては、夏にはこれまで以上に容易に融けていくようになる。こうして西風は何年もかけて形成された海氷を北大西洋へと流出させ、その後にはさらに多くのあの季節性の薄めの氷が残ることになる。

一方、マイナスモードの北極振動はこうした氷浸食パターンを止めるものと考えられているが、北極振動がマイナスに振れたのは、近年においてはわずか数回、それも短期間だけで、氷の減少傾向を止めるにはいたっていない。またこうした急激な反転は少なくとも100年にわたり、何度も繰り返されたが、北極海の氷をこれほどまでに食い尽くしたことはなかった。どうやらここには何か新たな事態が生じているようであり、複数の要因の複合的な作用を受けている面もあるかもしれないが、大仕事の大部分を担っているのはどうやら人為的な温室効果であるように見える。たとえ現在の氷の縮小スピードが今後数十年の間に再び低下したとしても、氷の融解は回避不能であって、それをおそらくいくらか遅らせる程度に過ぎないだろう。

この点に関しては、歴史の記録を見てもあまり慰めにはならない。1万1700年前に最後の氷河期が終わると、北半球は、地球軌道の周期的変化で北極全域の夏の気温が今日より高くなる時期に突入した。完新世初期の温暖期は、ほとんどの場所でおよそ2000～3000年続いたが、その間の夏の大気温度は一般に今日に比べ2～3℃高く、北方海域の表面温度はこれより2～3倍高かった。それは北極海の氷を大量に融かすのに十分な温度かどうかを、ユトレヒト大学の気象学教授ヨハネス・エルルマンに尋ねたところ、その答えは、「夏の気温が今日より数度高くなったことが、北極の海氷に重大な影響を及ぼさなかったとは想像しにくい。こうした意見は、私の同僚たちの多くがすでに表明しているから、実は少しも新しいものではないのですがね」

北アリゾナ大学のダレル・カウフマンによる最近の研究によれば、海洋堆積物中のムラサキイガイ、マコマハマグリ、セミクジラの遺骸から分かるのは、これらの生き物たちが、新たに海域が開かれたことに反応して、カナダ北極海諸島とボーフォート海の沿岸海域に広く侵入した、ということだ。さらにずっと東方から得られた同様の証拠はスバルバル諸島周辺も似たような状況だったことを明らかに示している。しかし現在生じている状況が当時の状況を完璧に再現しているわけではない。ひとつには、当時の日射率変化によって生じた温暖化は基本的に北半球高緯度域における夏に限定されたものであって、私たちが今日直面している温室効果ガスの蓄積による、より広範にわたる影響とは異なっていたことがある。さらに、東部北極圏カナダにおける風と海流と気温は、巨大なローレンタイド氷床がある程度残っていたので、まだその強い影響を受けていた。こうした相違を考慮すれば、今日の気温のほうがまだいくらか低いにもかかわらず、当時よりずっと急激な海氷の後退を目撃することになるとしても、驚くにはあたらない。

さらに、メディアで極氷の融解が話題になるときに、しばしば見落とされる点がもうひとつある。ほとんどの専門家が北極にはまもなく氷がなくなるだろうと言うとき、彼らは年間を通して完全に氷が消滅するといっているわけではない。南極北極とも毎年数ヶ月も続く長く暗い冬に耐えるのだが、その頃の気温は氷点をはるかに下回るのだ。現在でも、12月から1月にかけて大気が冷え込むと、北極氷帽は2倍の規模になるので、将来も、温室効果が極限化した場合を除いては、暗黒の冬の数ヶ月にわたって全氷帽の再凍結化を妨げる要因は何もないだろう。氷がなくなる話は、晩春から夏にかけての再解氷期のことであって、この時期には北極圏を巡る太陽が極地を日に24時間暖め続けるわけである。

北極の氷の後退について私たちが耳にする話題のほとんどが、ホッキョクグマが絶滅の危機にあるという話である。また時に、カナダの北極海岸に沿って新たな北西航路（ノースウエスト・パッセージ）が開かれたので、この新たな地理的変化を利用した漁場開拓のために、漁業関係の資本が入り込もうとしているという話も聞く。こうした大まかな発言には公にされない部分も多いが、これらを加味して考えると、重要な問題が浮かび上がる。すなわち、北極の海氷が消えるにつれて、利を得る者と失う者とが出てくるということだ。そして時が経てばまたその勝者と敗者は変化することだろう。それは、現在私たちの注目を集めている過渡期的な事態の劇的な展開が終わると、氷の消えた北極海が正常な風景と思えるようになりだし、その後しばらくして、再びゆっくりと水面を氷が覆い始める。極北の地における生き物の生活を通常より深く掘り下げてみることで、現在そこで生じつつあることと将来生じることについて、ある程度見通しを示してみたい。

話題としてはとても分かりやすいので、ホッキョクグマから始めよう。ほんの簡単なオンライン検索でも、こうした地球温暖化の象徴であるこのクマに何が起こっているのかについてはさまざまな意見が入り乱れ、まったくの混乱状態であることが分かる。ある記事は、溺れかかったクマたちが必死になって身を乗せる氷を探している様子を伝えているが、これはアル・ゴアの映画、『不都合な真実』にあったコンピュータで作ったシーンをほうふつとさせる。別の記事は、こうした報告が誤解を招くとして、激しく非難している。デンマークの統計学者で作家のビョルン・ロンボルグはその著書『地球と一緒に頭も冷やせ!』の冒頭をことさらに強い口調の批判で始め、そうした物語はほとんどどれもこれも、「データにまったく裏打ちされない、はなはだ誇張された、情緒的な主張」であると断じている。

これらの報告のほとんどは、どうやら2004年に起きたある出来事に基づいたもののようだ。アラスカ沿岸上空を飛んでいた科学者たちが、最寄りの浮き氷から何マイルも離れた海上に数頭のクマが死んで浮いているのを発見したのだった。強い暴風雨がちょうどこの一帯を襲った直後だったので、そのクマたちは、氷のない水域を泳いでいる途中で、おそらく激しい波に翻弄されたのだろう。その年は平年に比べると、海氷の端が陸からはるかに遠いところにあったので、陸地から80キロも離れたところをホッキョクグマが泳いでいるのがすでに目撃されていた。通常であれば、シロクマの成獣は名誉両生類の資格が与えられてもいいくらい優れた泳者で、深く冷たい海をまったくものともしない。しかしながら、最近の海氷後退のおかげでそうした長距離を泳ぐ機会がずっと頻繁になったので、途中で危険な嵐に遭遇する可能性も増加しつつあったのだろう。さらには、子グマたちは体が小さいので、冷水中では低体温症にかかりやすいから、長時間の泳ぎは親たちと比べていっそう深刻な問題となるだろう。いまのところ、この問題の重要性については結論を出すことはできない。クマが溺れ死んだのは確かである。しかし実際にどれほどの数のクマが気候変動によって死んでいるのだろうか？　実数は分からないのである。

この主題の高度に政治問題化された性質を常に念頭において、私は細心の注意を払って信頼できる背景的事実と最新の情報を集めた。主要な情報源はアンドリュー・デローチャという、アルバータ大学を拠点にした高名なシロクマの専門家である。彼は親切にも電話で話すことを了承してくれた。

それは決して小さな好意どころではなかった。ここ最近大変な注目を集めている分野における数少ない本物の専門家のひとりとして、デローチャは、大衆受けしそうな発言や、叩かれ役をいつも物色しているジャーナリストや気候変動否定論者たちに包囲されている。私が電話をしたとき、デローチャはちょうどひどい脅迫状が届いたところで、キャンパスの警備室への報告を終えたところだった。

多くの人たちにとっては、北極極冠域は冬の空っぽの駐車場程度の魅力しかないもののようである。生命の存在しない、特徴のない白い空虚以外の何ものでもない。しかしデローチャの見る目は異なる。彼はこう説明する。「通常の状況下では、膨大な氷丘脈（プレッシャー・リッジズ）〈圧力による氷の盛り上がり〉ができていて、それが何キロにも伸び、風下へ斜面を流れていく粉雪の吹き溜まりを捕らえる防雪柵のような役割を果たしています。ワモンアザラシはこうした氷丘脈に開いた割れ目から出てきて、柔らかい雪の窪みに出産のための巣穴を掘ります」

もともとクマを氷の上へと誘い出すのはアザラシなのである。もっと南に棲む仲間たちとは違い、ホッキョクグマは暗く長い冬の間でも冬眠せずに目を覚ましていて、腹を減らしている。もちろん妊娠中のメスは、コグマが生まれる雪を被った出産用の穴蔵でその季節を過ごすことになるのだけれど。一方、子を産む予定のない成獣たちは、不運なアザラシを捕まえるために、吹き溜まりや氷丘脈のあたりをうろつきまわるが、しかし春の明るさが戻り、彼らの好物の獲物の出産期が始まるまでは、狩りに成功する確率はほとんどない。

アザラシがクマを支え、氷がアザラシを支える。温暖化する北極では、海氷が縮小すると、その影響が食物連鎖を滝のように伝い落ちていく。「ワモンアザラシは、冬に向けて結氷が始まる晩秋に、彼らの冬場のテリトリーを確定します」。デローチャは続ける。「凍結期の到来が遅くなれば遅くなるほど、アザラシたちには繁殖期が来るまでに彼らのテリトリーを見つけるのがますます難しくなる。そうなると、春に巣穴を掘って出産することもそれだけ難しくなるわけです」。ワモンアザラシの行動は、どうやら、日の長さという合図（行動刺激）と緊密につながっているようだ。この合図は暦の上にきちんと記されたまま固定されているのに、冬の氷で覆われる時期の長さが、季節の両端で短くなってきたのだ。繁殖時期が予定通りに訪れる

ハドソン湾の海氷上のホッキョクグマ。（アンドリュー・デローチャ提供）

と、アザラシたちはいまのところはその自然の要求に耳を傾けて行動しているのだが、デローチャが危惧するのは、彼らがそのうち岸を離れた沖の海氷にテリトリー権を主張せざるを得なくなるかもしれないということだ。沖の海氷は活発に動き、容易に変化するので、彼らの出産と子育てをさらに困難にするだろう。

次第に強くなる春の日差しが子アザラシの誕生が近いことを告げると、クマたちはこれからの2～3ヶ月でほぼ1年分の食いだめをすることになる。彼らは雪に埋もれた巣穴を嗅ぎ出すと、ピンと足を伸ばして、雪を被った巣穴の屋根に、前足の先を、激しく打ちつける。こうして、子アザラシが避難用シュートから水のなかに滑り込む前に捕まえるのだ。おそらく狩りの成功率は20回に1回ほど。しかし、それで十分なのだ。ワモンアザラシの幼獣は驚くほど豊饒なエネルギーに満ちた獲物で、たっぷりと乗った脂肪が体重の半分を占める。だがクマたちが狙うのは幼獣ばかりではない。「子を孕(はら)んだメスはもっと贅沢な食の詰め合わせです」デローチャは言う。「時には子アザラシは捨て置いて、母アザラシが戻ってくるのを巣穴でじっと待っていることもあります」

何週間か後、海氷の南端がゆっくりと欠け落ちるように極点方向へと後退していくと、クマたちはほとんどが陸上へと移動する。デローチャが研究拠点としているハドソン湾西部では、理論的には陸上で食物を手に入れられるにもかかわらず、夏はクマが痩せる季節である。5月から8月いっぱいまで、ハドソン湾のクマは絶食し、沿岸水域が再氷結するのを待つ。妊娠中のメスもそこでは、8ヶ月もの長きにわたって摂食せずに過ごすことがあり、その後、冬の棲家探しに入る。春になると、彼女らはその産褥を出て、生まれた子グマたちを連れて、戻ってきた氷の端へと乗り移る。

しかしすべての個体がみな同じわけではない。小集団ごとに異なった習慣ができあがっている。ある地域のホッキョクグマたちは他地域のクマよりも陸地で過ごす時間が長い。アザラシ狩りをしばらくやめて、沖でセイウチやイッカクを狩り、その後、陸に移って、トナカイやガンを追いかけるものもいる。ノルウェー本土の北、スバルバル諸島では、海岸に打ち上げられたマッコウクジラの死骸をかじっているクマたちの姿が目撃されている。ハドソン湾西部では、ライチョウを獲ったりイチゴ類を噛むクマがいる。そして、稀なことだけれど、腹がグウグウと鳴るときには、人の肉だって容易にその喉を下っていく。

生来の臨機応変な性質が幸いして、少なくともある程度の数のホッキョクグマは将来の温暖化を生き抜いてくれるだろうと思いたいところである。しかしデローチャは警告を発する。「確かに彼らは適応性が高い。しかしそれにも限度はある」。主な問題は、彼らが高カロリー食を必要とすることである。脂肪以外の食餌はエネルギーに乏しすぎて、4〜8ヶ月に及ぶ絶食期を通して体調を良好に維持することはできない。陸生のブラウンベアからこの白い海洋依存型の肉食獣を進化させる要因となったのは、おそらくこの狭い生態的ニッチ、すなわち浮き氷の上でのアザラシ狩りだったのである。

ホッキョクグマがブラウンベアおよびグリズリーベアという血筋から分かれたのはおよそ20万年前。そのころ、おそらく氷河期の気候がクマの祖先たちを北極の氷河に囲まれた谷あいに置き去りにしたのだった。彼らの血筋をたどるとエーミアン間氷期と重なる部分がある。つまり彼らは少なくとも一度は長い温暖期を経験したことがあった。最近、アイスランドの科学者がエーミアン期のホッキョクグマのあごの骨をスバルバルで発見したが、「世界気候レポート」がオンラインに投稿した記事には、その科学者の言として、次のような引用がある。「ホッキョクグマはすでに間氷期を一度生き抜いている。だから、私たちは、多分、彼らについてそれほど心配するにはあたらないだろう」

デローチャはこうした見解は誤解を招くものであるとして一蹴する。「私には、その発見の本当の意味は、エーミアン期にはずっとホッキョクグマの生存を支えるだけの十分な海氷が存在していた、ということに過ぎません」。最後の間氷期には夏の北極では海氷が消えたことを示唆する証拠はあるが、北極海から得られた堆積コア標本がまだあまりに少ないので、完全な氷解という考えを肯定も否定もできないので、デローチャの仮説が正しい可能性は十分にある。彼は続けた。「先の氷河期の間、クマたちははるか南下して、ドイツや南スカンジナヴィア方面にまで生息域を広げていたが、再び気温の上昇が始まると、かなりの数のワモンアザラシが相変わらずバルト海に生息し続けているにもかかわらず、この地域を見捨ててしまったのです。彼らの狩猟行動の中心地である、広く安定した海氷が存在しないと、クマたちはおそらく長くはがんばり切れないのでしょう」

もし人類世の温暖化によって春と夏の海氷が完全に消滅するなら、逃げ込める避難地域は北にはまったく残されていないだろう。この最高の海の捕食者は陸上での狩猟法を身につけるか、さもなければ滅びるしかないのだろう。陸での狩りといっても、土や木の葉の色をした猟場で着用するコートが白かったなら、当然それは困難になりそうだし、またアザラシ食に特化した消化器系という見地からすれば、陸で手に入る食物の栄養価はどれもジャンクフード並みである。

一方、ブラウンベアは、温暖化に伴い亜寒帯林がツンドラを越えて北上するのに反応して、北へと移動していくだろう。この遺伝的に近い関係にある2種のクマが再び出会うとき、何が起こるだろうか。白い毛皮に茶の斑点を散らし、グリズリー譲りのこぶを肩に持った、1頭の「ホッキョクーグリズ」のハイブリッドが、カナダのノースウェストテリトリーズですでに記録されている（射殺された）。おそらく将来は、こうした混血児が珍しいものではなくなっていくかもしれない。しかし、より可能性が高いのは、彼ら北極からの避難民たちが、陸上の生息地をすでに勝手知ったるわが家としている雑食性の親戚たちとの生存競争に負けてしまうことである。

デローチャにとっては、災難の兆しは差し迫ったものだ。ハドソン湾西部における春の解氷は次第に時期が早まっているが、それにつれて、クマたちにとって年ごとのアザラシ肉の饗宴の時間も短くなっている。さらには、ワモンアザラシもまた温暖化の影響を受け始めている。「海氷が薄くなり圧力が弱まるにつれ、以前ほどには多くの氷丘脈が形成されなくなった。かわりに、浮き氷が氷屑を積み上げるだけで、これではそこに吹き溜まりはできないから、アザラシたちはふわふわの雪の棲家に比べて断熱性に劣る氷の部屋を利用し始めています。彼らの逃亡用の穴もいまでは時に氷に塞がれることもあるので、母アザラシはこれを壊してわが子の元へと戻らなければならないし、時には入り口が見つからないことさえあるようです」。こうした巣穴の構造変化もクマたちには影響を与える。デローチャは最近クマのなかに、アザラシを追って固まった氷を抜けようと、それを叩いたり引っかいたりするものを目撃する。しかし彼らの狩りは通常ほとんど成功しない。「これは新しい狩猟法で、柔らかい雪を叩いて突き破るのとはだいぶ違うものですが、彼らにとっては、技術革新というようなことではなく、むしろ死に物狂いの行動です」

ホッキョクグマの食べる量が減れば、それだけ体重も落ち、生殖に使いうるエネルギーもその分減少する。「煎じ詰めれば体調の問題となります」。デローチャはいう。「190キロより体重が軽いメスは繁殖の成功率がはるかに低くなります。190キロを上回っても、体重不足だと出産数が減るし、生まれた子は小柄になります」。体脂肪が体力維持ばかりでなく、凍るような風や水に対する防寒の役割を果たす世界では、母熊がだんだん痩せていき、子供の数が減り、小さくなっていく傾向が行き着く先は、憂鬱なことだが、ただひとつである。

白熊たちに関する主要な問題は、彼らが溺死しているとか、さらには餓死しているとか、ということではない。十分に繁殖ができない状況なのだ。現在危機にあるのは、個々のホッキョクグマであるよりは、ホッキョクグマという種そのものであって、この危機は温暖化の影響が一段と強く感じられる北極の南端部にとりわけ著しい。

この主張を裏付ける個体数を確定することは、決して容易な仕事ではない。ホッキョクグマは、極の周囲に10あまりの個体群に分かれて生息しており、野外の困難な状況下で彼らの個体数調査を行っている少数の科学者たちによれば、その総数は20〜25万頭ほどで、その約3分の2はカナダに生息していて、おそらく3000頭ほどがバレンツ海域を出入りしている。一方、氷帽の縮小に伴って、この数が増えているのか減っているのかを巡る議論は、まるで猛吹雪並みの激しさである。

個体数増加の報告は限られた地域においては正しい場合もあるだろうが、最近調査方法が改善されたため、以前より多くの個体が発見されたことによる増加があるかもしれない。また場合によっては、クマ狩り推進や気候変動を否定することで既得権益を得ている人たちからの報告も含まれるかもしれない。実のところ、大きな規模で増減傾向を確認するために必要な、地域ごとの包括的データもいまだに不足した状態である。だが、ハドソン湾西部ではデータは手に入っている。ここの個体数は、1987年の約1200頭から2004年には935頭へと減少した。デローチャによれば、栄養状態が生殖に与える影響が元凶である可能性が最も高く、その背後には海氷の後退が作用している可能性が最も高い。

極の向こう側、スバルバルのクマにはこうした栄養不足はまだ見られない。バレンツ海では、より低緯度でより温暖な地域に比べて海氷の張り出しは広範に及んでいるので、クマたちはいまでもアザラシを脅かしながらほとんどの時間を沖の氷上で過ごしているからである。その他の副次的個体群についてはまったく研究が不十分で、彼らの安否は確かめられない。

それでは、未来についてはどうだろうか。ワモンアザラシが岸から遠のき、手が届きにくくなってくるにしたがって、アゴヒゲアザラシやゼニガタアザラシをより多く捕食するようになってきたクマもいる。ワモンアザラシの好む生息地としての海氷が極点に向かって後退する一方、それにかわるアゴヒゲアザラシやゼニガタアザラシといった獲物は増えていきそうである。事実、ゼニガタアザラシの個体数がすでにハドソン湾では増加し始めている。おそらく、捕食者たちは北方のさらに遠隔の地の片隅でこうした獲物を捕らえ、どうにか命をつないでいくのではなかろうか。

しかしデローチャが不安を抱くのは、自分自身のことも含めて、将来について考えるときである。「かつては、自分が生きている間に、まさかそのような変化を目撃することがあろうなどとは思ってもみなかった。もう50にも手が届きそうな歳になりましたが、どうやら私のキャリアが終わる前に、そうした変化は起こりそうな気配です。これについては、努めて楽観的でありたいのですが、研究成果をまとめるキャリアの最後の数年を、ヘリコプターで飛びまわって、ホッキョクグマの絶滅を記録するのに費やすようなことを考えるのは、あまり愉快ではありませんね」

　彼らがこうした運命を回避できるとすれば、それはいくつもの「もし（イフ）」がうまい具合に重なった場合だけである。もしワモンアザラシが生殖行動の変更を適切に行ったら、もし変化する海洋の生物社会が彼らに十分な食餌を供給するなら、もしアゴヒゲアザラシとゼニガタアザラシがクマたちにとってワモンアザラシに劣らず栄養豊富で魅力的な獲物でありえるなら、もし陸封されたホッキョクグマが北グリーンランドかスバルバルに避難することでブラウンベアとの競合や異種交配を避けられるなら、もし北極圏に拡大する産業化と人口の増加が野生生物たちをあまり傷つけることがないなら……。そのときには、もしかすると、はるかな未来のある時点で北極海がついに再氷結するときに、私たちのもとにホッキョクグマはまだ存在しているかもしれない。控えめの排出シナリオによる温暖化からの回復の結果、私たちの世界がほぼ今日の気温に戻るのは2〜3万年後のことであり、極限のシナリオの場合なら、数十万年後である。しかしそれは実に長い時間であり、恐ろしく多くの「もし」であるから、人類世がその経過をたどる間に滅亡が予想される敗者のリストに、ホッキョクグマとワモンアザラシの名前が書き込まれるのは避けられないのである。

　このリストに載るのは、残念ながら彼らだけではない。育児を行う生息地が融け去りつつあるなかで、セイウチもまた絶滅の危機に瀕している。成獣たちが、真っ直ぐに切り取られたような剛毛だらけの鼻面で泥を引っ掻き回して、海底に棲む二枚貝やカニを探す間、セイウチのお母さんたちは無力な子供たちを平らな海氷の上に残して待たせておく。ところが、海氷の縁が後退して、岸からどんどん沖へと遠ざかるにつれて、氷の下の水深は次第に増していくから、潜水にかかる時間とエネルギーも増加する。セイウチは大きくて力強いが、エラを持つわけではないし、限りなく泳いでいられるわけでもないから、潜水の合間に身を引き上げ、休息する必要がある。水深200メートルあたりを越えると、体力の消耗が激しすぎて続けられないので、成獣たちはどこか他に場所を移すか、さもなければ飢えるしかない。どうやら、その移動の途中で時として幼獣たちを見捨てることがあるらしい。

この問題がどこまで広がっているのかはまだ誰も分からないが、最近野外で観察された胸の痛むような出来事が多くのメディアを通して伝えられた。2004年のこと、アメリカ沿岸警備隊の砕氷船が、カナダの無氷の深い海域で、水面を泳ぐ9頭のセイウチの幼獣に遭遇した。あたりに親の姿はなかった。乗り組んでいた生物学者のカリン・アシュジャンは『サイエンス・デイリー』紙に語った。「私たちは24時間待機していましたが、幼獣たちは鳴き声を上げながら私たちの周りを泳ぎ回り続けようとしていました。私たちには助けることができませんでした」。北方に生息する他の海洋の哺乳動物と同様に、夏の海氷の消滅を生き延びようとするならば、セイウチたちもエサ漁りと育児という、要求されるふたつの活動をバランスよく行う術を新たに学ぶ必要があるだろう。「幼獣は自分でエサを採ることができません。エサの食べ方も知らないのです」。最長2年にもわたって、幼獣たちはエサではなくて母乳で育つ。しかし母親の姿がどこにも見つからないとなれば、それは無理な相談である。

メディアを通して間接的に北極について見聞きするしかない私たちは、こうして哺乳動物ばかりがクローズアップされるために、そこに暮らす他の生き物たちについては思いを巡らせることがあまりない。実は、北極では氷の上よりその下のほうに、ずっと多くの生き物たちがうごめいていて、氷上のカリスマ的な生き物たちに劣らず、彼らも大きな危機に直面しているのである。

海氷のブライン・ポケット〈海水内の間隙〉は水路がつながった多孔質の網状組織(ネットワーク)を形成していて、そこには藻類をはじめとする微小な生命体が盛んに繁殖している。半透明の氷はまた春と夏の陽光を十分に通すので、浮き氷の屋根の裏側に藻類の繊維状細胞が育って、波打つ草地が形成される。とても小さなエビに似た固有種のカイアシ類が、この緑と白と青のさかさまの景色のなかを動き回りながら、天井の農園に生えた緑を食んでいる。食物連鎖のさらに上位には、ホッキョクダラがいて、天井の割れ目の隠れ家を、矢のように出たり入ったりしている。北極固有のクジラの仲間である象牙のように白いシロイルカと、一角獣のような牙を持つイッカクもまた、浮き氷と密接な関わりを持つ。彼らは、氷のない海域に棲むクジラの多くが持つ、突出した背ビレを欠いている。背ビレがないことで、呼吸の際に割れた浮き氷を背で掻き分けて浮き上がったり、また氷だらけの環境のなかで獲物の魚を追いかけ回したりすることが楽になるのだ。

北極海の広大で浅い大陸棚もまた生物で溢れている世界であり、世界一高密度の底棲生物の集団が、豊かに降り注ぐ有機物の死骸を食べて、いくつも繁栄している。底を這うクモヒトデは1平方ヤード（1平方メートル弱）あたり数百匹という数に上り、鋭いトゲを持つウニ、耐寒性の二枚貝、太ったナマコや多毛類の環形動物が、魚類から鳥類、さらに泥を漁るセイウチにいたるまでの多様な捕食者たちを支えている。

こうした高度に分化した生物群落がいまや氷とともに消滅しようとしている。温暖化し海氷を失いつつあるこの海域に、低緯度海域からいくつもの種が入り込みつつある。最も数が多い移民は、ゼニガタアザラシ、タテゴトアザラシ、タイセイヨウタラなどだ。この変化を北極の「大西洋化」と呼ぶ生物学者もいる。一方、クジラを狩るシャチもこの新たに開かれた海域へと侵入している。オルカの長い背ビレは氷に覆われた海を泳ぐには不都合なのだが、北極海域での遊泳が次第に容易になるに従い、シロイルカやイッカクたちはますますオルカの攻撃にさらされやすくなっている。ホッキョククジラの幼獣もまたオルカには魅力的な標的となるうえ、ホッキョククジラの成獣もそのエサ場に侵入しつつあるミンククジラとの激烈化する競争に直面している。

また、あまり目立たないが、別の脅威にも北極固有のクジラたちはさらされている。北への氷の後退に伴って南から侵入する動物たちは、特有の病原菌に感染している。ゴンドウクジラとその小型の近縁種たちが持っているジステンパーやブルセラ症などの病気に対しては、北極固有種のシロイルカやイッカクにはいまのところ抵抗力がない。病気による種の全滅はどうやら起こりそうにないにせよ、感染症の流行を新たに環境圧力のリストに加えるというのは、愉快な予測ではない。カナダの海洋哺乳類の専門家、オットー・グラール・ネルソンによる最近の予測によれば、持ち込まれたジステンパーの感染だけで、最終的には北極のシロイルカとイッカクの半数が滅びる可能性があるという。

人類世に出現する新しい北極で、勝者の仲間入りをするために必要なのは、海氷下のスペシャリストではなく、氷なき海のジェネラリストになることだ。あの小さなカイアシ類たちですら変化を見せ始めている。「極北極寒の(ヒュペルボレウス)」とか「氷河の(グラキアーリス)」とかいった土地の特徴を名前に冠した北極固有の種は、氷の下面に育つ藻類の農園を必要としない移住者たちに地位を譲りつつある。ポラックやサケのような氷結しない海の魚が、氷に覆われた生息地に適応していた種に取って代わりつつあり、攻撃的なタイセイヨウダラが北極産の小柄な従兄弟たちを追い出し、あるいは捕食している。北極圏カナダでは、素早く飛ぶ北極版ミニチュアペンギンといった風情の、クチバシの厚いウミガラスたちは、ヒナのエサにカラフトシシャモを与え始めている。カラフトシシャモは夏には海氷がほとんど消滅するような海域を好む、プランクトンを捕食する小型の魚だが、1990年代半ばまではウミガラスの主食はこれよりわずかに大型のホッキョクタラであった。海鳥の研究者たちは、北大西洋系のツノメドリ(パフィン)とウミガラスも、彼らが昔から捕食していたカラフトシシャモを追って北へと向かうだろうと予想する。またオオハシウミガラスはハドソン湾地域の島々の岩崖にコロニーを築き始めている。

すでに進行中のこうした変化から見ると、氷のない北極海の生物相は、海氷消失を生き抜いたものと、大西洋および太平洋から新たに侵入してきたものとの混成状態となるだろう。しかし人類世の太陽が降り注ぐ下で、海原から氷の覆いを取り払うということは、豊穣な温室のなかに明かりを灯すことにも似ていよう。フロリダ大学の海洋気候学の名高い権威、ニール・オプダイクは、将来海洋プランクトンの爆発的増殖が生じることを予測する多くの専門家のひとりである。「これまでとは大変に異なった、大変に生産力の高い生態系となるでしょう」。ゲインズヴィルで昼食をともにしながら、その予想を私に語ってくれた。「北極海の氷がすっかりなくなるばかりではなく、永久凍土が融けると、川は溢れて土壌からの栄養を海にもたらし、その栄養は最後には沖合いにまで到達するでしょう」

高気温、日射、そして栄養。この3者が組み合わさると、浮遊性の微小藻類、すなわち植物性プランクトンの大増殖の引き金が引かれるのである。すでにこの10年の間に、成長を促す温暖な季節の長期化と、海氷の減少によって、北極海の植物性プランクトンの量は急増している。世界で生産性が最も高い漁場の多くは、ちょうどこの種の生態学的なスウィート・スポットにある。豊富な日射と栄養が、膨大な量の微生物の成長を支えているような場所だ。こういった場所には、ペルーやナミビア沖の湧昇海域、および暴風による攪拌作用を受ける南洋が含まれる。増えた植物性プランクトンは、今度は、エビに似たクリルやカイアシ類に捕食され、クリルやカイアシはプランクトンを捕食する膨大な魚群を支える。食物連鎖でそれに続くのは肉食性の魚類であり、さらにはカモメやパフィン、そしてオルカやゼニガタアザラシなどである。

ホッキョクダラやシロイルカが消え行く一方で、海氷消滅後の北極海は、低緯度海域で乱獲や水質汚染などの問題に現在直面している他の種にとって、エサの豊富な新たな避難域となるかもしれない。豊かな生物量（バイオマス）の生産が継続的に行われれば、企業精神に富んだ人間たちは、必ずや新たな海産蛋白資源に投資を試みようともするだろう。収獲をもたらす開かれた海があり、海岸線に居住可能域も次第に広がり、この産業を支える基盤もできてくる。ユーロアークチック・ドット・コムのニュース配信サービスによる２００６年のオンライン記事によれば、ロシアの複数の企業が、北極海の豊かな漁業資源を狙って、すでに北極海専門のトロール船の建造に取りかかっているということである。

ところが、もし北極海全体が仮に不干渉の保護区域に指定されたとしても、まだこの海域には騒動を起こしそうな問題があることを、私たちは忘れかけている。炭素汚染は海洋を温暖化するばかりではなく、酸性化をもたらすのだ。そして北極の海洋生物はその酸の腐食作用の影響を受ける最初のものたちとなるだろう。控えめな１０００ギガトンの排出シナリオの場合でさえ、円石藻からハマグリにいたる、多くの生き物がまとう白亜質の霰石製の殻は、間もなく酸性化した極の海の水で融け始めるだろう。もうすぐ放たれる気候変化と化学的変化のワンツーパンチが、エーミアン期や完新世初期に見たものとも似つかない、生物学的な「非類似（ノンアナログ）」状況を生み出すだろう。その状況の本質については、最も有能な海洋生物学者でさえ根拠に基づいた予測はできないのだ。

氷が消え、酸性化した北極海における命の営みは、どういったものとなるのだろうか。藻類の総生産はおそらくあまり影響を受けないだろう。海洋植物性プランクトンのほとんどは酸に溶ける炭酸塩の殻を作らないからだ。微小藻類中で有利な形態を持つものはおそらく黄金色のケイソウであろう。光を反射するその透明な殻は炭酸塩ではなく、酸に抵抗力のあるケイ酸質で作られるからだ。ケイソウはすでに北大西洋と北太平洋で繁栄しているが、おそらく無氷の北極海でも栄えることだろう。

無脊椎動物のなかで敗者となる可能性があるものには、殻を背負った翼足類、有孔虫、軟体動物、フジツボ、ウニ、カニ、そして冷水域性のサンゴが含まれることになる。勝者となりそうなのとしては、殻を持たない天使型翼足類、クラゲ、イソギンチャク、ナマコ、環虫類などが挙げられる。硬い体をもった敗者よりも柔軟ボディーの勝者によって支配される生態系が、良いか悪いかは個人の好みの問題だから、状況が異なれば判定も異なる。北極点をクラゲの大群が浮遊する姿を想像して、顔をしかめるかもしれないが、太平洋の島国パラオでは、そんなクラゲの大群が畏敬の念を呼び起こす観光の呼び物となっているのである。

実際、その未知の新しい世界において、どの種が生き残りどの種が滅びるのか、誰にも確かなことは分からない。豊かで複雑な遺伝子から提供される、自然淘汰の作用を受ける素材は非常に豊富である。そして多くの海洋生物たちが、新生代初頭のPETMの超温室時代に、温室効果ガスの蓄積により生じた酸の風呂状態を生き延びたのだった。しかしいまの私たちにも分かっていることがある。北極海に生じようとしている大きな生態学的変動は、それは気候だけでなく、環境汚染、経済発展、そして自然資源の開発にも影響されるのである。

陸上における変化も劇的なものとなるだろう。亜寒帯林はすでに、これまでツンドラだった地帯を覆いつつ北方へと拡大を続けているし、ツンドラはじわじわと這うように、かつては不毛の地だった極地砂漠（ポーラー・デザート）を覆いつつある。ある推計によれば、植生が北へと大きく広がることによって、植物組織のなかに炭素が隔離されるので、将来の温室化ガスを幾分かは相殺する可能性がある。地域によっては、森林地帯が海の侵食を受けそうである。また別の地域では、水の溢れた湿地が森林を追い詰めるだろう。アイスランドでは広い地域で、土着の白樺の森が苔に覆われたツンドラに取って代るだろうと予想されている。スウェーデンおよびノルウェーの北部には、マツがすでに侵入しようとしている。ツンドラの植物は、それ以上北へ移動できないから、温暖化の恩恵を受けるよりは、温暖化にさいなまれる可能性のほうが大きい。もっとも、なかにはさらに気温の低い北極圏の高山地帯に避難場所を見つけ出すものもいるかもしれない。

新たな樹種の侵入に伴って、アメリカへラジカ、ミンク、アカギツネ、キクイムシなどの穿孔性甲虫、蝶などの生き物たちも、高緯度地帯へと移動してくるだろう。カナダの川や湖では、おそらくミナミカワマスや移入種のブラウントラウトとニジマスもまた北へと移動し、固有種の極イワナ（チャー）を駆逐する可能性もある。皮肉なことだが、この事態は、北極の生物多様性が総体として増大しつつあることを意味する。よく知られているように、より温暖な低緯度地域ほど種類数が増加するという傾向を考慮すれば、これは驚くに当たらない。また、もしもそれが土地に固有の種の衰退と関係しておらず、また人為的な炭素汚染によって引き起こされたものでないのだったら、有益なことと考えてもよいのかもしれない。だが、最終的な地球規模での生物多様性という観点からは、この変化によって得られるものはほとんど、あるいは何もないに等しい。というのも、北極に生息するものたちのリストがいかに長くなろうとも、そこには地球にとって新しい生物は一匹も登録されないからである。温暖化する北極で、次第に豊かになる生物群生に新たに加わってくる移民の「勝者」たちのほとんどが、すでに南方のほうではその地位を十分に確立していたものたちだが、「敗者」の多くは他に避難場所もなく、負けがそのまま絶滅につながりかねない生物たちなのだ。

極地に生息する陸生の哺乳類のなかで敗者となりそうなものには、北米産トナカイ(カリブー)、トナカイ、ナキウサギ、レミングなどがいる。食をめぐっての新住民との競争および侵入者が持ち込んだ病気や寄生虫の感染などと、彼らが直面する問題は多数存在する。温暖化自体ももちろん問題である。げっ歯類のなかには雪に掘ったトンネルのなかで冬場に活発に活動を行うものもいるが、頻繁に起こるようになる冬場の降雨や融雪は、彼らの生存に必要なそのトンネルの防寒壁と酸素の流れを壊してしまう。2003年10月のこと、北極圏カナダのバンクス島では、雪の後に降った一度だけの雨で2万頭ものジャコウウシが死んでいる。一方で、成長期にあたる季節が長く、温暖になれば、寒冷な数ヶ月に出産と子育てしてきた動物たちには生活が楽になるかもしれない。

温暖化は陸地そのものの姿さえ作り変える。季節ごとに凍結する水域では、底が滑らかな基岩でできている場合に、夏季の無結氷期の長期化によってすっかり消滅して、記憶から葬り去られる湖もでてきている。友人のジョン・スモールはオンタリオのクイーンズ大学の湖水生態

オンタリオのクイーンズ大学の研究者たち。北極圏カナダにあるハーシェル岬のかつての湖沼で最後の標本を採集している。近年の気候変動の結果、いまや完全に干上がろうとしている。(ジョン・スモール提供)

史の専門家だが、人間の影響による、彼が言うところの「生態学上の最終限界点を超える」変化のおかげで、彼は研究地のいくつかを失いつつある。

何千年にもわたり、エレスメア島のハーシェル岬の、滑らかな花崗岩が氷河に削られてできた浅いくぼ地には、夏の間のわずか短期間だけ融ける、氷結湖沼がいくつも存在していた。以前の研究で、スモールと同僚たちは堆積コアを用いて、これらの湖沼の非氷結期間が19世紀以来年々長期化しつつあったことを明らかにした。日射を好む藻類は最近の堆積泥層では普通に見られたが、より古い層では稀であったり、まったく見られなかったのだった。彼らは当初、人騒がせという批判を受けたが、いまやその傾向は否定しようもなく明らかになった。「これらの湖沼の夏の非凍結期間が長くなればなるほど、24時間日射にさらされて蒸発で失う水はそれだけ多くなる。いくつかの湖はいまではすっかり干上がってしまったが、残ったものも同じ方向に向かっているわけだ」

私はジョンに、他にも何か気づいた変化はあるかと尋ねた。「あるさ。土着の種で、氷に依存した連中はいなくなりつつあるね。しかし他の種がわんさと北上している。いまでは、バフィン島でコマドリを見かけるようになったし、ツンドラに咲く花にはミツバチもやってくる。こうした新しい種については、イヌイットは伝統的な呼び名を持っていないことがあるし、生き物の生育期の移り変わりがあまりに激しいので、地のイチゴを収穫に出かける時期さえ分からなくなって、彼らは困っている」。より不快な変化のひとつに、刺す虫の到来がある。「われわれの研究地ははるかに北だから、蚊に悩まされることは以前はまったくなかった。そこが寒すぎたということさ。だがいまでは、研究の最中にやつらと出くわすようになってきたよ」

彼はこうした変化を目の当たりにして、落ち込んでいるのだろうか。あるいは「科学的な意味で関心を持っている」だけなのだろうか。「落ち込んでるさ」と躊躇なく答えてくれた。「しかしまったく絶望的というのでもないがね。いま進行中の事態については怒り心頭だが、それは、すなわち事態のこれ以上の悪化を私たちは食い止めることができる、という希望を私がまだ持っているからなんだろう」

別の場所では、硬い永久凍土が融け出していて、広大なツンドラが泥沼に変貌しつつある。

そうした場所には、新たに融け出した水が池沼を形成しはじめている。岩でできたハーシェル岬の状況とまったく反対である。さらに北部の海岸地域は土地が低いところが多いので、氷を失い波立つようになった海が、以前は凍土で守られていた柔弱な浜辺を深く侵食している。世界の港湾や海岸について、海面上昇による侵食を予想した地図で、北極周辺地域の状況をはっきり示したものはほとんどないので、この事態が北極の地理にとってどんな意味を持つのかを、正確に思い描くことは困難かもしれない。しかしどうやら大きな変化となりそうである。特に、海からの昇り傾斜が非常に緩やかな、地盤がゆるい土地ではそうだ。

この変化を示す恐ろしい事例がすでに進行中である。それは、海面上昇が原因で生じているというよりも、単に凍土の温度上昇と、防護役を果たしていた海岸地帯の氷の消滅が原因である。カナダとアラスカの北部沿岸に暮らす先住民の居住地の多くは、浜に近接した、複数の堆積層が永久凍土によって接合された土地の上に建設されていた。しかし、かつては堅固だった地盤もいまでは緩み、多量の水を含んだ状態に変わりつつある。これはこれで、当然、深刻な問題である。村と村とを行き来するのに、宵の冷え込みで道が固まるのを待って出発しなければならない人たちがいる。また、氷の融けた海原に直面した軟弱化する土地は、また簡単に腹をすかした波の餌食となってしまう。とりわけ、暴風が幾重にも連なった波を高く持ち上げ、岸に重々しく打ちつけるようなときがそうだ。ボーフォート海沿岸では、２００２年から２００７年の間に、岸がところどころで、年に13～14メートルも後退し、無防備な村々や考古学上の遺跡は、永久凍土が融けて崩れつつある急峻な崖から、海のなかへと真っ逆さまに投げ捨てられてしまった。

歪んでいく道路、地に口を開け家々を侵食する穴、崩壊する海岸といった光景は眺めても心穏やかならざるものがあるが、それらは現在過渡期にある北極の一時的な徴候である。氷の消えた北極海の海面上昇、そして人類世の炭素曲線のずっと後半には海面の下降のために、災害に弱い沿岸の居住地は何世紀にもわたって慢性的な不安定状態に置かれる可能性がある。しかし最終的には、泥炭地のスポンジのような表面に浸み込んでいく水も、多くは蒸発、あるいは徐々に排出され、その結果土地は森林や農地、道路や町々をよりよく支えられるようになり、乾燥したもっと安定した状態へと落ち着くだろう。造船所、精錬所、貯蔵施設などができると、以前は遠い辺境の居留地だったところが、交通の中枢として、または寄港地として賑わうことになる。極点を通過する海洋短距離ルートはすでに、アイスランドとアラスカの間、そしてムルマンスクとハドソン湾のチャーチル居留地——ここは現在、主に空路および鉄道により北米の他地域とつながっている——の間に敷かれる予定で調査が続行中である。

北極の生息環境が生成発展を続けるにつれ、とりわけ新たな産業が根を下ろす場所には、次第に多くの人々もまた移住してくるだろう。カリブーやクジラを獲物にした伝統猟に携わる先住民たちは、これまでのような安定した天候と氷の状態を失うという事態に直面しているが、一方、勝者の列に加わらんと企てる者も出てくるだろう。そしてそのような人々は必ずしも外からやってきた人間に限らないだろう。『ネイチャー』の記者、クウィリン・シーアマイヤーは、アラスカ、ツクトヤクツクのイヌヴィアルイト狩猟協議会議長、フランク・ポキアクの次のような言葉を伝えている。「人々は、私たちが幾世代にもわたってさまざまな変化とともに生きてきた、ということを理解する必要がある。気候変動は私たちが適応せざるを得ないさらにもうひとつの変化に過ぎない。私たちはこれまでとは違う種を獲る必要があるのかもしれない。それはグリズリーかもしれないし、カリブーかもしれない。しかし、私たちは存在することをやめようとはしないだろう」。こうした人々の適応努力の助けになりそうなものには、暖房コストの低下から、海氷消滅により海上交通が容易になること、建設工事の季節が長期化することによる雇用の増加にいたるまで、多くの温暖化関連の要因が挙げられるだろう。

夏に開かれる航路の障害となる氷が完全に消滅し、安全性がますます高まってくると、北極海の海岸線に沿って航行する船舶は数を増すだろう。残念ながら、その新しいフロンティアにおける所有関係については、誰もが同意しているわけではなく、領土を巡る議論は、頭上の空気以上のスピードで、熱を帯びつつある。

関連する事例をひとつ。ハンスト島はグリーンランドとエレスメア島の間の狭い海峡に横たわる800平方メートルほどのくさび形の岩である。デンマークとカナダの両国はこの海域を民間所有の領海と考えているが、彼らがもともと主張する境界線が重りあっていて、双方にとって愉快ではないのだ。過去には、そのような意見の相違はせいぜい民族主義的プライドを脅かす程度のことだったが、現在では利害関係が大きくなってしまった。

ばかばかしいくらいに小さな島を巡る売り言葉に買い言葉が始まったのは、1980年代のこと。カナダの石油会社がその海域の調査を開始したのだった。これを脅威として受け取ったデンマークは、グリーンランド担当相をヘリコプターでハンス島に赴かせ、液体の入ったビンと文書付きの旗を立てたが、その文書には「デンマーク領にようこそ」と書かれていたとされている。その後は何年間にもわたり、カナダとデンマークのそれぞれの軍の偵察隊が交互に、互いの旗を引き抜き、それぞれの愛国心のしるしを打ち立て合った。笑いを誘う話だが、この論争はきわめて深刻な意味をはらんでもいる。2005年に、カナダの保守党は当時のデンマークの行動を「カナダへの侵略」と呼び、また別の政治家は、北方における「わが国の領土保全のために」海軍の戦艦を派遣せよと脅しをかけた。この領有権を巡る論争が平和裏に決着したのは、正確な衛星画像によって、国境はその島の外を通っているのではなく、島自体を実際は分かつものだということを、両国の高官たちが確認したときであった。

氷が消えつつある北極は、北方の諸国にとっては、新たな資源の宝庫としての可能性を秘めている。夏には海氷が消え、冬場にも薄氷が張る程度なら、北極海へと海上輸送路を拡張することで、ロシア、カナダ、スカンジナビア、そしてアラスカの地理的条件は革命的な変貌を遂げるだろう。新たに開かれた北西航路と現在のパッチワーク状の孤立した「海」——ラプテフ、ボーフォート、およびバレンツの各海、さらにチュクチ海および東シベリア海——が一続きの海域となり、かつては障壁だった北極は通路となるだろう。貨物を積み客を乗せた船が、海氷への耐用性次第では、通年あるいは一年の大半にわたり、パナマ運河を経由することなく、ヨーロッパとアジアの国々の間を行き来することになるだろう。ロッテルダムからシアトルへの北西航路なら、パナマ経由の現在のルートより3200キロの短縮となり、スエズ運河を使わずにロシア北岸に沿った「北方航路（ノーザン・シー・ルート）」をたどれば、ロッテルダムから横浜への旅が7520キロ短縮される。

カナダには、1982年の国連海洋法条約を根拠として、北西航路を自国のものと主張する勢力がある。この条約は領海を200海里（320キロ）沖に定めたものなので、したがって利益が見込まれるこの沖合いのルートを、カナダの経済水域内に引き込める可能性があるのだ。ロシアとノルウェーはバレンツ海に対する諸権利を巡って争っており、ロシア、カナダ、ノルウェー、デンマークは、各国ともできる限り北方沖へとその経済圏を拡張しようとして、海上の領有権を盛んに主張している。ほとんどの国は、北極海中央部は公海として、国際的に自由に利用をすることにはやぶさかではないようだが、最重要問題となりつつあるのは、海原の下に眠っているものなのである。

2007年6月、ロシアの地質学者たちが、シベリアとグリーンランドの間で北極海の深い中央海盆をふたつに分ける、海底断層の狭い塀状の構造、ロモノソフ海嶺の研究から戻った。通常なら、そうした調査が一般の人々から気づかれることはないものだが、今回の遠征は大変な政治的議論に火をつけてしまった。

発火点となったのは、地質学的にはその海嶺はロシア本土に直結するその延長部である、という地質学者たちの主張だった。たちまち、北極は陸地のない浮き氷の領域であるという古くからの認識が消し飛んだ。なんと言うことはない、そこにはいくらだって陸地はあるのだ。それはただ、冷たい海水を数キロ垂直に降下した底に横たわっているだけのことだ。

2ヵ月後、ロシアの小型潜水艇の仕業によって、領土を巡る議論が新たな頂点に達した。潜水艇が、極点直下の海底に錆びないチタン製の旗を立てたのだ。ただの悪ふざけだろうか。あるいは、北極海の海底のおよそ半分とともに世界の頂点は結局ロシアのものだという主張だったのか？　カナダとデンマークは面白がりもしなかったし、また納得もしなかった。ロモノソフ海嶺の反対側はエレスメアとグリーンランドというそれぞれの自国の領土につながっているのだ。いまこれを書いている時点で、ロシアの主張に対しては、国連はまだ承認もしていなければ、拒否もしていない。現在、国連が抱える領土を巡る同様の論争のリストは長くなる一方である。

北極の土地の奪い合いにこれだけ多くの国が巻き込まれているということが、気候変動が北極にもたらす諸変化の現実的な重要度を示している。いまだに人によっては、私たちが地球温暖化に見舞われていることを否定しているようだが、温暖化に乗じて金儲けを目論んでいる人たちのなかには、否定論者はおそらくいないだろう。しかし、状況全体はかなり不公平なものに見える。この新しい北極から最大の報酬を得る予定の国のほとんどはすでに世界の最富裕国の一員であり、そもそもがこうした変化を招いた最大の責任者である炭素排出国の仲間でもあるのだから。

カナダのノースウエスト・テリトリーズのグレートスレーヴ湖の北に位置する基岩（ベッドロック）は地球上最も豊かな鉱物堆積層のひとつであると考えられている。すでにエカチとディアヴィク鉱山の宝石級天然ダイヤモンド産出量は世界全体の10％を超えており、安定した永久凍土や凍結湖上を走る横断路に依存する北方へのルートが水浸しになりつつあっても、土木技師や企業家たちは、乾いた土地に新たな道路網ができ、新しい鉱山と新しい海港とを結びつけることになる未来図を夢に描いている。ひとたび道路網の完成によってそれが可能になったとき、さらに猛烈なダイヤモンド目当ての「コールド・ラッシュ」が生じることを予想して、カナダもロシアもすでに準備体勢に入っている。バフィン鉄鉱業株式会社は鉱山の経営を促進するための自前の北極鉄道と港を開発中であると伝えられる。また、ヌナブットにあるウラン鉱山は新たな「グロー・ラッシュ」に火をつけてやろうと身構えている。

公表されている推計値はまちまちだが、世界の未開発石油埋蔵量の10分の1から3分の1が北極に、特に浅くて広いその大陸棚にあると考えられている。また天然ガスも石油よりはるかに豊富に存在するようである。北アメリカ最大の油田はアラスカのプルードー湾にあり、莫大な量のガスと石炭がノーススロープの下に埋まっており、カナダはマッケンジーデルタおよび北方の島々のあたりにこれらの資源の大きな埋蔵量を有している。ロシアはシベリアの岸に沿って存在する豊かな鉱床の権利を主張するが、すでにロシアの石油と天然ガスの4分の3近くは北極圏の領土から産出しているのだ。海氷のない確実な海路が開かれれば、こうした資源はより採掘しやすくなり、より大きな利益を産むことになろう。そうなるとまた、石油流出事故のリスクも高くなるだろう。流出した原油の黒いベトベトの塊が、残された浮き氷の下にもぐりこんで手が届かなくなると、清掃が恐ろしく困難になる可能性もあるだろう。

この新たな化石燃料の富鉱帯の開発が、温室効果ガスのすでに高い排出総量をさらに引き上げることになる可能性もあるが、人々に膨大な富をもたらす気候変動を止めるために、その油井を閉鎖するよう彼らを説得することは困難だろう。現在のところは炭素汚染の規制に関心を表明している国でも、北極におけるエネルギー生産と貿易から上がる短期的な金儲けの誘惑は、それを利益に結びつけることに固執する人たちの間では、気候に対する関心を凌駕するかもしれない。

皮肉なことに、この新しい世界を生み出す張本人の私たちは、その最終的な消滅をもたらす張本人でもあるだろう。いまから数千年の後、大気中の二酸化炭素濃度が低下し、ついに今日のレベルに近いところまで戻るときに、北極海は再び凍結を始めるのである。しかしそれはいつ？　ノルウェーの研究者、キャサリン・スティクリーを団長とする国際チームがロモノソフ海嶺から採取した堆積物コアが明らかにするのは、堆積層に冷水を好む藻類が初めて出現するのは4700万年の昔にさかのぼるということだ。大気中の二酸化炭素レベルは始新世初頭からその時点までに1100～1400ppmレベルまで下がったと考えられるので、その濃度がおそらく冬の暗夜に北極で海氷形成が起こるおおよその閾値ということだろう。その通りだとすれば、極限の5000ギガトン炭素排出シナリオからのゆっくりとした回復によって、冬に海氷が再形成されるのはいまから2000年から5000年の間ということになりそうだが、控えめなシナリオだと冬の結氷がまったくストップすることはどうやらなさそうである。

しかし北極の氷帽が夏にも継続して存在するようになるかどうかは、また別の問題だ。いくつかの筋からの報告では、北極を一年中氷が覆うようになったのは、1400万年から100

0万年前であり、当時の二酸化炭素濃度は今日のそれと近似していた。もし私たちが現在の387ppmを、夏季における結氷状態と無氷状態との推移点にほぼ相当する基準値と取れば、比較的控えめな排出シナリオの場合には、一年中海氷に覆われるようになる時期は、遅れて西暦5万〜10万年頃となるかもしれない。そしてこの線に沿って推論を進めれば、5000ギガトンという極限のシナリオではその遅れは50万年にも達しそうである。

堅固な海氷に覆われていることが正常な北極海の特徴であると考えられている時代の私たちの見方からすれば、氷帽がこうして一時的に消滅することを、私たちの炭素汚染が環境に与えたショッキングな痛手だと、当たり前のように考えてしまう。しかしはるかな未来において、北極に氷のない状態を当たり前のこととして成長する無数の世代の人々にとっては、事態はおそらくまったく異なるものに見えるだろう。人類世の炭素汚染曲線が次第に消えていく尻尾のはるか先のほうで、北極海航路がますます縮小されていく様子、またその頃までには見慣れたもの、いやすでに古代からの海洋生態系とすらなっていた生物相から、1種また1種と絶滅していく様子に、彼らは当然戦慄するだろう。そのような生態系はそれ自体すでに独特なものとなっているはずだ。それは、未来の北極の氷の存在しない海域に、それぞれ長期に及ぶ闇の季節と光の季節が交替するといった独特の環境のなかで発達してきたものだ。凍結した海の上で暮らす伝統的な先住民の技術も、その頃までにはとっくに歴史に記憶されるだけのものとなっているかもしれない。そうなると、今日アザラシ猟やクジラ猟を生業とする人たちの遠い子孫にも、全面氷結した北極海での生活は、不可能ではないにせよ、望ましいものとは思われないのではなかろうか。

またさらに時代が進むと、もし控えめな1000ギガトン排出シナリオに私たちが従った場合は、多分西暦10万年に近いあるときに、極限のシナリオならさらにそれより数倍遅くに、北極の海域は、白雪姫のように、再びガラスのような凍った棺に納められて眠りにつくことだろう。一時栄えた北極海漁業も、北西航路とともに徐々に衰退していき、そのうち夢の領分へと帰っていくだろう。そして大いなる白い熊は、もし生き残っていたらの話だが、アザラシの脂肪を求めて、もう一度春の吹き溜まりを、氷丘脈を、浮き氷の上を、歩き回るかもしれない。ワモンアザラシも、もし戻ることがあれば、そこに現れて同じ浮き氷をクマたちと共有してほしい……と、せいぜい願うばかりである。

9章 グリーンランドの緑化

発見したその土地を、かれは「グリーンランド」と名づけたが、芳しい名を慕って、さらに多くの人々がこの地を訪れることを望んだからだ、とその謂れを語った。

カート・ステージャ訳『エイリークのサガ』

西暦986年、赤毛のエイリークは、ノルウェー人（ノース）の移民たちを乗せた20隻あまりの船団を率いて、アイスランドを出航した。その目的地は、グリーンランド。湾入して入り組んだ岩だらけの海岸で、その土地は痩せてはいたが、少数の羊や山羊や牛や豚、そしてその所有者たちを支えるには十分なだけの草や潅木の茂みを生育させていた。エイリークはその頃、財産をめぐる争いで数名の同胞たちを殺害していたので、彼にとってこの旅は騎士道的冒険の旅以上の意味があった。それは追放であるとともに、経済的な成功による名誉回復を図る好機でもあった。数百人の農民とその家族たちを説得するのに、たいした苦労はなかった。彼らは飢餓に襲われたところで、すぐそばのアイスランドも土壌が痩せており、そしてエイリーク自身がこの新しい国に与えた、みずみずしい響きを持った名前が彼らの心をとらえたことが幸いしたのだった。海氷のない海もまたこの旅の魅力を高めた。多くの歴史家が中世温暖期と呼んでいた、自然に生じた百年にわたる温暖な気候のおかげで、航路には不思議なことにまったく氷がなかったのだった。さもなければ、事態は異なっていたかもしれない。

天候はいつもよりは若干温かかったけれど、中世という時代に北大西洋を覆いのない船で渡ることは、それでも大変な体力を必要とする危険な企てだった。船に乗り込んだ人々のうち、わずかに14名が、暴風の吹き荒れる海を渡り、現在世界最大の島として知られるグリーンランドの南端に、ふたつの居留地を建設した。彼らは鍬の入りにくい土を懸命に耕し、長く暗い冬を、石と芝草で造った天井の低い家に蟄居して、耐え忍んだ。暖房は、くすぶる焚き火と、人間同士の身体と家畜の体から放射される熱だけだった。この居住地はほとんど彼らだけで占有していた。というのも当時、ほとんどの先住のグリーンランド人たちは、氷結した海岸をずっと北上したところに暮らしていた。そのあたりでは、浮き氷はずっと安定していて、アザラシやセイウチの数も豊富だったからである。南部の農耕民たちとほとんど交渉を持たなかったこの先住の狩猟民たちが、北極圏カナダの北寄りの地域からやって来て、そこに植民地を築いたのは、エイリークが訪れるおよそ200年ほど前だった。

西暦1408年を過ぎると、ノルウェー人とグリーンランドとの関係は終わる。そして、これらの植民地も15世紀末までに完全に消滅する。何が原因で彼らが全滅したのか、確かなことを知る者はいない。あの先住民の狩猟者たちとの戦いが生じたためだとする学者もいる。考古学的研究によると、どうも白人の入植者たちが土地を酷使し過ぎたため、土壌の浸食と森林伐採により、もともと乏しかった土地の生産性をすっかり破壊してしまったという説がある。しかしもうひとつ無視できない可能性として、取り巻く気候に変化が生じて、彼らはそれに屈したということも考えられる。

海に浮かぶ叢氷〈浮氷が凝集した大氷塊〉は、早くも14世紀にはさらに南へと広がり始めていた。小氷河期として知られる地球規模の寒冷化の傾向が強まるにつれ、ヨーロッパの農耕地域では温暖な夏の天候を当てにすることが次第にできなくなり、アルプスの氷河は流れ落ちてスイスの農村地帯を押しつぶし、また冬季ごとに凍結するようになったテムズ川ではこの頃初めて「氷上フェア(フロスト)」が開催されるようになった。グリーンランドの入植者たちは、鉄や道具類、そこでは入手できない食品類、そして必需品である船の材料の長い材木などを、アイスランドとノルウェーに依存していたので、海氷が交易にもたらす影響は致命的だった。一年のうち作物が生育できる期間が短くなったことも、もちろん、すでに農耕の限界地であったグリーンランドにとっては致命的であった。容赦のない寒冷化は、現実において運命を左右する脅威をもたらしたうえに、ノルウェー人たちの信じるラナロークの神話を残酷にも心のなかに思い起こさせた。宿命づけられたこの世の終わりであるラナロークは、厳しく、長い「冬のなかの冬」の訪れから始まるのである。

中世温暖期とそれに続く小氷河期が本当にグリーンランドの植民地の誕生と死のお膳立てをしたのかどうかはともかく、こうした気候的撹乱が数世紀にわたってグリーンランドの環境に大変動をもたらし、そこに暮らすものたちの生活を初めは容易にし、後には劇的に厳しいものに変えたのだった。そして21世紀となり、世界が再び温暖化していくにつれ、グリーンランドは新たな気候変動サーガ——今度は世界中の人間の耳をそば立たせる物語——における主役として再登場したのだ。

今日、グリーンランドは極地先住民とスカンジナビア人によっていまだに共有されている。現代のイヌイットたちとデンマーク人である。デンマークは、ちっぽけなミトンのような陸地とそれに続く島々がバルト海の入り口を塞ぐような形をしている。この国がグリーンランドの領土の占有権を獲得したのは1814年のことだ。それまでの所有者であったノルウェーが、キール条約によって権利を失ったのだった。その後、ノルウェーやアメリカ合衆国との間でときどき論争が持ち上がったが、1933年、国際法廷でデンマークの主張が承認された。グリーンランドは現在デンマークの行政自治区であり、もはや植民地ではないが、完全に独立しているわけでもない。

グリーンランドの海岸沿いにある居住可能地域はこれまで世界中のメディア、経済、政治にほとんど影響らしい影響を与えることはなかった。しかし人類世の温暖化は、その現実を劇的に変化させつつある。

グリーンランドの氷床融解は、今日、地球気候変動に関する公の議論の中核を占めているが、それにはそれだけの理由がある。不安定な西南極の氷床も常にレーダー監視の対象となってはいるが、それとグリーンランドとは異なる。ひとつには、グリーンランドには5万人を超える居住者がいるが、南半球には南極人(アンタークティカン)は存在しない。西南極の氷床の安定性は、陸上にある氷河の海側の端を支える力がますます弱まりつつある海上の棚氷の崩壊によって脅かされていて、危機はより顕著に現れている。グリーンランドの大氷塊がそのまま海へと滑り落ちる可能性は、西南極の氷床よりも低そうだが、氷塊の多くが極からかなり離れて存在するので、夏には広い範囲で融解が起こる。その南端は北極圏円（北緯66度33分）よりずっと南に位置し、アンカレッジ、オスロ、ヘルシンキとほぼ同緯度である。グリーンランドは氷河の恐竜のようだ。最後の氷河期から持ち越した氷塊が、自己冷凍作用を持つ天候を作り上げている。茫洋と広がる白い反射鏡が太陽エネルギーを跳ね返して、上がるはずの温度を低めに抑えている。また、中央の巨大な高さを持つ氷のドーム（ところによっては、3・4キロの高さに達する）がその効果をさらに増大させる。標高の最も高い北の観測地点での年平均温度はきわめて低く、マイナス30℃に近い。

しかしより標高の低い地域や海岸に近く気候条件が温暖な場所では、状況の変化は速い。旅行者、ジャーナリスト、科学者、そして地元の住民たちからさまざまな報告が聞かれる。いわく、氷河湖の水位が、しわだらけの氷河から供給される水量に影響されて、満水になったり、あるいは干上がったりする。いわく、青みを帯びた白い氷のなだれが、後退する氷河の鼻先から、轟音を上げながら崩れ去った。いわく、アザラシ狩りの猟師たちは、土地のフィヨルドの海氷が薄くなっているため、安心して猟ができなくなった……云々。

これらはお馴染みの話のイロハにあたるもので、次のような疑問を提起しているのだが、回答は与えられないことが多い。これだけの量の氷が消滅するのにどれだけの時間がかかるのだろうか？　そして、最も急激な変化が一通り終わり、氷の少ない状態が平常化した後の土地はどんな様子だろうか？

グリーンランドの氷床が長期温暖化に耐えて生き延びる期間を確定するためには、そこに存在する氷のうちどれほどの量が液体化しうるのか、また年ごとに失われる氷の量はいかほどか、について私たちは知る必要がある。ハイテクを駆使した最近の調査では、グリーンランドの氷の総量は260万立方キロメートルから290万立方キロメートルへと更新されたが、これは1辺142キロメートルの角氷が作れる量だ。

宇宙衛星による調査、とりわけ米独2機の衛星によって行われた測定（GRACE（グレース） = Gravity Recovery and Climate Experiment）では、海岸線付近の氷の喪失は、2～3年前に私たちが知っていた以上に大きくなっていることが明らかになっており、新たな実地調査が行われるたびに、消滅速度の増加を示す報告がなされている。ボールダーのコロラド大学の氷河学者、コンラッド・ステファンは最新の研究成果の要点を説明してくれた。「グレースの結果は年間およそ200ギガトンの氷の喪失を明らかにしている。そのうち、40～50％は氷床面の融解によるものであり、残りは氷河から分離する氷山の増加によるものだ。グリーンランドの質量収支（マス・バランス）は1995年以来赤字になっていて、その率は増大しつつあるね」。アメリカ航空宇宙局（NASA）のゴダート宇宙飛行センター、スコット・ラトケが率いる研究グループは、年間融解量はコロラド川6本分の水量に匹敵するとしており、また別のグループの計算では、最近の流出量の加速分だけでイーリー湖を満水にするに十分な量になるとされる。このような説明の仕方には、暗に、グリーンランドの氷床が私たちの目の前で急速に崩壊しつつあるということが示されている。だが、本当だろうか。

まず、この人類世の初期温暖化段階においてグリーンランドに生じつつある事態がいかなるものであるかを明確に捉えるためには、正しい規模感覚を持つことが肝要だ。今年失われた氷の量についての最新データが出ても、氷の総量との比較ができなければ、ほとんど無意味である。グリーンランドの白いわき腹からコロラド川が何本も勢いよく流れ出しているといった報告は、なんだかメルヴィルの小説に描かれた何本も銛を受けた瀕死のクジラをほうふつとさせるが、もしその氷床の規模が理解できれば、その怪物的な巨大さとの比較で、そんな隠喩の川も小さく感じられることになる。2003年から2008年の間に、毎年平均200キロ立方の氷が失われたとする、最近の報告について考えてみよう。この割合で氷床の消失がずっと未来まで続くと仮定すれば、全氷床は、わずか……1万4500年ほどで消滅する。

将来、温暖化がさらに進めば、もちろん、事態の推移は加速化するだろう。コンピュータモデル製作者たちはすでに、温暖化が強まることによるグリーンランドの状況変化について数多くの推測を行っているが、彼らの出す結論はまちまちである。というのも、モデルがいまだに、氷床の複雑な動力学について、完全に矛盾なく表現できるようになっていないからである。もし極地の気候が6~6・5℃ほど温暖化し、そのままに留まった場合、グリーンランドの氷床が完全融解するのにかかるとされる時間は、モデルごとに異なっていて、最長で2万年から最短で3000年までである。もしさらに高めの8℃の上昇で維持された場合、5000年でほとんどの氷床は崩壊する可能性があると計算するモデルもあるが、なかにはわずか1000年でそうなるとするモデルもある。このような条件は急騰型温室効果シナリオの可能性の範囲に十分に該当するものだが、極限の状況においても、私たちの多くが想像するよりは、氷が消えるまでにずっと長い時間がかかるものなのである。

氷の流失分と蓄積分とを比較することによる正味の喪失分に注目した場合、グリーンランドが現在海面上昇に果たしている役割が予想よりも小さいということも分かる。いまのところ、融解と膨張のほとんどは、温暖な気温と海水による浸食がこれらの作用を促進させる沿岸部の比較的低い土地において生じている。正味の年間流出量の推定値はさまざまに異なるが、最近では100～300ギガトンの範囲に収まっており、それは地球全体の海面上昇率の10分の1から3分の1に相当する。

グリーンランドから海へと流入する水と氷の量は大きいが、それは地球温暖化によるばかりでなく、グリーンランドそのものが巨大だからでもある。分類上は島とされてはいるものの、南端から北端までの距離2500キロ、幅は最大1100キロに及び、面積はサウジアラビアにほぼ匹敵し、カナダのオンタリオ州の2倍、テキサス州の3倍、フランスの約4倍という広さである。もし私たちがその大量の氷を、太陽灯に照らされながら、なす術もなくそこに放置されている膨大な塊として扱うなら、112万立方キロメートル近い氷の塊を消滅させるのに、緩んでくる薄皮のような表面部分を1枚また1枚と融かしていかなくてはならないのだ。そうなると、表面の融解だけでグリーンランドの氷床を完全に消滅させるのにかかる時間が数千年という規模になると聞いても、驚くには当たらないだろう。

しかし現実には、氷床の消滅は冷凍庫で作った角氷が融けるのとはわけが違う。氷床消滅の過程は力動的である。すなわち、表面から水が滴り落ちて次第に小さくなるというよりも、かなりの大きさの氷がまとまって海へ転がり落ちるのである。なぜいまだに私たちには、北極の氷床の将来についての具体的な情報がこんなにも不足しているのだろうか。実は、あの雪のように白い氷の表面下で、事態を複雑にする数々の作用が働いていることが分かってきているのである。

海岸に面した「流出氷河（アウトレット・グレーシャズ）」はまさに氷の川であって、堆積した中央部から流出物を氷山という形で海へと排出している。時に流速を増し、時に減速するが、ある瞬間に「流出氷河」がどんな理由で何をしているのか、正確には知られていない。例えば、東岸のヘルヘイム氷河は最近その流出量を倍増させながら、その後はかなり流下速度を落とした。反対に、西中央氷床から流れ出している、巨大なヤーコープスハウン氷河は、１９９２年以降その流下速度が2倍になったが、２００９年時点で、減速する気配はまったくない。海上の棚氷が消滅したために、その流れを食い止めるものがなくなったと考える人もいれば、氷河の下に入り込んだ溶け出した水と泥が潤滑剤の役割を果たしていて、踏まれたバナナの皮のように滑るのだと言う人もいる。

状況を複雑化するもうひとつの要因は、いく層にも積み重なる氷が、その計り知れない自重の圧力を受けて異常な分子構造を発達させたために、カクテルグラスのなかにある脆い氷ではなく、柔軟なパテのように振舞うようになったことである。この性質の変化により氷の堆積には運動能力が生まれる。重量が一定以上増加すると、自らの重みで氷床は横方向にはみ出す。こうした理由で、最後の氷河期が去った後に、かつて氷河に覆われていた土地の基岩には多くの引っかき傷や溝が刻まれたのだ。巨礫や小石が、横滑りする基部の氷につかまれて、ノミやタガネとなったのである。後退期がついに訪れると、北方の氷床は、上流から下流に向けて次第に薄くなり、それにつれて横方向への動きを失っていった。極に向かって自らを引きずるように後退していくのではなく、停滞した南の端はその身に埋め込まれていたノミやタガネをその場に落とし、春の雪だまりのようにそのまま朽ちていった。

長期間続いた超過荷重からの開放が起こると、氷は本来のよりかさの大きな結晶構造に戻る。厚い極氷床に穴をあけ、長大なアイスコアを採集する研究者は、取ってきたコアが膨張し安定するまで冷凍庫のなかに保存し、何週間にもわたって待機していることがある。さもないと、標本化するときに砕けてしまう可能性があるのだ。野外においては、圧力を解かれた氷の層が緩んだり割れたりするときに、氷床振動（アイス・クウェイク）を引き起こすので、それが残っている氷床の崩壊に加担することもある。さらに、崩壊中の流出氷河の海に面した端が急に折れ、重い氷山が崩れ落ちて流れ出すときに、より強力な振動が身震いのように重々しく氷河に伝わる。

こうした氷河の破砕からは、直接的な構造の弱体化に加えて、さらにより複雑な状況が生じることがある。夏の間に融け出た水によって、氷の上面に形成される湖沼や水流は、冬の凍結期までそのまま滞留し続けたり、あるいは氷の端から流れ落ちたりするのではなく、氷の裂け目のなかに流れ込む可能性がある。深いV字型の割れ目に猛烈な勢いで流れ落ちていく水の重さには、打ち込まれたくさびが薪を裂くように、氷河の氷を切り裂く力がある。こうして生じた亀裂が基岩に達するところでは、横穴を穿って進もうとする水が氷床の基礎部分を融かして滑らかにするおかげで、氷河が海に向けて滑り落ちる速度はさらに増加する可能性がある。

レーダー画像からは、グリーンランドの氷床の下には、融けた水が広範にわたって溜まっていることが明らかである。これはおそらく、表面からの浸透、および比較的温度が高い基岩との接触による氷床基部の融解に起因するものだろう。もし湖沼規模のプールがさらに大きくなったり、あるいは氷河の縁付近から海水が入り込み、浸透して、深い谷底の基岩にまで達したりする場合には、氷床上部の安定が崩れかねない。メイン大学の気候変動研究所での学会の最中に、私はこのことについて、氷河学者のゴードン・ハミルトンに尋ねてみた。こんなに厚くて、巨大な氷の堆積が浮き上がることがありうるのか、と。

「間違いなく起こりうることです。水は凝縮しないから、もし浸透した水が氷の下に潜り込んだ場合、氷床を基岩から引き離して、浮き上がらせることは可能です」。私はその朝行われたあるプレゼンを思い出した。そこで見せられたのは、海岸の氷河が蛇のように、潮の動きに合わせて、ゆっくりと、わずかながらだが上下動を繰り返す様子だった。それは、あたかも呼吸しているかのようだった。「そこで、もし氷塊が引っ張られて、置かれている盆状の窪地の縁から後方にずれると、その空間にも海水が侵入するかもしれない。そうなると、潮の干満によって、上に乗った氷塊は上下に揺すぶられ、やがて割れることになるでしょう」

氷床の消滅を助長するさらにもうひとつの方法は、氷床の冷たい表面の位置の高さを下げることだ。現在のところ、グリーンランドはその陸地の辺縁部で失う氷を、より多量の雪を自らの上に積もらせることによって、ある程度補っている。特に中央高地は標高が非常に高く、寒冷なため、雪が融けることが少ない。しかしそれだけでは、現在の正味の赤字分を相殺するには十分ではない。赤字は、北極付近の大気と海が温暖化するにつれ、増大する一方のようである。

ハミルトンは続ける。「もし辺縁部の氷が、融解し、どんどん厚みを失っていくことで大幅に減ると、島中央部の高い位置にある氷床がより温暖な標高の低いほうへと沈み始め、そこで夏場には融け始める可能性があります。融けてくれば、その結果さらに位置が下がってくる、といった具合です」。こうした経過をおそらくたどって、ついに氷塊はきわめて薄くなり、もはやそれ以上はまったく流下しなくなる。この地点までくれば、あとは表面の融解作用が最後の仕上げをするだろう。

さてそこにさらに、地殻の反撥（リバウンド）が続く。重たい氷床はその下の地殻を、柔らかい座席のクッションのようにたわめる。最後の氷河期は1万年以上も前に終わったのに、リバウンドによる地震はアメリカ北東部をいまだに揺すっているし、新たに発生したリバウンドはグリーンランドで日常的に計測されている。２００１年から２００６年の間にヘルヘイム氷河だけで、南東領域から水となって流れ出した氷は、その下の基岩を8センチあまりも持ち上げるのに十分なほどの量だった。グリーンランドが次第に軽くなるにつれて生じるリバウンドによって、残った氷はさらに壊れていきそうである。

氷床浸食のメカニズムをこうして一通り挙げてみて、考えられるのは、グリーンランドの氷床崩壊速度の最近の予測があまりにも控えめすぎではないかということだ。氷床表面の融解、氷床基部の潤滑化、海岸部分での急な崩壊といった事態の同時的発生（パーフェクト・ストーム）に続いて氷床の全面的な崩壊が起こるのではないか、と危惧する氷河学者もいる。一方、もっと慎重な調子で、いったん氷の本体が海洋との接触地点から十分に後退して、海流の影響による融解が減少し、氷山の流出が抑制されれば、氷床の流下速度は著しく下がるだろう、といった見解を述べる人もいる。もちろん、こうした現象の細部に関して意見の一致を見なくとも驚くには当たらない。私たちはこの問題を研究して日が浅いから、作用しているすべてのメカニズムをまだ十分に理解しているわけではないのだ。その結果、グリーンランドの将来について私たちが持っている確実な答えは多くはない。ただ明らかな結論として言えるのは、温暖化が続くことによって、氷床の縮小も、そのスピードについてはいろいろと可能性はあるが、ある一定の規模で引き続き進行していくということだ。

過去の温暖化に関する地質学的記録も、氷床の安定については私たちが知りたいことを語ってくれない。私たちが知っている限りの長期的歴史は、グリーンランドに堆積した氷がテコでも動かないくらいに安定してからのものであり、終末論的な議論の味方にはあまりなりそうにない。厳密に言えば、グリーンランド氷床が今日なお残っていること自体、驚くべきことなのである。かつて極点にもっと近接していながら、それでも氷河期後の温暖化の高温にさらされて、数千年も前にすっかり瓦解してしまった一段と規模の大きな氷河期の怪物たちよりも、グリーンランドは温暖な低緯度域に位置しているのだ。

温暖化へのこのような抵抗力は、どうやらもっと遠い過去にも存在していたようだ。エーミアン間氷期のほぼ1万3000年に及ぶ温暖な時代の後にも、グリーンランドの氷床はその3分の1から2分の1を残した。これは驚嘆すべきことだ。というのも、バフィン島から採集した主に古代の昆虫化石から成る堆積物標本から分かったのだが、その付近の夏の気温は今日より5～10℃も高かった。またさらに古い時代の、3万年にわたる間氷期もグリーンランドの氷をすっかり融かすことはなかった。

一方、歴史はまた、超大規模融解が実際に生じうることを明らかにする。それは特に、地球が現在よりも広い範囲にわたって移動性の氷に覆われていた状態で発生する。約1万4500年前のこと、グリーンランド氷床2座ないし3座分に相当する、解氷後の大量の水が、約500年にわたって海洋に流れ出した。氷床コアが明らかにするところでは、グリーンランドは当時まだ氷河に厚く覆われていたから、氷の融解のほとんどはどこか別の場所で生じた。おそらく、当時北極地方をいまよりも広く覆っていた他の氷塊が融けたものだろう。

かつてカナダ東部のほとんどと、合衆国北東部を覆っていた怪物のように巨大なローレンタイド氷床の縁の部分は、退氷期の初期段階での温暖化に伴って徐々に融け出していったが、ときどき巨大な中央ドームに当たる部分も突如として安定を失うことがあった。注目すべき崩壊が現在のハドソン湾の上で生じた。おそらく、地を這って前進する氷床によって穿たれた窪みと氷床の腹部の間に、海水が侵入したことが原因だろう。その結果、北大西洋へと殺到した数々の氷山がローレンタイドの怪物の腹を突き破り、バラバラになったその残骸はバフィン島、ラブラドル、そして北ケベックに乗り上げた。

これらの研究結果から、3つの重要なポイントが浮かび上がる。ひとつは、総量でグリーンランドをしのぐ大量の氷塊がかつて数百年という時間で崩壊したこと。もうひとつは、グリーンランドの氷のほとんどは、それにもかかわらず、数千年規模の過去の温暖化を生き延びたということ。そして最後に、力動的な波の力が氷床基部をえぐることで、大気温の上昇だけではなしえないほどの大量の極氷が海洋へと放り込まれたこと。言い換えれば、完全に氷河で覆われた今日のグリーンランドが異常なのは、その分厚い白いマントはとうの昔に消え去って当然だったはずだから、というのではない。グリーンランド内陸部は海からの攻撃を受けるにはあまりに遠い孤立した地点にあるため、ローレンタイド氷床と同じ運命に会うことはそもそもないのかもしれない。さらに、グリーンランドが異常なのは、そこだけがひとり氷床を残しているという理由からである。もしも氷河期後の海進も生じず、またハドソン湾の周囲を低い島々が取り囲むような自然地形がなかったとしたら、北東カナダの上に第二の大氷塊がいまだに鎮座していたとしても、不思議はないかもしれない。

ここで述べたポイントは、一見そうと思えるほどには、必ずしも安心を約束してくれるものではない。確かに、グリーンランドの氷床のほとんどはエーミアン期を生き延びたが、しかし最後の間氷期ははるか未来に予想される気候ほどは温暖ではなかったし、この古い時代の温暖期の間にも、部分的だが、まだかなり大規模な氷床崩壊が起きていたのだった。何にもまして、極氷の今後の命運を決定する重要な要因は、未来の温暖化の強烈さというよりは、むしろその継続期間の長さである。1000ギガトンの控えめの排出シナリオですら、現在を上回る気温が数万年にわたって続くことを意味するし、すでに現在の夏は、冬にもたらされる以上の量の氷を毎年グリーンランドから奪っているのである。こうした規模で思考を巡らしてみて明らかになるのは、あの太古からの氷のほとんど、ないしすべてが消滅の運命にあるということだ。

2005年のこと、氷河学者のリチャード・アレーはヨーロッパとアメリカの同僚たちの協力を得て、そうした氷河後退についての異常に詳細なアウトラインを、コンピュータで作成し、発表した。彼らのシミュレーションでは、二酸化炭素濃度を550ppmに維持した場合に、グリーンランドを覆う大気の温度はさらに3・5℃上昇する。これによって、西暦3000年までに、氷床南西部分に深い峡谷が刻まれ、氷床の円周はわずかに収縮する。西暦5000年時点で、残る氷床の大きさは約3分の1となる。550ppm状態がさらに長引くことによって、最後にはすべてが融解する。

アレーのグループがモデル化した状況には、最も極限的なものとして、二酸化炭素濃度1000ppm、今日との温度差7℃という温暖化が含まれている。これは5000ギガトンの排出シナリオがもたらしそうな状況と比較すれば、強烈さにおいてはかなり劣るということになるのだが、それでも西暦3000年までに約半分の氷床が融解し、5000年までには東海岸に沿った険しい山脈に、ところどころ氷河の切れ端だけがわずかに残るという。

しかしながらこの研究は、単純な氷床表層の融解のスローペースを加速化するかもしれない力動的な作用のすべてについて十分に考慮したものではないので、実際の解氷に要する時間はおそらく1000年やそこらまで縮まる可能性がある。少なくともいまのところは、彼らの研究成果として私たちが信用すべき点は、そのような出来事の時機よりも、むしろ事象が生起する順序のほうだろう。

いまから数世紀後、例えば、西暦2500年に、グリーンランドはどのような姿をしているだろうか。アレーの研究によれば、控えめな排出シナリオの場合は、海岸地帯の氷がいくらか薄くなるだけで、それ以外は目に見えるような、あまり劇的な変化は訪れないようだ。しかし、極限的なケースのひとつでは、島の南西部側3分の1が、氷床表面の融解作用だけでほとんど露出してしまう可能性がある。

さて、ここで想像してみたい。かなり先の未来にいたるまで、デンマークが主権国家として存在していて、グリーンランドとの間に強い政治的、経済的関係をそのまま維持し続けているとしよう。グリーンランドが氷のマントの下からその姿を現してくるにつれて、土地の低いデンマークは、海面上昇により本国では国土を失い、その一方で、海外に地歩を得ていくことになるかもしれない。比較的極端な排出シナリオでは西暦2500年までに（控えめなシナリオなら、数世紀遅く）氷床の3分の1が消滅することで、72万5000平方キロメートルの新しい土地が露出してくる可能性がある。これに対し、デンマークの現在の国土はわずか4万3000平方キロに過ぎない。

新たに姿を現した土地も必ずや何らかの植生を育み、グリーンランドはその名にふさわしい姿に変わり始めるだろう。そんな場所にはどんな植物が育つだろうか。私たちがここで話しているのは北極圏のことだ。だから真っ暗な冬にはまだ気温は大きく下がるだろう。気温が数度上がれば、海岸線の岩場に沿って適当な土壌が堆積したところなら、どこにもツンドラと森林の混成地が発達すると予想してよさそうだ。しかしそんな予測をするには、もっとうまい方法がある。

中世温暖期にグリーンランドに定着したノルウェー人たちが残した記録には、樹高が最大6メートルに達するシラカバの森と、斜面が牧草とヤナギに覆われた丘の様子が描かれている。いじけたシラカバとヤナギはいまでもグリーンランドの沿岸部に自生しているし、でこぼこの海岸の景色の大部分は夏場にはすでに緑に変わるようになった。もっとも、生えるのは柔らかいコケ類、房をつけたワタスゲ、高山植物、みすぼらしい灌木、といったものではあるが。

地史的証拠はまた、過去のより長期の温暖期の間にそこにどんな植物が生育していたかを明らかにしてくれる。グリーンランドの南海岸付近で採集された海洋堆積コアには、この100万年間に海へと吹き飛ばされた花粉や胞子が含まれている。40万年前の温暖な間氷期の間に、グリーンランドは広く針葉樹で覆われていた。また長さ1・6キロのアイスコアの底に現れる、砂混じりの堆積物中に発見されるDNAには、蝶や蛾や甲虫類のみならずトウヒ、マツ、イチイ、そしてハンノキに由来する遺伝物質が含まれていた。

ある専門家たちは、今日グリーンランドが森林を生育させないのは、地理的に高緯度にあるからというよりは、山のような氷床の斜面をゴーゴーと吹き降りてくる冷たく激しい風のせいだと考える。過去の温暖化期に、氷の端が海岸から内陸へと後退させられる度ごとに、その間隙に樹木が侵入した。となると、シラカバ、ヤナギ、トウヒ、マツ、イチイ、ハンノキの海岸林というのが、西暦２５００年時点のグリーンランドの植生予想としては妥当だろう。そのころの現地の人々には、現在は高い対価を払って輸入しなくてはならない薪や建築材料が、自家調達可能になるというわけだ。

さらに予想できそうなこととしては、スカンジナビア地方で現在ごく普通に作られている作物を育てる農民が増えるだろうということだ。ジャガイモ、カブ、サトウダイコン、キャベツ、ニンジン、ライ麦などである。そうなると、高価な輸入野菜を買うゆとりのない人たちに、新鮮な地場野菜が供給されることになるだろう。地元で育った牧草が十分に貯蔵されることになれば、家畜の飼育も同じくより容易になるだろう。グリーンランド南部ではすでに、ヒツジとトナカイの飼育に成功しているし、『シュピーゲル・インターナショナル』の最近の記事の伝えるところでは、デンマーク政府は、温暖化が続く様子なので、酪農業を推進させたい意向であるという。

開かれた水域での漁業が氷の消えた北極海でブームになっている間に、この新世界は目を覚ますだろう。漁業と、極周辺およびその先の国々との交易に都合のいい位置に、グリーンランドの港湾施設は整えられるだろう。そうなると、地元には造船所や海産物加工会社ができ、繁栄するかもしれない。酸性化したその頃の北極海域で得られる魚の種類次第だが、今日と同じように、グリーンランドの人たちはタラ、オヒョウ、エビ、サケなどをおそらく獲っているだろう。漁獲量はおそらく伸びるだろうし、サバのような南方系の魚種も加わるから、漁業の対象となる魚のリストはさらに長くなるはずである。ある推計によれば、西側の沿岸水域に新たにタラ漁中心の水産業を自立的に展開できれば、それだけでデンマークのグリーンランドに対する現在の年間経済援助額に相当する金額を生み出す可能性がある。いずれにせよ、新しい北極で氷が消える夏の時期には、操業可能領域が大幅に拡大することになるだろう。

漁業はまた内陸でも拡大する可能性がある。２００1年にイギリスの氷河学者ジョナサン・バンバーらが発表した、氷床下の地形の計測結果から明らかなのは、グリーンランド中央部は覆っている氷の重さでひどく歪められているということである。もし南側の氷の3分の1が消滅すれば、その中央部の陥没部分の先端がむき出しになり、そこに融けた水が溜まるだろう。したがって、そこには大きく、深い湖がいくつか形成されると予想できる。おそらくその湖には、レクリエーションのためや、また営利を目的として、サケやマスが放たれるだろう。

氷床の下の基岩そのものについては、デンマークの地質学調査が行われ、氷に覆われた内陸の基岩の状態を予測するために、現在むき出しになっている海岸地帯の地形を詳細に調べている。地質学的にいえば、グリーンランドはカナダ本土の東部離層（アウトライア）であり、それは目が飛び出るような宝石や貴金属というよりは、その大理石と片麻岩の膨大な累層によって一般には知られている。だが、注目すべき混じり物が、あまり目立つことのない基質のなかに輝きを放っているのだ。

現在、氷の消えた地域には、少なくとも10箇所の金産出地が地図上に詳細に記されており、数箇所のモリブデン鉱山や鉛・亜鉛鉱山がすでに稼働中である。ルビーはしばしばあちこちで見つかっているし、ダイアモンドを含有するキンバーライトは南西海岸沿いに普通に見られる。ヌウク付近で発見された緑色の鉱物は、将来の宝石市場を見据えて、非公式だが「グリーンランダイト」と名づけられている。氷床が後退するにつれ、探鉱者たちはこうした宝石や貴金属の新たな鉱床を発見するだろう。すでに存在は知られていても、まだあまり開発の手が及んでいない、銅、プラチナ、ウラン、チタン、ニッケル、鉄などの鉱脈についてはいうまでもない。また複数の石油会社が、沖合いに見つかっている埋蔵量の豊富な石油を開発しようと計画中である。合衆国地質調査部が行ったある評価によれば、東グリーンランドのリフトベースン〈地溝帯の盆状の褶曲地形〉だけで、石油の埋蔵量は90億バレルにのぼり、さらに2兆5800億立方メートルの天然ガスも埋蔵されているという。

このように、氷のない広大な土地、農作物、家畜、海産物、鉱物、化石燃料資源といったすべてが揃えば、豊かな経済を作り出す材料は十分だ。少なくとも、大きな原油流出事故さえなければ。しかし、こうした大規模の環境再編成においては、どうしたって勝者がいれば敗者も出てくる。伝統的なイヌイットの狩猟文化は、硬い氷がなければ狩猟のための移動もままならないし、アザラシその他の獲物にとって必要な環境条件も満たせないから、地球の温暖化が進むにつれて消えていくかもしれないし、石油の採掘に伴い、流出事故の危険性も出てくる。ただ、ほとんどの基準に照らして見て、ひとつの経済圏としてのグリーンランドは、人類世が進行するにつれて総合的には世界の勝者のひとつとなっていくだろう。

ここで描き出した未来図において最も不確実なことはなんだろうか。ふたつあると思う。実際に氷床が融ける速度、そして氷が消えた後にグリーンランドを支配するものの正体である。この新たな世界の展開の仕方を決定するのにより重要な役割を果たすのは、きっと後者の、文化的なありようだろう。どこかの超大国が口実をでっち上げて、侵略を企てることがあるだろうか。そういえば、アメリカ合衆国はトゥーレ（現カーナーク）の北西居留地に軍事基地を構えているのだった。どこかが支配するまでに、第X次世界大戦が勃発して、私たちはまるで新石器時代みたいな状態に陥っているかもしれない。あるいは、グリーンランドの先住民たちがスカンジナビアとの政治的な関係をついに絶ち、デンマーク人たちに本国に留まっていろと主張するのだろうか。時が経ってみなくては分からない。

さて、長期にわたる氷床の後退を話題にしているわけだから、さらにずっと先の時間を見てみることにしよう。グリーンランドはいったいどんな姿になっているだろうか。すっかり氷の衣装を脱ぎ捨てているのだろうか？

メカニズムや時期の問題は未解決のままとして、とりあえず、解氷が基本的な段階をたどりながら進んだときの様子を想像してみよう。英国気象局の科学者、ジェフ・リドレー率いるグループの研究は、グリーンランド全面解氷（メルトダウン）を詳細にモデル化しているが、これを利用して、起こりそうな順に事象をここに描き出してみたい。

厳しさにおいて中規模のこのシナリオは、二酸化炭素濃度が１１６０ｐｐｍという一定の値で継続することが条件となるが、これによると西暦３０００年までに、縮小する氷床の周りを、地面が徐々に面積を広げながら光背のように取り囲んでおり、島の低地の3分の1は完全に露出する。しかしその後、この氷床縮小傾向は減速化する。氷塊の側面の傾斜が以前より急になっているので、直接受ける太陽からの熱エネルギー量が減り、また氷床の縁が内陸部へと大きく後退しているために、もはや氷山が海洋に落下することがないのだ。北の海域を航行する船舶にはめでたい話である。氷床融解でできた湖には、さし渡し１６０キロにも及ぶものもあって、その脇に残る太古の氷の塊から滴る水を集めながら、北極の威勢のいい風に吹かれて、漣を立てている。寒帯林や農牧場が広がるので、夏には一帯が緑で覆われ、こうして風景の色が濃くなることで、新たな地域的気象パターンが生じてくる。

標高が高く、冷たく、熱反射率の高い氷床が消えていくことで、グリーンランドは急速に温暖化し、氷の融けた土地は地面が露出して標高が下がると同時に、色が濃くなり熱吸収率が上がるので、付近の夏の気温は13℃も上昇する。数十メートルないし数百あるいは１０００メートルを超えるような高度ではなく、海面レベルに近づくので、その周辺の冬の気温も、氷床が存在する状態に比べ7・5℃ほど高くなる。これは例えば、トゥーレ（カーナーク）では、夏の解氷期の盛りである7月の平均気温が15℃に達し、真冬の平均気温がマイナス25℃になるということである。

夏の真っ盛りには、氷の融けた地域の上空に暖かい空気が上り、漂い、その後方向を変えて島中央部の氷床の上に流れ広がっていく。そこで空気は冷やされ、下降し、滑るように斜面を下る。こうして新しい天候パターンが一巡りし、その環を閉じる。密度の高い、冷たい空気の流れが氷床の急峻なわき腹を勢いよく流れ落ち、夏季の解氷のほとんどが生じる氷床の縁周囲の気温を下げることによって、最終的な氷床消滅を遅らせるのである。

似たような循環する空気塊(セルズ)に、海の方向を目指し、次に北大西洋からの湿気を多量に含んだ風を陸地にもたらすものがある。結果として、グリーンランドの夏の天候は場所による変化が著しいものになる。冷たい氷河からの風は氷床の縁に打ちつけ、午後の海からは海岸地帯に新鮮な風が吹き込み、中間の上昇気流を生じる一帯では、普段よりも多くの暴風雨や暴風雪が生じる。

西暦4000年時点でも、中央氷床の3分の1に相当する部分はまだ東部の山脈に寄りかかっている。氷床が沈むにつれて、グリーンランドの南端を迂回するように進む傾向がある西よりの風に対する防壁としての働きが失われるようになると、西風はますます容易に本島を真っ直ぐに横切って吹くようになる。その結果、ヨーロッパを襲う嵐の進路が変わることになり、またグリーンランドの東、風下にあるバレンツ海一帯は気温が下がり、結果として、冬の浮氷の量は増大する。もしホッキョクグマやワモンアザラシがそんな遠い未来にまだ生存していたとすると、このあたり一帯の低温化によって、スバルバルやノヴァ・ゼムリャが彼らの姿を捉える格好の地となるかもしれない。

西暦5000年、ついに夏の真夜中の太陽の下でも、冬の真昼の星空の下でも、グリーンランドはほぼ無氷状態となる。東海岸に沿って連なる最高3700メートルに達する山塊が小さく縮んだ最後の氷河を抱くばかりである。もしサンタクロースが人類のはるかな未来にもまだ存在しているなら、その山の避難所が彼の最後の冬の営業所となるかもしれない。ほとんどのスカンジナビアの子供たちは「ニッセ」あるいは「トムテ」〈“Nisse”はノルウェー語、“Tomte”はスウェーデン語。それぞれサンタクロースのイメージに重なる妖精のこと〉は、現在アメリカの子供たちがサンタへの手紙の宛先にしている北極ではなく、昔からその山懐に暮らしていたのだと、言うようになっていることだろう。

このときまでに、新たな特徴がグリーンランドの地図の上にはっきりと現れてくる。最も氷の厚い部分の下の基岩はひしゃげて、海面レベルよりはるか低い位置まで凹んでいた。氷床の大部分が消えると、上昇する海が狭い北の海峡をくぐり抜けて、この中央の窪地に溢れる。いまや、島をいくつも浮かべた、花瓶型の、長さ８００キロ、最大幅５００キロ、最深部でおそらく４５０メートルもあるフィヨルドが、グリーンランドの下方に曲がった背骨をまたいで広がっている。居留地、道路、農牧地が緑を分断している場所を除いて、トウヒとシラカバの森が海岸を覆い尽くす。未来のこの時代の人たちがこのフィヨルドの波を制するために、ガソリンを使おうが、蒸気の力に頼ろうが、帆で風を受けようが、あるいは櫂(かい)を操ろうが、とにかく彼らはこのフィヨルドを交通に利用する。フィヨルドは外洋の大波からは安全に守られているし、海への出口も備わっているので、内陸の水路として国土の大部分に通じていながら、豊かな北の漁場にも容易に出かけていくことができる。

私がこの新たな水路について初めて知ったときに、これはそのうちに名前が付けられること

中程度の排出シナリオにおけるグリーンランドの氷床の融解プロセス。（アレー他、2005 年による）

になりそうだと気づいた。せっかくだからここで名前を提案してみよう。ひょっとして、未来の地理学者が古本となった本書をどこかで見つけ出して、その名を公式地図に書き込んでくれるかもしれない。最初は、私のいたずら心が働いて、デンマーク人には発音できない名前にしようかなと思った。かつてデンマークに暮らしたことがあったが、そのとき彼らの多くが「冷蔵庫（リフリジャレーター）」と発音するのに四苦八苦していたので、愉快に感じていた。ちょうど多くの英語話者が"rǿged ǿrred"を発音しようとして喉を詰まらせてしまうのに似ていた。だから「フリッジ・フィヨルド」がすぐに思い浮かんだが、思い直した。「ニー・フィヨルド（新フィヨルド）」とするほうが良さそうである。グリーンランドの住民がもっとふさわしい呼び名を付けるまでではあるが。

いずれにせよ、この光景は永遠には続かない。人類世が終わる頃まで続くことすらなさそうである。ニー・フィヨルドは、まさに自らを生み出したその解氷過程に遅れて続くリバウンドにより、結局は破壊されるだろう。

最後の氷河期が北極を取り囲む土地を押しつぶしたとき、その力に圧せられ、基岩が粘性を帯びたマントル層へと数十から数百メートルも沈み込んだ。氷床が後退するにつれて、地殻はゆっくりと撥ね返り、元に戻り始めたが、沈んだ地殻のほとんどはいまもなおリバウンド中である。例えば、スカンジナビアでの隆起率を表した地図を見ると、かつてこの土地を押し潰した氷床の亡霊のようなシルエットがはっきりと現れていて、それはバルチック海の北西の端に中心部が置かれた、ダーツ盤の同心円のような形になっている。スウェーデンのルーレオー付近のこの狭い一角では、毎年8ミリずつ土地が隆起している。バルチック海の岸を南に移動すると、隆起率は下がってくる。ストックホルムではリバウンドのスピードは半減し、マールマーでは4分の1に、といった具合である。いったん人類世の温暖化で凍結が解除されれば、グリーンランドでもこれと似たようなことが生じるだろう。

西暦5000年には、ニー・フィヨルドの海水の重さがそれに抵抗しようとも、重荷を解かれた土地は空に向けて緩やかに持ち上がっていく。最深部の中央海盆の底はすでに、氷が消え去るのと同じ速さで、約3分の1程度元に戻っているだろう。しかしその後の回復の歩みは遅々たるものである。西暦5000年時点で、ニー・フィヨルドの海底の隆起率は年に6〜7センチほどで、群発地震が中央グリーンランドの町々や農場を揺さぶるのである。

西暦8000年までに、ニー・フィヨルドの水深は、それができたときのおよそ半分ほどになる。海岸は中央部の沈下域ほどはまだ隆起していないため、また大量の極氷が融けたあとで、海面レベルはずっと上昇しているために、外洋と結ぶ海峡はまだ開いたままである。しかし最後には、長く尾を引いて下降していく二酸化炭素曲線のはるか数万年も先のほうで、リバウンドの結果、海への出口は高く持ち上がり、乾燥し、ニー・フィヨルドは大西洋から切り離される。流入する雨水が海水の塩分を希釈し、そのうち湖となる。

この種の事象は、最後の氷河期の直後に北アメリカ東部において実際に生じた。新たに氷河の退氷によって開かれたセントロレンス川回廊は、現在でもなお海面レベルよりもかなり低い位置にあるが、そのために氷床が消えると、東から海水が流れ込み、シャンプレーン峡谷に溢れた。数世紀にわたって、アザラシやクジラが現在のバーモント州、バーリントンの海岸地域から見えるあたりを泳いでいたし、ムラサキイガイや白いマコマハマグリの見た目にも新鮮な殻が、いまでもニューヨークのプラッツバーグ付近の砂利穴から掘り出されるのである。その塩水塊は川と降水の流入によって、徐々に希釈され、現在のシャンプレーン湖へと変わっていったのだった。

西暦1万年、ニー・フィヨルドの面積はことによるとフロリダ州よりもまだ広いかもしれないが、リバウンド中の湖底は現在よりはるかに高く、水深はわずか100メートルほどだ。さらに数千年経つうちに、隆起した岸に堆積物が残す層状のバスタブ・リング〈湯面の垢が風呂桶の内側に残すすじ〉が、縮小する湖岸に円を描いていく。そのなかには、かつての港の跡や、港町の建造物の崩れかけた基礎などが点々と散らばっている。

気候の反転はとうに完了し、寒冷化傾向が徐々に進み、今日の気温にかなり近づきつつある。

こうした変化はきわめて微妙なものなので、そもそも年ごとに変化を見せる自然の気候の只中に暮らす普通のグリーンランド人は、100年平均でコンマ以下の温度変化などに気づくことはない。しかし温度変化に伴う緩やかな海洋の後退については、生活の糧のほとんどを海から得ている国にあっては、さすがに国民はもっと敏感である。海岸付近に暮らしを営んでいる人々の多くは、海の後退を単なる生活上の事実とみなし、必要とあれば、容易に適応する。かつて20世紀から21世紀に起きたもっと急激な変化の時代にも、海の民たちはそうしたのだった。そうではあっても、長期的な寒冷化はグリーンランド人の世代が交替するごとに、その親世代が享受していたのと同じレベルの快適な屋内環境を維持するために、少しずつ余分なエネルギーを消費せざるを得ないだろう。数百年の間に、作物の成長する季節は短くなり、気温も下がれば、冬季の結氷期は長引き、海岸沿いの航路は春になってもなかなか開かない。

そうしたはるかな未来にあっても、生じている事態をはっきりと認識できるだけの歴史感覚を備えた人たちには、このような容赦のない変化は不安をもたらすことだろう。なかには、劇的な事態だとして大騒ぎする連中も出てこよう。西暦1万年に、活発なメディア産業が相変わらず存在しているなら、ニュースの見出しには、「地球寒冷化によって凍結するグリーンランドの未来」といった警告の文字が躍るかもしれない。ニュースキャスターたちは、寒冷化による凍死や凍結による怪我の危険性の増大について、薄気味悪い解説をして、視聴率を稼ごうとするかもしれないし、また「炭素危機」という言葉が、今度はひょっとして温室効果ガスの過剰ではなく、不足を指して使われるかもしれない。この変化に気づく人たちのなかには、祖父母が育った時代の、わずかに温暖で、緑が豊かで、穏やかな環境に思いを馳せ、あこがれる人もいることだろう。数世紀前にエイリークたちをグリーンランドへと赴かせた一時的な温暖期が終わり、侵出してくる海氷が徐々に彼らを世界から切り離し、その地に幽閉しようとしていたときに、彼らノルウェー人入植者たちが祖先の時代をあこがれたように。

そしていつの日か、下降する炭素曲線のさらにはるか先のほうで、リバウンドする地殻に抱かれ縮小しつつあったニー・フィヨルドの湖水に残されていたわずかな水も、ついに地殻の隆起が限度を超えたとき、大西洋へと流れ込んでいくだろう。それがいつのことになるのか、推測の域を出ないが、西暦5万年あたりだろうか。グリーンランドの垂直断面を見ると、氷のドームから水をためた鉢状の窪みへ、さらには隆起する岩のドームへと、変化を繰り返したことになる。森林、農業地、居住地域を擁する、登り傾斜のランドスケープが西から東へ向けて広がり、また島の東部の峨々たる脊梁山脈の水を集めて、何本もの川が、かつては氷結していた谷や、海を目指して勢いよく駆け下ることだろう。私たちの残した炭素という遺産がついに尽き、力を失うとき、ようやく大地を押し潰す新たな氷床の侵出が始まるが、それはここ東部の高山帯からである。

こうして長い目で将来を眺めたとき、ニー・フィヨルドを最後には失うことになるにしても、グリーンランドにとっては、失うものより得るもののほうが、どうやら多そうである。しかし一方、デンマークのほうは、海面上昇によって土地を失っていく。グリーンランドが、極限の排出シナリオで、その氷床のすべてを失う頃までに、南極の解氷分が加わるので、海面上昇は合計で12メートルを超えそうである。それは、平らなデンマークのロラン島を水没させ、ジャットランド半島をヨーロッパ本土からほぼ切り離すに十分な高さである。こうした未来を考慮に入れたうえで、地球温暖化から大きな利益を得そうな数少ない場所のひとつであるグリーンランドへのかつての支配権を、デンマークが次第に弱めていくのを観察するのは、それだけにいっそう興味深いことではある。グリーンランドを失えば、デンマークは将来のライフラインを手放すことになるかもしれない。

グリーンランドが1979年にデンマーク連邦に属しながらも自治権を獲得したとき、自治政府はデンマークから外交、防衛、通貨、裁判制度に関する権利を移譲されることになった。5万人のイヌイットと6000人のデンマーク人から成るグリーンランドの人々の間に、さらに国家としての自治権の拡大を求める圧力が高まり、2008年11月には完全独立を問う国民投票が行われ、賛成多数で可決した。彼らの立場からは、人類世の温暖化はデンマークからの完全な分離にますます有利に働くかもしれない。とりわけ、北極海の海氷が消滅し、さらに豊かな緑が広がり、そして氷床の縮小により、さらに次々とグリーンランドの隠された秘宝が発見されるようになった暁には、なおさらそうなるだろう。

デンマークの遠い未来における存続が危うくなるとき、デンマークの人々は、その古くからの友人であるグリーンランドの人々に自分たちの連邦に留まってもらおうと、もしくは、少なくとも友人のままでいてもらおうと、懸命に説得にかかる強い動機が生まれるだろう。遅かれ早かれ、グリーンランドが彼らを必要とする以上に、もっとずっとグリーンランドを必要とするようになるはずである。

10章　熱帯はどうなる？

本質的には、すべてのモデルは誤りである。しかしなかには役に立つものもある。

ジョージ・ボックス（統計学者）

トゥルカナ湖にあったかつてのファーガソンズ湾(ガルフ)は、いまや乾いて硬い地面がむき出しになっており、熱風が吹き渡ると、その上を石英の白い砂が薄い筋を引いて流れ、サラサラと音を立てる。広くて浅い湾はかつてトゥルカナ湖の西岸にえくぼのような窪みを作っていた。エメラルド色をしたアルカリ性のその湖面は、290キロ近くの長さがあり、ケニア北部のほとんど道路のない、環境の厳しい砂漠のなかに、いまでも強い日差しを反射して輝いている。陽に焼かれた砂洲が、その上に、粗いトゲだらけのやぶを生やして、カゴをそっと抱くように陸地から腕を伸ばし、その乾ききった湾を円く囲んでいる。このカゴにはかつて、水と大量の魚が入っていた。

1988年のある日、ファーガソンズ湾にあるのは、せいぜいラクダの糞とトゥルカナの遊牧民たちのサンダルの跡くらいだった。かつて、浜の緩やかな傾斜を下り、操船可能な水深に届くまで沖へ何百メートルも伸びていた突堤は、錆びた鉄杭の骨組みが残るだけだ。その上に張られていた板はとっくにはぎ取られ、薪として燃やされてしまった。少しだけ内陸に入ると、飛行機の格納庫に似た大きな建物があるが、なかはもぬけの空で、金属の薄板でできた軀体にいくつも開いた穴を通り抜ける風が、うめき声を立てている。1970年代に、ノルウェーは何百万ドルも投じて、この魚の冷蔵処理施設を築いた。こうすれば、ウシやヤギを放牧して暮らす人々の懐疑心を解きほぐし、この地に定住して湖の翡翠色の浅瀬に産卵しに来る巨大なナイルパーチをはじめとする魚を獲って暮らすことに、どうにか同意してもらえるのではないかと期待したのだ。目的は、貧困と干ばつの影響を受けやすい状況から人々を救い出し、安定しているはずの近代的な貨幣経済へと移行させることだった。

事態がその思惑を外れるまでに時間はかからなかった。強烈な砂漠の熱射を受けるので、巨大な建物の冷房にかかるコストは、魚の切り身がもたらす利益を上回っていた。しぶしぶ事業に参加したトゥルカナの人々は、飢えをしのぐために魚を利用することを伝統的に忌避していたので、深場の漁をするための舟を所有していなかった。彼らは、舟を使う代わりに、まるで養殖池から魚を獲るようなやり方で、湾で漁を行った。湾の底は平なので、彼らは、薄暗い水に首まで浸かって歩きながら、手で網や釣り糸を引いた。クロコダイルも同じ場所で、同じ魚を追い、しばしば気味の悪い距離まで漁師たちに近づいた。時折、犠牲になったのは不注意な子供たちだった。一方、新たに定住することになった家畜たちは、わずかに残っていたトゲだらけの植物を噛み取り、居留地周辺の緑は消え、裸地が同心円状に広がっていった。その結果、家畜の所有者たちは、このますます細るばかりである湖に依存した生活様式のなかに閉じ込め

ケニアのトゥルカナ湖西岸にあるファーガソンズ湾の中央部へと突き出している突堤。水位低下により底がむき出しになった。上の写真は1981年、下は1988年に撮影。

られてしまった。

そして、湖の水位の低下が始まった。ファーガソンズ湾は縮小し、続いて周囲から砂が流れ込み、トゥルカナの人々は主要な漁場を失ってしまった。多くの人たちは残った家畜を引き連れ、過放牧地を避けて、湖から離れた丘陵地へと戻っていった。どうやらこの事業を計画した人たちは、湖の水位は変わることがあるということ、そしてトゥルカナ湖は長い水位変位の歴史を持っていることを忘れていたか、認識していなかったようである。後に、廃止された砂漠の水産加工工場を評価するために、ノルウェーから派遣された専門家は、後悔をにじませて、次のような言葉で括った。「よくもこんなに愚かなことをしでかしたものだ」

この話をよくある干渉主義者のくだらない失敗談のひとつとして無視することは簡単だ。私自身、１９８１年にファーガソンズ湾で舟に乗り、当時はまだ運営中だったこの水産事業の施設を見て、それから数年後に湾の跡を車で走った際には、これをそうした失敗のひとつだと思った。だが、こうした過ちは実際にはいとも簡単に犯してしまう類のものである。善意の人たちが他者を援助しようとするときに、その物理的、文化的な背景への理解が十分でない場合に、このような過ちはいつでも繰り返される。迫り来る気候変動の脅威に促されて、熱帯地域の開発途上国のために、財政的、政策的な援助をしようとする際に、見過ごしがちな厄介な事実がひとつある。地球上で最も理解されていない気候のひとつが熱帯の気候なのである。何が起こるのかを正確に知らないのに、これから訪れる変化にどうしたら効果的な対応が図れるだろうか。

最新のＩＰＣＣの評価報告書（アセスメントレポート）では、熱帯地域における21世紀の概観予測が、高緯度地域と比べても、また世界全体と比べても、注目度が低かった。それは熱帯が重要ではないからではない。熱帯は地球の表面積の5分の2を占めているし、人類のおよそ半数は熱帯で暮らしているのだ。こうした不均衡が生じる理由は、次のように説明されることがある。すなわち、ほとんどの気候調査がもともと熱帯に属さない国々で始められたもので、調査はよりしばしば北半球高緯度地域の冬と夏の状況に集中する傾向があり、赤道付近の「季節外れ」の降雨期は注目されにくい。また、熱帯では気温の変化よりも降雨のパターンのほうが一般に重要だが、降雨についてはコンピュータによるモデル化と正確な予測が難しいという意見もある。そして、ほとんどの専門家がうなずくのは、熱帯の気候を研究するときに、北米やヨーロッパの気候を考えるときに比べて、私たちには研究に使える背景情報が少ないということだ。例えば、アメリカ合衆国には、合衆国歴史気候ネットワークと呼ばれる、質の高い気象観測所のデータの集積がある。これは豊富な資金で運営されており、アップデートも頻繁に行われ、オンラインでのアクセスも容易である。熱帯の多くの国では、公共サービスも不十分で、民の声が国政に十分に反映されておらず、このようなネットワークはまったく存在しない。

すでに高温の地が温室効果に脅かされるなどと想像することが、そもそも異様なことに思う人もいるかもしれない。しかし地球規模の気候変動を理解しようとするならば、気温が低めの地域のみならず、地球のへその周りで進行している事態についても知る必要がある。さもなければ、私が子供の頃に親しんだ古いインドの民話で、ユーモラスだが的確に語られていた過ちを、またぞろ繰り返す危険がある。それは、数人の盲人が巨象の体のそれぞれ異なる部分に触れ、その正体について一見もっともらしいがひどく不正確な評価をするという話だ。鼻に触れた男はゾウを蛇のようなものだと結論づけ、太くて皮膚がざらざらの足に触った者はこれを木だと言い、広いわき腹に寄りかかった男は、これは壁だと考えた。この見当違いの集団が描くよりはましな、もっと完成度の高い地球規模の気候変動の図を描くために、これまで私の主要な研究地であったアフリカとペルーについてここでは話をしよう。ただし、熱帯地方での天候の働きや、それが将来どのように変わるのかなどについては、まだ分かっていないことが多いのだということは忘れないでほしい。

まず、熱帯アフリカの現状を考えてみよう。それは他の低緯度地域についても当てはまるものである。２００1年度のＩＰＣＣ評価報告書では、「地域的な気候変動予測を引き出すことは［いまのところは］不可能であり」、また「気候変動がアフリカにおいて干ばつに及ぼす潜在的影響は確定できない」となっている。２００7年のＩＰＣＣ報告書は、「使用された推定値やモデルのいくつかには限界があるために、結果を拡大解釈すること」に対して警戒を促したうえで、干ばつは長らくアフリカ北部および東部に猛威を振るってきたが、「海洋と大気のモデルを組み合わせることによって、これらの干ばつのシミュレーションを行うことが可能であるという証明は　まだなされていない」と述べている。熱帯気候学者のリチャード・ワシントンの言葉として、最近『ネイチャー』に引用されたが、アフリカの気候モデルを使えば、「お好みどおり、どんな結果でも手に入れることができる」。王立オランダ気象学研究所（ＫＮＭＩ）は、地域気候モデルによるシミュレーションを網羅的に再検討し、その結果をオンライン上に発表しているが、そこから明らかなことは、アフリカ大陸内部の諸地域にとっての陸水学的（ハイドロロジカル）未来の可能性は、混乱をきたすほどに多様な広がりを示している、ということである。

この複雑さと不確実さゆえに、熱帯気候の未来について読んだり、聞いたりすることの多くが疑わしいのだ。例えば、２００6年、『インディペンデント』紙に載ったある記事は、アフリカは他地域に先駆けて温暖化し、「人類史上最大の破局」に直面するだろうと述べ、その論拠として、経済学者のニック・スターン卿やコンピュータモデルによるさまざまな西アフリカの干ばつ予測を引用している。対照的に、『コペンハーゲン診断書（ダイアグノーシス）』というタイトルの、科学者による最近の報告書は、同様のモデルを援用しながら、最も温暖化の進行が速いのは熱帯ではなく極地方であることを明らかにし——これはほとんどの報告と同様だ——、そのうえで、結論として次のような見解も示している。西アフリカのサヘル〈サハラ砂漠南の半乾燥地帯〉では、気候が多湿化する可能性があり、これは地球温暖化に反応した「急転現象（ティッピング・ポイント）がプラスに働く稀な例」になりそうである、と。KNMIのウェブサイト上にある、コンピュータモデルのバラつきの大きい結果も含めて、このような矛盾する予測が存在することは、信頼に足る近未来図を決定することがギャンブルに近いものだということを示している。サヘルと同じ状況は、他の熱帯地域にも存在する。最近の『イオス』誌上における地球物理学者ヴェンカタチャラム・ラマスワミの言によれば、アジアの気候学はいまだに「モデル間の相違についての理解が不十分であること」および「私たちの気候モデルに不備があって［対象地域の］空間規模を決定できないこと」によって、混乱状態のままである。だが幸いなことに、熱帯の気象については、しっかりとした科学的基盤が存在しており、気温と降雨の基本的な性質から、単純に推論できることは多い。

低緯度地域においてすでに気温は上昇中であるが、一般的には極地に比べて上昇幅は小さい。極地方においては、熱を反射する雪や氷の消失によって、気温の上昇が加速化されるため、そこでの温暖化率は地球平均を上回っている。だが、もともと温暖な熱帯における人間の生活の歴史は、他のどの地域よりも長いのだ。私たちは結局のところ、熱帯で進化したのだ。生命は何億年もの間熱帯において豊かな営みを続けてきたのであり、今日でもなお、他のどこよりもその地で生命は栄えているのである。もし何千種ものカエルや魚や花や菌類を見たいのなら、赴くべきはアマゾン流域であり、ユーコン流域ではない。

こうした文脈を考えると、地球温暖化と結びつけて、熱帯的気候を人にとって脅威となるもの、致命的なものと感じさせていることを、奇妙に思うだろう。火のついた惑星のイメージや、口に体温計をくわえ、真っ赤な顔をして汗をかいている地球といったイメージは、人々の注目を集めたり寄付金を集めたりするのに効果的ではあっても、事情によく通じた人たちの議論を支持するにはあまり有効ではない。温暖化は、特に安定的な、あるいは比較的寒冷な状況に適応した生き物や社会にとっては確かに問題ではあるが、高温それ自体は、すでにそれを正常な状態として経験しているものたちにとっては、必ずしも致命的な脅威ではないのだ。

世界が温暖化する過程で、熱帯地方のほとんどの地域では、緯度と標高の高い地域において変化が増幅される物理的な急な転回点（ティッピング・ポイント）、すなわち氷の融解点に直面することはないだろう。現在規則的に氷結が生じる場所においては、将来の気温の上昇が、氷床の崩壊から極海の海氷消滅にいたるまで、突如として急激な物理的影響をもたらす可能性がある。しかしすでに温暖な地域においては、気温の上昇曲線上に、そこをまたげば急激な変化が生じるような生態学的境界は存在しない。北極では、気温がグングンと上がっていくうちに、突然、セイウチたちが身体を休める氷が消え、また雪に覆われていた土地がむき出しになり地面と岩と植物が熱を吸収するようになると、さらに激しい気温の上昇が促される。熱帯地方では、暑い天候がさらに暑くなっても、それだけ余計に暑くなったと感じるのがせいぜいのところである。

気温が高いところの住民たちは、それ以上に気温が上がることをもちろん望みはしまい。しかし、将来の変化が人間にもたらす得失を秤にかけるときに、記憶に留めておくべきは、ホモ・サピエンスという種が、しばしば主要メディアが伝えるよりもっと現実的な次元で、いかに気温上昇に対処するかということである。

忘れられない体験がある。ジブチの波のように揺れる蜃気楼のなかを、筋骨たくましいフランス外人部隊が隊列を組んで走りながら訓練する光景を見て、あきれて開いた口が塞がらなかったのだ。そこは、エチオピアとソマリアに挟まれたアフリカ岬に刻み込まれた、溶岩の尾根と谷から成る溶鉱炉のような孤立地帯だった。照りつける強烈な日差しと濃密な湿気をはらんだ空気が、初めてそこを訪れた私を怯えさせた。というのも、私が到着する少し前に、フランスの観光客の一団の車が僻遠の砂漠の道で故障し、数時間も経たないうちに彼らは熱射病で死んだのだった。しかし、後に非番の部隊員に教えられたが、そのうち体が慣れてきて、屋外でするべきことは、熱射のなかでも十分にできるようになるものなのだという。そして日が沈んで数時間後にはいくらか涼しくなるので、首都の通りは非番の兵士たちと地元の人々とで賑わう。酷熱のジブチ奥地でさえ、人々は生まれたその土地を愛しており、遊牧民たちは何世代にもわたって、その厳しくも美しい土地を利用する権利を、それを奪おうと企てる者たちから、断固として守ってきた。

こうした例から分かるのは、気温の高さは必ずしも耐えられないものではないのだということだ。特に、高温に慣れていて、極度の貧困、病気、あるいは何よりも戦争といった苦難がなければ、である。私たちが知っている生活を脅かすのは、主に変化そのものであって、特定の気温の値ではない。未来の気候の反転期の後についに訪れる地球寒冷化は、私たちの子孫たちの多くに問題をもたらすだろう。現在これと反対の気候変化が私たちに問題をもたらしているのと、ちょうど同じことだ。

熱帯の気候史についての誤解もまた珍しくはない。19世紀の地質学上の最も驚くべき発見のひとつは、この200万〜300万年の間に、膨大な氷床がユーラシアと北アメリカを広く覆っていたということだ。こうした過去の寒冷化のデータが常に頭にあったので、多くの科学者が、熱帯に氷河地形が少ないことから、低緯度気候は常に安定的であったこと、そして熱帯における高い生物多様性は恵まれた気候状況を反映していることについて当然と考えたのだった。しかしこのような想定は誤りである。

「温帯の住民(テンパレート・ゾーナーズ)」についてしばしば正しく認識されないのは、気候の構成要素は気温ばかりではないということだ。私がニューイングランドで過ごした子供時代には、季節というものは寒いか、暑いかのどちらかであり、過去の主要な気候変動の中心は氷床の侵出あるいは後退だったと思い込んでいた。だがもし私の育った場所がナイロビとかジャカルタだったとしたら、季節とは主に雨季か乾季かであったろうし、また土地の歴史で最も注目すべき天候による撹乱は、洪水ないし干ばつに関係するものであったろう。降雨は地球の気候変化における要因としては気温に匹敵するものであり、熱帯のほとんどの地域では、降雨のほうが気温よりもはるかに重要な要因である。残念なことは、気温より降雨のほうがモデル化したり予測したりするのがより難しいということだ。

熱帯地方の長期的な生態史における降雨と乾燥が果たす中心的な役割について、科学者が多くの知識を持つようになったのは、熱帯地方で採集した堆積コアの分析が始まった、ほんの50年ほど前のことである。最初にこうした仕事をした古生態学者たちのなかに、私の大学院時代の指導教官だったデューク大学のダン・リヴィングストーンがいた。先生は、熱帯気候の変動の性質と原因を解読する方法として、過去の植生と湖の水位を研究するため、1960年代に、大学院の学生を引き連れて、東アフリカ各地を歩き回った。

いまでは当たり前となった定評ある方法を使って、リヴィングストーンとその学生たちはヴィクトリア、タンガニーカ、チェシー（ここではクロコダイルにボートを沈められたが、命は奪われずに済んだ）といった湖の底の柔らかい堆積物に、長い金属製のパイプを突き立てたのだった。研究室に戻ると、顕微鏡で太古の花粉粒とケイソウ類のガラスのような殻を調べ、過去数千年にさかのぼるアフリカの気候記録を、堆積層一層ごとに再構築した。彼らの発見した事実は科学界を驚嘆させた。氷河期は、熱帯地方に気候変化をもたらしたばかりではなかった。古気候記録が明らかにしたのは、こうした気候変化が極端であり、また高緯度帯での変化とは非常に異なるものだったということである。

北方の気候が寒冷化し降雪量が増えるときは、東アフリカもある程度寒冷化はするが、雨量は増えることなく、著しく乾燥する。最後の氷河期の終わり近くには、東アフリカの森林は乾燥したサバンナへと変わった。1万7000年前から1万6000年前の頃、水深1470メートルのタンガニーカ湖の水面は大地溝帯の盆地のなかへと低く沈み込み、世界最大の熱帯湖であるヴィクトリア湖はまったく消え去ってしまっていた。現在はモンスーンの多雨地帯となっている南アジアで、調査を行った結果、明らかになったのも、同様の激しい乾燥化だった。こうした変化は、物理的には簡単なことだ。温暖化によって水分を含んだ空気は上空へと吹き上げられ、そこで凝集して雨雲に変わるが、寒冷化は同じパターンを逆向きにたどる。古気候の記録が繰り返し示してきたのは、この基本的な経験則——すなわち、温暖化は多雨化を、寒冷化は乾燥化を意味する——は、熱帯地方内陸部の多くの地域における長期的気候史に当てはまるということだった。ところが、そうなると、熱帯における種の多様性の高さをもたらす原因は環境の安定性だという考えは排除されることになる。これはいまだに科学界において未解決の謎である。

私たちの手元にある、間氷期と呼ばれる温暖期の地質学上の記録は、温帯で採集されたものに比べ、熱帯のものは少ないが、その少ない記録のほとんどが気温がより高い時代において気候はより湿潤だったことを示している。東地中海由来の堆積物資料から明らかになったのは、エーミアン期および完新世初期には、ナイル川から注ぎ込まれる膨大な量の真水が海水面を覆っていたことである。この最後の温暖期の間じゅう、サハラは野生動物が豊富なサバンナだったし、チャド湖は、いまではかなり縮小した塩水の水溜りといった風情だが、当時は巨大な淡水の内海だった。モーリタニア沖の沈殿物から採集したコアには、この温暖な完新世における湿潤期の終わりが鮮明に記録されている。約5000年前、風向きが東よりに変わり始めると、吹き飛ばされた多量の砂漠の砂がその海域に流れ込んでいった。北アフリカの乾燥化を告げるものである。

ところがさらに最近の研究から、温暖は湿潤、寒冷は乾燥という定式に対し、際立った例外が存在することが明らかになった。私自身の研究（全米科学基金を通して、全米の読者たちの税金から研究支援をいただきました。感謝申し上げます）からは、ヴィクトリア湖は、遠い過去に起きた主要な寒冷期には縮小化したが、６００年前から２００年前のいわゆる小氷河期中の最も寒冷な時期には、その水位は下降せず、上昇したことが分かった。アフリカのほとんどの湖がこの異常なパターンに従ったわけではないが、ケニアのナイヴァーシャ湖とタンザニアのチャラ湖の堆積層コアには同様のパターンが記録されているから、熱帯での降雨の傾向は、時期や地理の違いにより、思いがけない変わり方をすることがある。これに私たちは気をつけなくてはならない。

こうして歴史を概観してみたが、将来の熱帯の気候について何か有益なことが分かっただろうか。得たものはあったが、私たちにとって十分とは言えそうもない。人類世の温暖化が低緯度地域の気候に将来何をもたらそうと、その最も重要な影響のなかに含まれるものは、おそらく気温より降雨ということになるだろう。しかし温暖は湿潤、寒冷は乾燥というパターンが必ずしも常に当てはまるものではない、ということをからも分かるように、すべての地域が環境変化に対してあまねく同一の反応をするわけではないのだ。さらには、過去の長期にわたるこうした変化の多くは、地球の軌道や傾きに変化が生じる自然の周期が原因になっている。こうした周期による変化は、私たちのせいで現在増大しつつある温室効果とは根本的に異なるものだ。だが、かなり確実なことは、将来生じる変化の多くが低緯度帯の基本的な気象システムと結びついたものであるということだ。この雲と豪雨が盛んに生じる、蛇行するベルト状のシステムを、気候学者たちは熱帯収束帯（intertropical convergence zone）、略してＩＴＣＺと呼ぶ。

地球の衛星画像のなかには、その商標（トレードマーク）――いやむしろ、その水位標（ウォーターマーク）――をはっきりと見て取ることができる。赤道に沿って見ていくと、ＩＴＣＺが雨季のたびに定期的に訪れる地域では、土地は緑色である。例えば、アマゾン、コンゴ、アジアやオーストラリアのモンスーン地帯の大熱帯雨林と川がそうだ。この赤道付近のグリーンベルトの両側から両極に向かって進むにつれ、緑は次第にあせて、対照的な土色の死のゾーンへと変わる。このあたりは世界最大の乾燥地帯である、サハラ、ナミブ、カラハリの砂漠、アラビア半島、そして赤レンガ色のオーストラリアの内陸部などだ。

ＩＴＣＺは太陽エネルギーを動力源としており、これを稼動させる大規模な大気の装置を、地球に備わった気候の「熱機関（ヒートエンジン）」と呼ぶこともある。この熱機関のたとえは適切なものだ。というのも、真上からの直射日光が熱帯を焦がすときに、ハドレー空気塊（セルズ）と呼ばれる、上昇し下降する巨大な空気のループが、まるで互いに噛みあった2対のはめば歯車のように回転する。強烈な熱射が地表の空気を暖め、膨張させると、その空気は上昇し、歯車と歯車の間の回転部分、すなわちＩＴＣＺそのものへと入り込んでいく。空気はそこで凝縮し、雲に変わり、煙が天井にぶつかるように成層圏の下部にぶつかり、広がっていく。その後、高緯度の乾燥地帯までくると、この冷えた空気は再び下降を始め、地上付近を吹いていた貿易風をこの装置の中心部分である空気の上昇帯へと再び押し戻す。この循環する運動が、対流活動による降雨と、雲ひとつない砂漠と、航海者に味方する風とを結びつけ、大昔から熱帯気候を決定してきた単一の一貫したシステムを作り出しているのだ。

熱帯の境界を示す2本の線は、赤道の南緯および北緯それぞれ23・5度の地点を通る。毎年6月に、太陽に向かって北極は最も大きく傾くので、そのために、高エネルギー光が、最も直接的に、カルカッタ、アスワン、ハバナの緯度に近い北回帰線に届く。6月下旬の真昼に、どこかこの線に沿った場所に立ってみれば分かるが、陽光は真っ直ぐにあなたの頭の天辺を打つだろう。12月に南半球の夏が始まると、南極が同じように太陽に向かって傾き、直射日光が、リオ、ウィンドフック、アリススプリングの緯度付近を通る南回帰線を照らす。

この平行な2本線の間のどこに日光が垂直に当たっても、ＩＴＣＺはついて来る。クリームのような雲の帯が、毎年毎年行ったり来たり動いていくが、それが頭上を通過するたびに熱帯の住民たちは雨季の恵みを享受する。ドラムを叩くような雷雨の響きが、インドやパキスタンの夏のモンスーン域からルワンダやブルンジの丘陵の急傾斜地に営まれる農場や森林にいたるまで、世界で最も人口密度の高い地域で、季節ごとの生活のリズムをこのようにつむぎ出すのだ。

もし常識と多くの地球気候モデルのどちらとも正しいのなら、将来の温暖化により、熱に敏感に反応するハドレー空気塊のはめば歯車の動きはさらに活発化し、ＩＴＣＺ帯内の降雨域は南北にさらに拡大するだろう。同時に、海洋の水温上昇によってこのシステムに供給される水蒸気が増え、そのためにＩＴＣＺ内で凝縮する空気の柱から地上に降り注がれる雨の量は増大するかもしれない。これが、熱帯モンスーン地帯における多雨化と降雨範囲の拡大化の仕組みである。ほとんどのモデルが、21世紀における南アジアとアフリカおよび南米の赤道地帯の湿潤化を予測しているが、この仕組みはその理由を説明するのに役立つものである。

熱帯の境界からの少し緯度の高い地域では、これとは逆の状況に直面するかもしれない。ハドレー空気塊の下降側面に沿って沈む空気は雲の形成を許さないので、乾燥地帯でよりいっそう乾燥化が進むところが出てくるだろう。簡単に言えば、地球温暖化は熱帯の気候システム内で現在生じていることを、それぞれ強化する可能性があるということだ。しかし、熱帯の循環システムが強力になるにつれて、多雨地帯も乾燥地帯もともに極に向かって拡大するかもしれない。そうなると、中間地帯では否定的変化、肯定的変化の双方が生じる可能性も出てくる。例えば、サハラでは、人と生態系への最も大きな被害が生じるのは最北端の境界地帯になりそうである。そこでは、以前より厳しい干ばつが、現在はいくらか乾燥度が低く人口密度が高い地中海沿岸地域の降雨量をさらに減少させる可能性がある。これに対し、砂漠の正中線と南端部に沿って、ＩＴＣＺの降雨帯が拡大化し強化されるために、その一帯の生活は楽になるかもしれない。この種の緯度に沿った気候域の移動は、はるか過去のエーミアン期やＰＥＴＭ期の規模の温暖化では重要な特徴であり、その徴候はすでに熱帯と温帯南部における支配的な風の進路のいくつかについて報告されつつあるので、人類世の未来には同様の事態がさらに多く生じるという予測が成り立つ。

近い将来において、深刻な水不足の問題に見舞われる可能性が最も高い熱帯地域のひとつに、東太平洋とアンデスの峨々たる山並みに挟まれて細長く延びた海岸地帯がある。年間に平均してわずか数インチの降雨ではあるが、それでもペルーの人口の半数以上がそこにどうにか生活を営んでいる。

２００６年、初めて私がペルーの砂漠地帯を訪れたときには、私が特任研究員をしているメイン大学気候変動研究所の考古学者、ダン・サンドワイスと一緒だった。散発的に生じる湿潤な時期が数千年にわたって地域の文化に強い影響を及ぼしたということがダンの研究からすでに明らかになっていたので、その旅ではそうした時代の洪水の地質学的な証拠を研究しようと、セーチュラ地方を目指して北へ向かっていた。しかし、海岸地方のペルーの人々にとって、降雨量増大期よりもさらにいっそう重要なのは、内陸部の高峰から水をもたらしてくれる河川の存在だったのである。

リマからピュラへと北に向かって、殺伐とした海岸沿いをバスに乗って行く道すがら、陽に焼かれた黒い岩々、錆び色の礫、波型模様に縁取られた灰褐色の砂丘といった火星のような風景のなかで、私の目に映るものをサンドワイスは説明してくれた。「太平洋を見下ろすあの急斜面の上にかすかな緑っぽい色が見えるかい。あそこは海から立ち上る霧が陸にぶつかるところで、いくらか植物が生育しているのさ。あそこ以外は、どこもただの不毛の地だ」。私はこの景色に出会い、地上に初めて生命が誕生した頃の原始の昔を想起した。これまで生命の存在しなかった陸地に、大海の岸に沿って単純な植物が根を張り始めたのだ。彼が次のように続けても、私は驚かなかった。「ＮＡＳＡの研究チームがときどきこのペルーの砂漠地帯を火星に見立てて利用しているよ」

「さあ、前方を見たまえ」。ダンは続けた。黒い帯状の川が急な傾斜を下り、狭いくさび形の谷へと流れ込んでおり、谷はその広い出口を太平洋の平たくて青い水面に押し付けていた。

「あの下のほう、いかにも青々としているね。山を下って来たリオサンタ川はあそこに流れ込んでいる。海岸沿いを北上する途中、これと同じパターンは谷が現れるたびに何度も繰り返されるよ。ここでは川が町や農場を生かしてくれているが、これは何世紀にもわたって続いていることだ。もし考古学の研究拠点を見つけたいなら、まず探ってみなくてはならないのはこういった場所だ」

　私たちのバスが谷底の地面を横切っていくと、植民地時代以前の崩れかけた土塁の跡が21世紀の賑やかな居留地と同じ地面に残っていた。私が最も驚いたのは、新しい乾燥地農園（ドライカントリーファーム）だった。何キロにもわたって続く緑のなかに、アスパラガスやアーティチョークをはじめいろいろな換金作物を植えつけた紙のように薄っぺらな表土の上へ、スプリンクラーが貴重なお湿りを降り注いでいた。この浅く張った根の組織の下には、砂漠の砂以外何もないから、こうした畑は黒々とした土の地面の上にあるというよりは、水耕式農園のようなものだった。

「この手の農場は、そこら中に出現しつつある。河川から引いた新しい灌漑設備と高地から流下する氷河の融解水が最近になって増えたおかげだ。ここで目にする農場のほとんどは、ほんの数年前には姿も形もなかった。ペルー経済への大変な後押しになっているが、すべては河水の供給を当てにして成り立っているのさ」。そして、そこが心配な部分である。世界が温暖化するにしたがって、氷河を水源とする川ほど当てにならないものはないだろう。

熱帯に存在する天然氷の約70%を占めるペルーの氷河だが、それはちょうど信託資金（トラストファンド）のようなものだ。豊富な雪の資金を集め、その一部を1年を通じて堅実な配当として再配分する。毎年の乾季において流下する河水の最大で半量が氷河と万年雪に由来するような流域もある。乾燥した低地に河水をもたらすライフラインはこのようにして何百年も維持されてきたのであり、ペルーの電力のおよそ4分の3はこうした河川の流れを利用したダムによる発電でまかなわれている。しかし最近の気候変動のおかげで、高山帯に蓄えられた氷のファンドに預けた元金が目減りしつつある。

多くのアンデスの氷河は現在、取り込む分よりも多い量の水を配分しており、目に見えて縮小している。ペルーにおける地表を覆う氷の総量は１９３０年以来4分の3まで減少し、エクアドルのコタカッチ氷河のような比較的小規模の氷河のいくつかはすでに完全に消滅した。まるで白い導火線がじりじりと燃えて短くなっていくかのように、氷河が縮小してどんどん山奥へと後退していくのを眺めながら、ペルーの人々の不安は募るばかりである。最後の巻きひげのような氷が、峨々たるアンデスの高峰の連なるスカイラインのなかに消えるとき、下流ではことによると危機的な環境の大破綻が生じる可能性もある。

生命は水を必要とするが、その貴重な雨水がごくわずかしかペルー西部には降らない。アンデス山脈の雨陰（レインシャドウ）にあたるためだ。インカとスペインによる支配からずっと最近の社会不安にいたるまで、過去1000年にわたりペルーはいくども大きな苦難に直面してきたが、ようやくいま集約的砂漠農業と水力発電を手に入れ、氷河から供給される河水を利用することで大きな繁栄がもたらされるものと期待されている。だが、この新しい産業がすでに氷河の後退による脅威にさらされているというのは、なんとも残酷な運命のいたずらに思える。

私たちの乗ったバスが、緑の畑と不毛の砂漠とに挟まれた、かみそりの刃のような狭い山の背を横切り、谷を出て再び斜面を登り始めた頃、この地の将来をどう予測しているのか、と私はサンドワイスに聞いてみた。「そうねえ」。悲しそうな表情を浮かべて、彼は話し始めた。「峡谷に貯水池を作るとか、さらには山脈にトンネルを通して、雨量の多いアマゾン側斜面から水を引き込もう、といった議論まである。でもここは地震の多い土地だから、下流地域の人たちを危険にさらすことなく、長期にわたってダムや地下水道をどうやって維持するかが、まだはっきりしない」

それではもしペルーが温暖化のみならず、さらに乾燥化するとしたらどうだろう。幸運にも、ほとんどのコンピュータモデルは、ハドレー循環が強まるにしたがって、将来の熱帯内陸地域は一般にもっと湿潤な気候になると予想している。北部の山地ではすでに多雨化の傾向が現れている地域があって予想通りなのだが、何らかの理由でペルーアンデスの大部分ではここ数年乾燥化が進行しているのだ。ほとんどのシミュレーションでは、今世紀半ばまでには地域によってはもっと豊富な降雨傾向に変わると予測されているが、現在乾燥傾向にある地帯の住民と生態系は、これから数十年の間に厳しい苦難にさらされる可能性がありそうである。

２００９年７月、私はサンドワイスの指導下にある大学院生、カート・ラデメーカーおよび４名の将来有望な若手の地球科学者とともに、ペルーへと戻った。今回の研究対象は、茶色の角礫が散らばった台地と峡谷とからなる、僻遠の高原の未開地にそびえ立つ、コロプーナという高さ６４２５メートルほどの氷をまとった火山性の岩の塊である。これより数年前、高度４２００メートル地点の私たちのベースキャンプからわずかに離れたところで、ラデメーカーは海岸に出来するピンク色の玉髄（ぎょくずい）の薄片で作られた、美しい矢じりを発見したのだった。それは数千年前に先住民族たちがこの高地まで歩いてやってきていたことの証である。だがいったい何に誘われて、苦労もいとわず、彼らはこの僻遠の地までやってきたのだろうか。

遠い過去にコロプーナの中腹で生計を立てていくためには、ひどい難儀を強いられたことだろう。まず手始めとして、環境に適応しなくてはならない。ここで肺いっぱいの空気を吸い込んでも、含まれる酸素の量は、海抜０メートルで吸い込む場合の半分くらいにしかならない。これは、平地の気圧で潰れるのを見てやろうとして、高地にいる間にペットボトルの中身を空にしてフタを閉めておいたものが、実際にひしゃげた具合から判断したものだ。また、ここは身を隠す木もないし、地衣類もほとんど生えていない。主な植物はヤレータというもので、緑色の丸石サンゴの塊に似ている。狩猟の対象となる動物は、尻尾の長いウサギに似た、チンチラに近い仲間である、岩場を飛びはねるヴィスカッチャ（ナキウサギ）や、少数のヴィクーニャという、痩せた逃げ足の速い動物（リャーマやアルパカのいとこ）ぐらいだ。総じてここは、科学調査旅行には恵まれた地ではあっても、暮らすには難しい場所と言えそうである。

この高度の高い土地で生き延びるための秘訣は、低地と同様に水であるが、殺風景な谷や窪地が点在するだけの平原に、多くの空色の小川や水溜りが輝いているのを目にして私は驚いた。主に12月から3月まで続く雨季はとうに終わっていたというのに、である。湿った緑の絨毯には、まず間違いなくカップ状の凹みに青色の水が溜まっていた。「ボフェダレス」として知られる、独特の高層湿原である。ミズゴケの生えた湿地とも、草の生い茂る沼地とも異なり、アンデスのボフェダレスはディスティキアの厚いマットからできている。ディスティキアは奇妙な、丈の低い植物で、その密生した先の尖った緑の茎が、乾燥地のヤレータ同様、丈夫な厚い敷物を作り出している。そしてこの湿ったボフェダレスの上を、ここ高原地帯における田園生活のもうひとつの目玉である、放牧されたアルパカの群れが歩き回っている。

「ボフェダレスなしにここで生活するのは想像しがたいことです」。カートが感慨深げにつぶやいたのは、私たちが広大なポクンチョ湿地の端に沿った未舗装の道に車を走らせているときだった。明るい色の土地の衣装をまとったアルパカの牧夫たちが、通り過ぎる私たちに手を振った。「あの人たちはこの高原で厳しい生活を送っていますが、低地に出てアルパカの毛と肉を売ることで、どうにか生活の糧を得ることができるのです。彼らの生活様式はすべてこの湿原に依存していますが、先の氷河期後に初めてこの地まで登ってきた人たちは、おそらくヴィクーニャ狩りの猟場としてボフェダレスに頼った生活をしたのでしょう」。ボフェダレスの湿原がそんな大昔に存在したのか否かを、湿原の堆積物コアの採集と放射性炭素年代測定法によって、明らかにすることが私たちの目的だった。

こうして私が文章を書いているいま、ラデメーカーの研究結果はまだすべて出揃っているわけではないが、コロプーナの中腹に堆積していたボフェダレスの泥炭層から厚い塊を掘り出して、予備的な年代測定を行ったところ、堆積物は実に数千年を経たものだということが分かっている。いずれにせよ、この旅は熱帯における気候変動の物語に関係する、その他多くの疑問や観察記録を私たちにもたらしてくれた。

マット・シュミットはパシフィック・ルーサラン大学の学部学生だが、私たちとともにコロプーナへ赴き、土地の牧夫たちに取材をし、気候変動への懸念はすでにこの僻遠の地にさえも届いていることを知った。「ここの人々は山の氷河が後退する様子をずっと見てきた、と言っています」。忙しい一日の野外調査を終えて彼は報告をしてくれた。「そして彼らがいま気づき始めているのは、雨期の降雨と降雪が減少傾向にあることと、ボフェダレスの水も減少していることです」。このような観察は科学文献上の記載内容とも一致する。すなわち、ペルー南部における雨量の減少とともに、1960年以来コロプーナはその氷河面積の4分の1を失っているのだ。

しかしこの場合、山岳氷河の後退は、溢れて斜面を流れ落ちる解氷後の水とはほとんど無関係である。実際、そのような流れ落ちる水流はほとんど存在していない。高山帯の氷帽は合成獣（キメラ）のようで、その上半身と下半身で天候に対する反応が異なるのだ。コロプーナの氷河と

ペルーのコロプーナ付近のボフェダレス湿原にてコアを掘削しているメイン大学大学院生、カート・ラデメーカー。

雪のほとんどが、凍結と融解が交互に生じる高度をはるかに越えたところにあるため、寒すぎてあまり融けることはない。縮小は主に昇華によるものである。つまり、凍った水がそのまま気化して大気中に消えるのだ。

製氷皿の角氷をそのまま冷凍庫で長らく放置すると、氷がひどく小さく縮むのはどうしてだろう、と疑問に思ったことはないだろうか。これが、ペルーの山々の頂やアフリカのキリマンジャロにおける、雪や氷が後退する現象の背後に働いている中心的な作用である。ということは、干ばつも、温暖化同様に、熱帯の氷河にとっての大きな脅威となりうるというわけだ。単に融け去るというよりは、多くの氷は雪の供給不足によって飢餓状態にあるのだ。これはまた、すべての氷河や雪原が河川に水を供給しているわけではない、という意味でもある。山岳氷河の末端、すなわち標高が低く、温暖な大気に触れて解氷が促進される先端部が、水を滴り落とすという仕事の大部分を担っていて、これが河水を流し続けることに寄与してはいるのだが、しかしこの部分がコロプーナやキリマンジャロのような超高山帯の主要な大氷塊を代表するわけではないのである。

別の何かが低地の河川に水を供給しているに違いない。ボフェダレスの湿地は、氷河との明白なつながりを欠く孤立した小峡谷に盛んに発達しているが、それでも豊富な水がこの湿地を通り抜けて、海へと向かっている。こうした湿地は、氷河とほとんど同じように、季節ごとの雨や雪によって供給される地下水の流れを押さえ、分配する能力を持つから、ボフェダレスはペルーにおける低地の川の水源として、重要だがほとんど認識されていない役割を担っているのかもしれない。

そういうことなら、これは将来の水供給という点では良い知らせかもしれない。ただし留保すべき点がふたつある。

まずひとつには、アンデスは温暖化しているということ。ほとんどのコンピュータモデルには、多様な山岳地形が生む気候をシミュレートできるだけの空間的な解像度がまだ不足しているが、控えめの温室化ガス排出量でも今世紀末までにアンデスの山岳地帯の気温は2～3℃上昇する可能性があり、5000ギガトンの極限シナリオの場合には、3～5℃跳ね上がるかもしれない、と予想する専門家もいる。この気温変化の実際の規模がどれほどのものであろうとも、熱上昇はアンデスの峰々の白い帽子をさらに縮ませるだろうし、またボフェダレスからの水分蒸発量の増加も促進させるだろう。

　そして、ほとんどのモデルは西暦2100年までにこの地域の気候は湿潤化することを示しているのだが、ペルーの山岳のほとんどは現在乾燥傾向にあり、この傾向はさらに数十年続くかもしれず、また乾燥化は氷河のみならず湿地にも影響を与えそうなのである。ボフェダレス地帯における干ばつは、したがって、低地の農場や居住地だけでなく高山牧農家や彼らの所有するアルパカにも脅威となりそうである。そして、温暖化と乾燥化という不愉快な組み合わせともなると、高原地帯から完全に撤退せざるを得ない人たちも出てくるかもしれない。

　世界的な気候変動のように大規模なシステム変化においては、敗者も勝者も生まれるものだ。だから、低緯度の未来の何もかもが悲惨なものとなるわけではない。例えば、ハドレー循環のスピードが速まるにつれ、ＩＴＣＺが熱帯のほとんどの地域に降らす雨量は増大するはずである。土地によっては、大量の降雨が道路や橋を洗い流し、表土を浸食し、感染症をもたらす昆虫の発生源となる水溜りを残すので、しばしば迷惑なものとなる。しかし乾季に見舞われる地域において、高い有用性を持つのも雨だ。生計の維持と交易のために農業と水力への依存度が高い国々においては、とりわけそうである。

　パキスタンの農民やインドネシアの稲作農家が、少雨や日照りを心配しても、夏の激しいモンスーンの到来を嘆くことはあまりなさそうである。しかしながら、ほとんどの地球規模の循環モデルによれば、南アジアの広大なモンスーン地帯は、熱帯の大気と海洋が温暖化するにつれて、さらに多雨化すると予想される。雨量のさらなる増加は、アマゾンの熱帯雨林のかなり広い地域で緑を保護することに役立つかもしれない。今世紀後半になると、アンデスにおける降雨の増大が、高峰の氷雪の保存に寄与しないとも限らない。アフリカのナイル川源流域における多雨化により、スーダンとエジプトの低地では、川の両岸の緑の大地に新たな土地が開かれ、灌漑が行われ、人が定住を始める可能性がある。今日ケニアやタンザニアの多くの人々は自耕自給農業により生活を維持している。まさに最後に残されたわずかな耕作可能地にクワが入ろうとしているこのとき、もっと多量で確実な降雨が、そして高地においては降霜の減少が訪れようとしているらしいのである。こうした変化によって利益を得そうな人たちが世界で最も貧しい人たちのなかにいるのだから、人類世の気候変動による損得勘定には、温暖化が場合によっては彼らの生活を改善する可能性があることもきちんと考慮に入れなくてはならないだろう。

残念ながら、こうした結論をゆるぎない確信を持って下すのは難しい。温暖化がハドレー循環を当然刺激するだろうと考え、この想定に基づいて、コンピュータモデルの助けを借りずに将来の多雨地帯と乾燥地帯とを分けた大まかな地図を描くことはできるし、それは不合理なことではない。だがここでも、物語は一見するほど単純なものではないようだ。例えば、サイクロンである。理論上は、温暖化はサイクロンの発生頻度を増加させ、強大化させるはずである。ところが、低緯度地域における高温化傾向については十分に裏付けがあるものの、熱上昇によるサイクロン現象の活発化については、ほとんどの文献のなかに、忌々しいことにまったくと言っていいほど証拠が（いまのところ）見つからないのだ。だが、大西洋のハリケーンに関しては事情は異なる。１９７０年代から80年代以降、ハリケーンの活動が目に見えて活発化していることを、いくつかの研究がはっきりと示していて、少なくともその原因の一部は、海洋の温暖化によるものらしいということになっている。

不確実性の根はさらに深い。というのも、本質的に変わりやすいハドレー空気塊とＩＴＣＺだけが、熱帯における降雨の動力学という競技に出場するプレーヤーというわけではないからだ。太陽物理学者さえも知らぬ理由で、太陽はほぼ11年周期で普段よりわずかに多めのエネルギーを放出するが、次第に蓄積されてきた証拠によれば、この穏やかな変動がときに地球の気象に影響することがあるようなのである。２００７年、同僚とともに私は『地球物理学研究ジャーナル』に論文を載せ、太陽の放出エネルギーの強度におけるこの揺らぎが東アフリカに異常な量の降雨をもたらす原因になっているらしいこと、またそうした律動的な降雨が20世紀を通して大地溝帯（リフトバレー）の湖沼が点在する平原一帯で生じていたことを明らかにした。似たような10年単位で生じる同期は南アフリカの一部でも確認されたが、傾向としては正反対である。かの地では、穏やかな太陽エネルギーの放出ピークは干ばつに結びついたものなのである。

赤道地帯の周期的な降雨が及ぼす効果は複雑で、そのすべてが望ましいわけではない。降雨の増大により農作物に使える水や貯水池に溜まる水が増えるが、それは同時に蚊が産卵する水溜りが増えることで病気が蔓延することとつもつながる。１９５０年代に詳細な記録を取るようになって以来のことだが、時計のような規則正しさで、異常な豪雨に襲われるたびにケニアではリフトバレー熱の大流行が生じている。残念ながら、この日射と気象の連鎖がどのように働くのかについては、その詳細はいまだに明らかではない――インド洋の海面温度と関係している可能性が最も大きいようではあるのだが。また私の知る限り、それを再現した気候モデルはまだない。

さらにもうひとつ、熱帯における降雨の変化の要因として考慮すべき現象がある。それはアフリカの気象を、ペルーをはじめ、世界中の地域的気象と結びつけるものだ。その影響を受ける範囲は、太陽の活動周期による影響よりも広いが、その進行の速さはずっと予測しがたく、温暖化した熱帯の将来に向けて実効性のあるプランを立てようとするなら、この現象について、当然知らなければならない十分な情報を、私たちは持っていない。この予測がままならない鬼札（ワイルドカード）こそ、エルニーニョである。

10年ほど前に地球温暖化のニュースが世界の新聞紙面を賑わすようになる少し前に、エルニーニョは気候という舞台の花形（スター）だった。エルニーニョが南アメリカ以外で初めて広くメディアに取り上げられたときのことを、読者は覚えているかもしれない。１９８３年にさかのぼるが、記録上最強のエルニーニョ現象のひとつが世界中の気象システムをすっかり混乱に陥れてしまったのだった。それまで奇妙な地域的な現象として扱われていたものに初めて世界中が注目するようになったのは、米国南部を水浸しにし、西太平洋の島々を干上がらせてしまうという、大きな撹乱をもたらした力の強烈さゆえだったのかもしれない。あるいは、たまたまペルー沿岸の湧昇流システムを監視していたところ、突如として風が弱まったため湧昇が停止するという事態に出くわした著名な科学者たちが書き残した記録のせいだったかもしれない。いずれにせよ、いまや多くの人たちには、エルニーニョという言葉自体は多少なりとも耳慣れたものになっている。この語は、普通3年から7年ごとにやってくる気候の撹乱現象を指し、それが始まるのがほぼ12月で、御子キリストが誕生したとされる月とたまたま一致するわけである。

エルニーニョが始まるのは、東風が勢いを失うときである。風が弱まると、ペルーとエクアドルの海岸線に沿って生じている深海域からの冷水の湧昇流が衰えるのだ。冷水の供給が途絶えた海面が暖まると、大気は海水から蒸発する水分を含み、熱せられて上昇し、凝結して雨雲を作る。局所的に砂漠を洪水地帯に切り換えてしまうその効果は、影響を受けやすい地点から地点へと連鎖して世界中に広がっていき、通常は乾燥気味の土地（ケニアやテキサス）の気象を湿潤に、また湿潤な土地（クウィーンランドやジンバブウェ）を乾燥地へと変えてゆくのだ。1997年から1998年にかけて、再びエルニーニョによる厳しい干ばつがインドネシアを襲ったときは、乾燥した泥炭地が発火し、何ヶ月もの間くすぶり続け、ジョグジャカルタからシンガポールにいたるまで、あらゆるものを肺を焦がす煙で窒息させた。インドネシアでは全生息数の3分の1もの野生オランウータンがそのために死亡したと考えられている。火や煙で直接やられたか、あるいは見知らぬ土地や入植者の多い土地といった危険な環境へと移動を余儀なくされたことが原因のようだ。

このような天候パターンの変化が強力なものであれば、熱帯地方の広い範囲で想定されていた降雨傾向を、予測が困難になるほど混乱させる可能性がある。しかしエルニーニョが世界中で地域的気候に膨大な影響を及ぼすにもかかわらず、およそ5000～7000年前に現代版エルニーニョが始まって以来、それを生じさせてきた原因について、いまだに私たちは確かな知識は持たないし、今後の人類世においてこの現象が何をもたらすかについてはなおのこと知る由もない。驚くまでもないが、気温の上昇に対してエルニーニョが今後どのような反応を示すかについて、コンピュータの予測はさまざまである。2005年に発表された論文で、英国の気候学者マシュー・コリンズと国際的な16の研究グループの代表からなる研究集団が行った報告では、エルニーニョのシステムが最も大きく変化するモデルによるシミュレーションの結果は信頼度が最も低かったので、彼らの出した結論は将来の温暖化においてエルニーニョ現象の大きな破綻は生じそうもないということだった。

エルニーニョの場合は、地史が描き出す絵もかなり不鮮明なものだ。ガラパゴス諸島やエクアドルの山地やペルー沖の沈殿物から採集したコア標本には、過去のエルニーニョによる洪水の豊富な証拠が含まれているが、現在私たちがすぐに利用できる記録内容にはいまだに説明がついていないことが多い。そうした記録の多くが示唆しているのは、7000年から1万年ほど昔の北方の夏の温暖期には、長期間にわたってエルニーニョの活動が抑えられていたということだ。しかしこの変化は人間が生み出した温室効果ガス以外の要因によるものであって、そのなかには、最近1000年における温暖期と寒冷期の繰り返しの間に見られた降雨パターンとは相反するパターンを提示するものがいくつかある。さらには、3400万年から5500万年前の始新世の長い地球温暖期も、エルニーニョの活動にはほとんど、あるいはまったくと言っていいほど変化を生じさせなかった。少なくとも、公表されている地史的記録に確実な痕跡を残した変化は皆無だった。状況がこのようなものだから、化石燃料から排出される炭素が描く上昇と下降の曲線に沿って生きていく未来において、熱帯地方の降雨にエルニーニョが及ぼす影響については、私たちは残念ながらほとんど何も知らないままなのである。

ハドレー空気塊、エルニーニョ、および関連する気象システムが、地球の平均気温の上昇に伴ってどのように反応するのか、確かなことは分からないにしても、それでもかなり確実に言えることがある。それは、変化は進行中ではないにしろ、差し迫ったものであるということ、そして変化のなかには過酷なものもありうるということだ。こうした状況を念頭に置いて見てみると、行く手に待ち受けているものの正体を懸命に確かめようとしている真っ最中に、「気をつけろ！」という警告の声を聞かされる熱帯の国々の政策決定者たちに、私たちは同情を禁じえない。最近の『ネイチャー』誌の論説は、２００５年にヨハネスブルグで開かれたある会議で見られたそうした状況について描いている。海外から集まった50名を超す研究者たちが、政府の高官や計画立案者たちに向かって、地球温暖化に対して「早急に行動を起こす」必要があると警告し、「肝心なことは、こうした懸念を行動へと移すことだ」と述べたのだ。しかし彼ら専門家の誰ひとりとして、起こすべき行動が何なのかを説明しなかった。対応せよといわれている状況について何も知らないのに、いったいどうして適切な対応ができるだろうか。

気候変動が差し迫っているにもかかわらず、行動を起こさないという選択はありえない、とはよく言われることではある。しかし、誤った行動の選択も危険である。例えば、１９９７年のこと、気象学者たちは精密なコンピュータモデルを使った予測で、アフリカ南部はエルニーニョによって誘発された厳しい干ばつに襲われようとしていると警告した。その結果、該当する地域では、どうやら凶作間違いなしということで作付けを控えた農民が数多く出た。ところが、予報にもかかわらず雨量は普段とほとんど変わらないほど豊富なものだった。農民の作付け調整の結果、国の食糧供給量が減少し、気象学者への人々の信頼も萎びてしまった。この信頼の失墜が、今度は第二の被害を招いてしまう。腹を立てた市民たちが、続く洪水が差し迫っているという予報を無視したのである。洪水は、実際予想どおり襲来し、数百人の人々の命を奪った。

気候変動を具体的、個別的かつ非常に正確に予測——最新の精密きわまりないモデルを使っても不可能だと科学者の多くは考えているが——しようと試みるよりは、専門家たちのなかには、将来への備えとしていくつもある可能な未来の姿を予想して、そんなさまざまな未来に広く適応できる能力を高める戦略を選ぶ人たちが次第に増えている。このアプローチの特徴は変化に対応できる弾力性を作り出すことだ。具体的には、地球温暖化よりももっと直に生活の諸局面に関わる、貧困、病気、戦争、教育や科学技術の普及率の低さなどといった弱点に取り組むことである。金銭的にも社会的にも豊かであるなら、天候がどうであろうと、あまり問題ではない。ペルシャ湾岸の石油に恵まれたドバイの例が証明するように、夏の気温が41℃を超える、不毛の、陽に焼かれた土地においてさえ、心地よい生活を享受することが理論的にはできるということなのだ。かくも多くの熱帯の住民たちにとって、気候変動といったものが大きな脅威であるのは、主に低所得、社会の不安定、そしてインフラの未整備が原因である。活動家たちのなかには、温暖化に適応せよというのは責任逃れであり、問題の根本にある二酸化炭素の削減にすべての努力を傾注すべきだと主張する人たちもいるが、熱帯の国々を対象とする場合には、この考え方の正統性を私は認めがたい。これらの国々のなかには、世界でも最も弾力性が乏しい文化圏、経済圏が含まれているうえに、彼らはそもそも地球温暖化に寄与することが最も少なかったのだ。彼らが歩みを進めていく未来における気候変動については理解が不十分でしかないが、そんなときに彼らにとって特に大事なことは、行く先々で出会う予想外の障害に対して迅速かつ有効な対応ができるように、落ち着いてバランスの取れた姿勢を維持することだ。

そうした構えをとるなら、次の忠告は有益かもしれない。「焦点を合わせる時間距離を長くとれ」。短い時間の地平に現れるような安定の幻影や蜃気楼に似た傾向に騙されないようにしよう。象の足や鼻やわき腹に触れて、木や蛇や壁と勘違いしてしまったあの盲目の人たちのことを思い出そう。不完全な情報に騙されて、私たちはしばしば自分たちが暮らすこの世界について、危険なほど不正確な結論を導いてしまうことがあるのだ。

例えば、ペルーでは山岳氷河の融解が加速化し、現在水が不足しがちである農場や町や水力発電用ダムなどに供給される水量が増加しているが、この先おそらく20～30年のうちに、氷がさらに縮小するので、黒字はどうやら赤字に転じそうである。したがって、需要を増加させることでこの一時的な幸運に適応してしまうと、長い目で見た場合には悲惨な目に遭わぬとも限らない。いまはむしろ、将来の乾燥化に警戒の目を注ぎながら、高層湿原の保全とさらなる貯水池と水路の建設に専念すべきだろう（もちろん、耐震建築にも注意してほしいが）。

アフリカにおいては、もし湖の水位変化の振れ幅の大きさを認識できるだけの、この土地についての歴史的な視野を人々が持っていたなら、ファーガソンズ湾の渇水に誰も驚く必要はなかったはずである。しかしさらに南のヴィクトリア湖流域における最近の乾燥傾向についての報告で、また同様の過ちが犯されているようだ。ヴィクトリア湖の水面は1960年代以降低下し続けていて、漁船の発着施設がますます岸から離れ、またナイル川への注ぎ口に設けられている水力発電用のタービンの発電力が弱まるという脅威に人々はさらされている。しかしこれもおそらくは、地球温暖化による渇水が湖底まで干し上げてしまう徴候ではなさそうだ。20世紀における湖の水位変化をすべて記録した図表から分かるのは、この短期的な傾向はどうやら、1961年から1964年にかけて生じた異常な多雨――熱帯アフリカを水浸しにしたが、いまだに説明がついていない――からの、数十年にわたる回復過程に属するものなのだ。この場合、熱帯の降雨期とはきわめて変化しやすいものだという事実以外には、おそらく気候予測的な価値はほとんどない。言うべきことがあるとすれば、赤道直下のヴィクトリア盆地は、21世紀から先の未来にかけて温暖化が進むにつれ、乾燥化ではなくより湿潤化するはずだということである。

気候について真に長期的な見方をするなら、人類世に起こる変化には、硬直した、過度に具体的なあれやこれやの対策ではなく、思慮深い柔軟さのほうが有利な側面がもうひとつある。現在私たちの周囲に生じつつある傾向の多くはいずれ反転することになるのだ。気温の最高温期が過ぎ、気候反転(フウィップラッシュ)が一通り終わると、容赦ない地球寒冷化が次第にハドレー循環の衰退化を推し進め、それによって熱帯地方の広い範囲でモンスーンが弱体化し、またよそではひどい乾燥をいくらか和らげる。ペルーの雪に覆われたコルディレラ・ブランカ〈白いコルディレラ〉の山頂は、しばらくはむしろ「褐色で乾燥肌のコルディレラ」のような姿に見えるかもしれないが、白い高い空からますます霜が頻繁に降りてくるようになると、融雪にかかる時間もますます長くなり、遠い未来には、もっと大量で、もっと安定的な雪解け水の供給が受けられるようになる。これは確かな希望だ。

将来やってくる最高温点を超えたずっと先の寒冷化の局面では、現在と同じで、新たな環境が生み出す敗者もいれば、勝者も生まれることだろう。ボブ・ディランの言うように時代は変わり、「いま一番の連中が、そのうちビリになるかもしれない」。有効な準備と適応のためにいま私たちが利用できるチャンスのなかには、再びやって来ないものもあるから、しっかり目を開けて、はるか未来をじっと見つめるのが一番だ。そう、熱帯の気候にも変化が生じつつあるのだ――これは確かであり、確かだといえるのは、このことだけである。

11章　故郷へ

変化の何もかもが悪いというのではない。適度に健康で、適度に多様な生態系が、少なくとも何らかのサービスを提供してくれる場所で、変容した私たちの地球を抱擁して、より豊かに暮らすことも、ひょっとして可能なのではなかろうか……。おそらくそこに何らかの魅力を見出せるようにさえなるだろう。

『ネイチャー』（２００９年7月23日）

これまで本書の紙幅のほとんどを、膨大な時間的規模で、地球全体に及ぶ環境変化を理解することに費やしてきた。しかしここに描かれた出来事を、私たちの子孫は、実際にはずっと小さな、個人的な規模において経験することになるだろう。世界の平均気温や平均雨量は、個別の観測点のデータを集計したものであって、家を建てるのにさまざまな板や柱を使うのに似ている。個々の材料には多少なりとも独特な形状と位置があって、少しずつ集めて測ったところが、その値が全体の平均とは大きく食い違うことはめずらしくない。地球規模での趨勢を描くコンピュータモデルの眼差しはあまりに遠くに向きすぎているので、身近で、小さな暮らしの場所――あなたや私や未来の世代が気候変化に対処しなくてはならないところ――は簡単に無視されてしまう。そして、温室効果による温暖化が個々の現場にとって何を意味するのかを予想するためには、私たちを案内してくれる、場所に準拠する情報がもっと必要だ。

両極と赤道という極端な気候帯の間に位置する、そうした小さな場所のために、人類世は何を用意しているのか。そんな事例を求めて、この章では温帯に目を向けてみたい。最高緯度においては、最も重大な生態学的変化の多くが氷の融解に関わるものとなるだろうし、熱帯においては、雨量の変化が主要なテーマとなるだろう。しかし中緯度帯、すなわちアメリカ合衆国、ユーラシア中部、そしてカナダ、南アメリカ、オーストラリア、ニュージーランド、アフリカのそれぞれ南部にまたがる一帯においては、状況はむしろさらに複雑である。こうした地域においては、氷雪が存在するのは標高の高い場所と年間のある時期に限られ、雨季や乾季が特定の季節に限定されることは稀である。

年平均気温がほぼ一律に上昇することを除けば、その地理的多様性の結果として人類世の温暖化が温帯の特定の場所にとってどんな意味を持つかを予想することは、北極や湿潤な赤道アフリカについて予測するより、どうやら難しそうだ。それ相当の確信を持って予測をするために必要なのは、問題となる場所についての詳しい知識と、地球規模の気象システムに生じる変化が実際の生活が営まれる小規模の土地に影響を与える程度についての認識である。このようにそれぞれの場所によく精通していることが、わが家の芝生に対して地球温暖化が何を意味するのかを理解するための必須条件だから、そのつもりで実例を示すための場所をふたつ選びたい。ひとつは、南アフリカのケープ州で、南半球の中緯度を代表させよう。もうひとつは、北半球の中緯度からニューヨーク州北部を選ぼう。これらの土地を選んだ理由は、私がかなりよく知っているからであり、それぞれ非常に異なる気候に支配されているからだ。アフリカのほうは将来の降雨変化に影響を受けやすく、アメリカのほうは温暖化の影響をより直接受ける予定の場所だ。そして、私は後者のほうをずっと詳しく見ていくことになるだろう。理由は簡単、私がそこに住んでいるからだ。

アフリカの南端が温帯に属していると言われると、人によっては奇妙に感じるかもしれない。秋に、スズカケノキから茶色の枯葉が舞い落ち、ケープタウンの歩道を行く人の足下で砕ける。冬には、パールやステレンボッシュのブドウ畑を見下ろしてそびえ立つ、高い急峻な岩山の上に、しばしば雪が降る。一年のうちで、多くの南アフリカ人がセーターと耳まで覆うニット帽を身につけて過ごす期間は長い。同じ大陸の他の地域は大部分が熱帯の猛烈な暑さにうだっているというのに、である。しかし夏は輝かしい暑さの季節であり、長い砂浜は多くの海水浴や日光浴の人々をひきつける。いくつかの点で、天候は半乾燥の地中海またはカリフォルニアの沿岸部に似ているが、広々とした田園地帯の在来の植生をつぶさに見ると、たちまち南アフリカの比類のなさに気づかされるだろう。

ケープ州の珍しいフィンボスは、見た目にはよその乾燥した生育地に形成される、多肉質で、芳香性の植物群落に似ているかもしれないが、これとそっくりなものはどこにも存在しない。ここに生育する太古の植物群は、他の温帯地域からは孤立して進化したものであり、信じがたいほどの種の多様性がある。ケープタウンからケーブルカーに乗ると、たちまち切り立った灰

南アフリカの喜望峰のフィンボス。(ケアリ・ジョンソン撮影)

色の崖の上、テーブルマウンテンへと運んでくれる。そこをぶらぶらと歩くこと2〜3分、この世のものとも思えない植物群落の豊かな広がりに出会う。明るいオレンジ色の紐に似た、葉のない着生植物が宿って、もつれて太い束となって垂れ下がっている、プロテアの木の茂みは、木質の毬果を実らせ、輝かしい色とりどりの花を咲かせている。いわゆる「3日やけど」と呼ばれる潅木はセロリに似ているが、それに触れてしばらく経つと、ひどいみみず腫れが生じる。ハイカーには幸いなことだが、注意深く目を凝らしていれば、接触を避けることは容易である。せいぜい指の爪ほどの、小さな食虫植物のモウセンゴケは、湿り気の多い場所で、緑の苔の厚いクッションにぴたりと身を寄せている。こうして名を挙げていけばきりがないが、合計数千種にも上る植物が、赤道と南極のほぼ中間にあたるアフリカ大陸の南端に垂れ下がった岬の、このちっぽけな温帯の生育地に、唯一、見出されるのである。

しかしフィンボスを比類のない植物の宝庫にしているのは、熱帯の猛烈な暑さと深い海から物理的に孤立しているためばかりではない。テーブルマウンテン上に繁栄する植物群落に加わろうとする植物は、冬の低温と養分に乏しい土壌だけでなく、長期にわたる乾季にも耐えなくてはならない。ここでは雨はきわめて稀にしか降らないから、生き抜くためには節水対策が必要である。対策のなかには、葉の表面を蠟（ろう）で覆ったり、肉厚の葉や茎に水分を溜め込んだり、あるいは乾季に休眠したり、といった方法がある。しかしこうした適応策を取ってもなお、安楽な生活が期待できるわけではない。丘々の頂にかかる、冷たく、湿った霧からの給水も、苦難を耐える植物たちが次の雨季までの間を生き抜く助けになる。

熱帯では通常、雨量が最も豊富になるのは、夏の高温が季節性の降雨帯（レインベルト）を熱帯上空へと引っ張ってくる頃であるが、南アフリカのケープ地方には異なる気候の仕組みが働いている。そこでは西からの風が天候を支配する。中緯度では、これに相当する西風が暴風を生む気象システムを伴って、アメリカ合衆国、カナダ、ユーラシアを西から東へと横切っていくのと同じ具合である。北でも南でも、温帯のほとんどの地域では、一年を通して西風が頭上に雲を運んでくる可能性があるのだが、アフリカ最南端にあっては雨が降るのは主に冬である。

地理的偶然によって、ケープ地方は南大西洋を渡る風に乗ってくる海洋性の暴風雨の通過範囲内にかろうじて位置していて、主に南極上の冬の寒気が周囲を巡る風の軌道を普段より北へと押し上げるときに、嵐は上陸する。西風が衰えて、極のほうへと後退する年に数ヶ月の温暖な季節には、ほとんどの嵐はケープ地方に上陸することなく、そのままインド洋の南の端を越えていってしまう。結果としてこの地方では、年に一度の主要な雨季は冬であり、あとはほぼ乾季といえる季節が長く続くわけである。

人類世の温暖化はこの地にいったい何をもたらすだろうか。海面上昇が進むと、次第に海水浴場は内陸部へと徐々に移動し、塩水が沿岸の河口域や居住域へじわじわと侵出していくだろう。気温が上がると、乾季における水の蒸発率も上がり、したがって乾燥度はさらに高まることになり、高地では雪として降る冬の降水量が減少するだろう。温暖化で冬の嵐が上陸しない期間が次第に長くなると、雨季が短くなり、雨量も減少するようになるかもしれない。このような温暖化と乾燥化との結びつきは、同僚とともに南アフリカの湖の堆積物から最近採取した、過去1000年間の堆積層コア資料に明白に現われているが、一段と温暖化が進む将来には、冬の雨嵐がほとんどケープ地方に上陸せず、風が影響する範囲がずっと南へ下がることもありえる。世界の気温が最高温度へと向かうにつれ、アフリカの大部分は現在より多雨化するが、その一方でアフリカ南端部はどうやら異なった道をたどり、かつてないほど乾燥化しそうなのである。

ケープタウン大学の古生態学者マイク・メドーズが心配するのは、もし冬が短くなり、乾燥化すると、南アフリカの水の供給量が減少し、農場や都市、ワイン醸造業、そしてこの土地特有のフィンボスにとって、問題が生じることになるのではないかということだ。「あの植物たちには、みんなで腕を組んで、いっせいに雨の多い土地へと引っ越すこともできません」。彼の実験室を訪ねたとき、こう説明してくれた。「あの連中はタフだし回復力もあるので、危機を切り抜けるものも何種類かはあるでしょう。しかし乾燥に比較的弱い種は滅びるかもしれません」

この植物たちを脅かすものは乾燥だけではない。彼らのほとんどはすでに非常に乾燥した状況に適応している。「冬の少雨傾向はさらなる土壌の乾燥化を招きます。乾燥化で木は風の強い夏場に燃えやすくなります。夏は火事が頻繁に起こるのです」。マイクは続ける。「そうなると、火の勢いが強くなって、土壌を高熱で焼いてしまうことになり、その結果ついに雨が降っても焼かれた土壌は水を吸収せず、弾いてしまうかもしれません」。種子は懸命に発芽しようとするだろうが、地表を流れる水は貴重な表土を流し去ってしまうだろう。

地球上の他の温帯地域を見回せば、地域ごとにこれと同じような独自の、場所に根ざした物語が展開するのが分かるだろう。南オーストラリアでは、南アフリカ同様に人々が将来の乾燥化と山火事の危険を心配する。アルプスでは、スキーヤーや登山家たちが、愛すべき氷原や雪原が後退する姿を見ているが、すでに潅木のやぶは高山帯の牧草地に進出しつつある。凍てついたヒマラヤの高山帯では、科学者たちの間で激しい議論が進行中である。氷河の後退が下流域の何百万人もの人口に水不足をもたらすのではないかと心配する者もいれば、そうした後退の徴候はほとんど見出せず、低地の河川の主要な水源は氷河の解氷ではなくモンスーンによる降雨であると主張する者もいる。中国では広い地域にわたって、全般的に雨量の増加が見込まれているが、ひどい洪水や干ばつも増えつつあるようである。そして地中海沿岸の国々が心配するのは、海底を覆いつくす濃密な海洋性スライムの小塊が、成層化が進む海域に蓄積しつつあることだ。これはどうやら、何か別の人的影響よりは、気温上昇への反応として生じている現象のようだ。

こうした情報の寄せ集めには思いがけないものもあり、地球規模の平均パターンだけでは、現地における状況の多様性は捉えきれない。気候学者のアレクサンダー・スタインと同僚たちが近頃『ネイチャー』に発表した論文では、1954年から2007年の間に、ケベックと合衆国南東部において著しい冬季の寒冷化が生じたことが報告されている。これは地球全体の傾向とは矛盾するように見えるが、しかし全体の傾向を否定するものでもない。全世界平均は多くの地域からの情報の総合だから、そうした情報のなかには平均からかなり隔りのあるものもあるかもしれない。地球全体としては明らかに温暖化しつつあるところに、北アメリカの一部地域が急速に寒冷化しているとしても、世界の別の地域には平均を上回る速度で温暖化しているところもあるはずだ（例えば、西南極半島のように）。

さて、私のホームグランド、ニューヨーク州北部アディロンダック山脈では、人々の主要な関心は乾燥した南アフリカのケープ地方の人々の関心とは異なる。アディロンダック地方では、水は豊富だし、大多数のコンピュータモデルは、私たちの将来が現在よりわずかに湿潤化することを予測しているので、地元の人間は気温に関する変化のほうに一段と関心が強く、地元経済を支える観光やウィンタースポーツといった産業に及ぼす影響を不安視する傾向がある。

アディロンダック州立公園の中心は、バーモント州の面積に匹敵する、太古の巨大な斜長岩であり、その上には峨々たる峰々が連なり、木々に囲まれた湖が点在している。ニューヨーク州の最高峰、わがマーシー山は、高さ１６００メートルほどで、ハドソン川の最北の源流域を眼下にそびえ立っている。マンハッタンまでは真南にクルマで６時間、モントリオールまでは北へ３時間弱である。６００万エーカーの公園の約半分は私有地であり、私たちの暮らすこの地は、自然と人工とが爽快なパッチワークを織り成す、独特のランドスケープを形作っている。私の生活と仕事の場は、アディロンダック北部、ロアーセントレージス湖のほとりにある、ポールスミスズ大学である。これは、19世紀の起業家で、原野滞在型ホテルの経営者だった人の名を冠した、小さな田舎の学校だ。故郷（ホーム）と呼ぶにふさわしい牧歌的なところで、どこの町（タウン）にお住まいかと尋ねられて、「私の住んでいる場所に町はありません」と答えるのが私の楽しみである。

私は気候変動の研究者だが、私の研究の大半は一般に遠い過去を対象とし、熱帯域を専門としている。したがって初めのうちは、アディロンダック地方の気候の研究にあまり時間を割くことはなかった。その意味で、地元の環境が気になって関連するニュースをメディアから入手している他の人たちと、あまり変わらなかった。私が当時知っていたのは、アディロンダック地方の気象はどうやら予想しがたいらしいということ、また冬には血が凍るほど気温が下がるが、夏には熱波がいくら厳しくとも、まず体温に達することはほとんどない、ということくらいであった。

この20〜30年の間に地球温暖化が人々の意識のなかに浸透し始めると、この人気の土地の未来についてあれこれと考えをめぐらすようになった。最初に温暖化した世界での生活を見事に描いたのが、その当時アディロンダック山脈の真ん中に住んでいたビル・マッキベンだった。その画期的な著書『自然の終焉』では、この土地のありうる未来の姿を予告していた。それは、温暖化によって破壊された北方系の針葉樹と落葉広葉樹が混生する多様な森林であり、1月に雪ではなく雨が降るようになった土地であり、炭素汚染のしみで醜く変わってしまったかつての原野の姿である。

当初、私はこのような主張については、慎重に、懐疑的な姿勢を取っていた。私の同僚の古気候学者の面々も当時は同様だった。私たちにとっての気候の変動とは、氷床が生態系全体を一気に破壊しつくして、地図上からすっかり消し去ってしまうとか、遠い過去に自然に生じた温室状態が恐竜にとって快適な地球環境を維持していたとか、そういったことについての話だった。今世紀末までに気温が2〜3℃高くなるって？　ふん！　取るに足らんね。それに、いいいまここでそれが実際に起こっているなんて、どうしたら分かるのかね。地球規模の傾向は私たちの地域ごとのパターンを、必ず正確に反映させるなどということはないのだ。この場所のデータを示して見せてくれるなら、信じようじゃないか……。このような姿勢が最終的に正しいと分かるかどうかは別として、これは健全な懐疑の基本姿勢であり、これは時代のテストにパスしてきた流儀なのである。

幸運なことに、こうした説得力のあるデータを目にする前に、私はビル・マッキベンと出会い、親しくなった。彼はアディロンダック州立公園の著名な住人ということで、１９９０年代に、わが大学の評議会への加入を打診され、その申し出を受けただけでなく、評議委員としての役割を至極まじめに務めたので、私たちの森のなかの小さな学校とも個人的に親しくなった。私も彼との交流を楽しんだが、それでも差し迫る危機について訴える彼の主張には、納得しかねるところが幾分あった。科学者としては、その主張を支える数字が見たかったのだが、この地における主要な温暖化傾向の存在を肯定するものであれ否定するものであれ、アディロンダック地方に特化した気象データが公表されているなどという話は、まったく聞いたこともなかったのだ。

そうした状況はすぐに変わり始めた。いろんな州や国の研究機関の科学者集団が、地球全体の状況を縮小し、この国の亜区（サブリージョンズ）〈生物地理上の小区分〉レベルの地域に適応する研究を盛んに始めたのだった。彼らは、気象記録や各所の水域や森林における変化の証拠、またより細部に焦点を合わせたコンピュータによるシミュレーション結果などを集成・編纂して、地域的な気候の傾向を追跡し、それを西暦２１００年の未来へと投影した。アメリカ合衆国に暮らす人なら、住んでいる土地についてそうした評価結果を地域の大学に申し込むか、あるいは簡単なオンライン検索で見つけることで、読むことができるだろう。

２００１年、ニューハンプシャー大学に本拠を置いたそうしたグループのひとつが、その調査結果を「ニューイングランド地域評価（リージョナル・アセスメント）」（ＮＥＲＡ）というタイトルの報告書で発表した。彼らは研究結果を広く人々に伝えた。印刷物として広めもしたし、また自らも北東部の諸州を講演して回ったのである。しかしそうした努力にもかかわらず、ほとんどのアディロンダック地方の住民が彼らの報告に出会うのは、いまだにビルのような解釈者（インタープリター）を通してなのである。ビルは『アディロンダック・ライフ』誌上に、私たちの未来についての興味深い描写に織り交ぜて、NERAが報告する調査結果のいくつかを説明してみせた。その記事を読んで私たちが知ったことは、温暖化はすでにこの地で進行中だということ、そのために間もなくわがサトウカエデたちは枯れてしまい、その見事なオレンジや赤の葉に代わってやってくるのは、現在はブルーリッジ山やスモーキー山の普通種であるナラやヒッコリーの陰気な茶色やくすんだ緑色だということ、そして雪が雨に変われればわがウィンタースポーツ産業も間もなく潰れてしまうだろう、ということだった。

　北国の厳寒の美を愛する私たちにとっては、雪のない冬を想像することは、アイシングのないケーキを想像するようなものだ。この地で冬と言えば、まずはきわめて重要な観光収入を意味し、さらに冬季オリンピック大会の開催への再チャレンジ、ホワイトクリスマス、スキーにスケートにスノーシューイング、四季のひと巡りを締めくくる結氷、そして懐かしい春への序曲、といった具合だ。簡単に言えば、アディロンダック地方の冬は雪が降ることになっているのである。

　ビルのような言葉を巧みに操る名人の手にかかると、この種のイメージが私たちを震撼させる。しかしその情報はビルが自ら用意したわけではない。美しく彫琢された文章にして、それを私たちに手渡したに過ぎない。そして、自分の居住地域に差し迫っている変化についての情報を自分なりに入手した人は、その情報の正確さを判定するために、原資料をさらに深く読み込んでみたいと思うだろう。

ビルが私にそうする機会を与えてくれた。『アディロンダック・ライフ』誌に載せる記事の準備中に、彼は地元の気候変化傾向について私に意見を求めたのだ。この依頼に応えて、待ってましたとばかりに個人的な研究計画を立てた。彼の依頼を受けることで、私には自分の力で見つけ出せるだけの証拠に照らして、ＮＥＲＡの研究成果がどれほど妥当なものなのか、確認する口実ができたのだった。ＮＥＲＡでは、アディロンダック公園を具体的な分析対象には選ばず、ニューヨーク州の他地域とまとめて扱っていた。しかしこの複雑な山岳地帯については、他地域に追随するような傾向はないのではないか、という疑いを私は持っていた。

手始めに集めた地史の文献資料を調べてみた。するとすぐに、気候が温暖化すれば、ナラとヒッコリーが私たちの森を支配するという可能性を裏付ける証拠を見出した。１９９３年のこと、シラキューズ大学の地質学者アーネスト・マラーたちは、アディロンダック中央部、マーシー山付近のタハワスにある鉱山採掘坑跡に露出した、温暖なエーミアン間氷期由来の湖底堆積物の分析結果を発表した。湖底堆積物は氷河由来の2層の堆積砂礫に挟まれており、抽出された花粉粒からは、その当時の森の優勢種がナラ、ヒッコリー、クリ、ヌマミズキ、ブナだったことが明らかになった。ブナを除いたこれらの樹種はすべて、現在は南アパラチア山脈における普通種であるが、アディロンダック山脈では稀であるか、まったく見られないものである。

もし私たちが生み出す温室効果ガスがこの山地にエーミアン期並みの気温を再びもたらすとすれば――控えめな1000ギガトン排出シナリオでさえ起こりうる事態だが――そのときには南の暖温帯系の森林もまた戻ってくるという予想を、こうして歴史が裏付けている。とはいえこのことは、この変化が今世紀中に起ころうとしている、あるいはそのような変化が、将来のアディロンダック住民から見てすべて望ましからぬものだ、ということを必ずしも意味しない。ナラもヒッコリーもかつてはアディロンダック地方には豊富に生育していたことがあるのだから、歴史的に厳密に言えば、彼らも現代の木々と同じようにこの山地に土着の種なのである。ナラはドングリを実らせる。ブナ樹皮病の流行で結実することが減ったブナに変わって、そのドングリがクマ、シカ、リスなどの野生の獣たちを養ってくれるかもしれない。友人たちとともに秋の紅葉を楽しみに、ノースカロライナ西部の山まで旅をしたことがある。カエデの密度がもっと高い森の景色に比べれば見劣りするものだった。オレンジ、金色、青銅色、そして抑えた赤色と色とりどりだったが、北方の森の景色を活気付ける、目の覚めるような緋色や弾けるような明るいオレンジ色は見られなかった。それでも、その秋の色はいまだに、もみじを愛でる人々の群れを南アパラチアへと毎年のように引き寄せているのである。

私の次の課題は、NERAが北東地域の気候傾向を総括して主張していた通りのスピードで、アディロンダック地方が実際に温暖化してきたのかどうかを確認することだった。私は同僚である、シーダーエデン環境コンサルティングのマイク・マーチンに協力を頼んだ。彼は国立気候データセンターが管理するデータベースから、8つのアディロンダック測候所の毎日の記録を集めてくれた。いくつかの記録は、過去50年間において全体的に穏やかな温暖化が起こったことを示していたが、なかにはわずかに寒冷化していたことを示すものもあった。しかし記録の全体において、最も目立った特徴は、年ごとに見ても、月ごとに見ても、さらには1日ごとに見ても、その気象の変わりやすさだった。

これはそう驚くに当たらない。NERAの資料地図そのものも、メイン州の大半がわずかに寒冷化した一方で、北東部の他地域は温暖化したことを示していたし、そもそもアディロンダック地方は、より低緯度に位置する48州のどの同規模の土地と比べても、いくつかの点で気象状態が最も不安定なのである。地元住民はこの天候の変わりやすさをよく知っているのだが、1980年に2度目の冬季オリンピックをレークプラシッドに誘致しようとしていたときは、彼らは外部者にはこのことをなるべく語らないようにしていた。読者のなかには、この年の大会が危うく中止に追い込まれそうになった、あの1月の雪解けのことを記憶している方もいるだろう。マウント・ヴァン・ホーヴェンバーグのボブスレートラックの整備を手伝ったあと、競技の開始直前に氷がすべて融け去るのを、私はイライラしながら眺めていたものだった。幸運なことに、土壇場になって氷結し、折りよく降雪もあり、大会は中止の危機をどうやら免れたのだった。

私たちがコンピュータで大量の数値を処理していくうちに、ひとつの重要な発見が生まれた。住んでいる地域の気象記録をよく調べて見れば、多分みなさんにも得られそうな発見だ。マイクと私は、年ごとに繰り返される短期的な気温の上下のなかに、自分たちが見出したいと考えるどんな種類の傾向でも見出すことが可能だった。すべては私たちが選ぶ時間尺度次第だった。

例えば、冬という季節の終焉という恐ろしい説を証明する証拠を見つけたい、と考えたとしよう。そのためには、寒冷な時期に始まり、温暖な時期に終わる時間を切り取ってくればよい。1960年代は比較的寒冷だった。そこで、低温から高温へと変わっていく不吉な傾向を際立たせるためには、20世紀の後半の40年に焦点を合わせればよかった。一方、もし私たちがうるさい反対論者の振りをしたいのなら、もっと長く50年の時間をとって、全体としてはいくらか寒冷化の傾向を示している、という証拠を見せればいい。それは、1950年代の初期がアディロンダック地方では異常に温暖で、地点によってはその前の10年間よりもさらにずっと暖かかったからである。これと同様の温暖、寒冷、温暖というパターンは、北部温帯の他の多くの気象記録のなかに見出されるものだから、これを利用すれば過去50年を見た場合に、場所によっては平均的に寒冷化しているのはなぜかという理由が説明できる。これは、間隔を空けて置いたふたつの大きな石の上に長い板を渡すようなことだ。片方の石がもう一方よりも大きければ、板（傾向を表す線）は小さいほうの石に向かって下方（寒冷）へ傾斜するだろう。したがって、暑い1950年代を出発点に選べば、1970年代に始まるより最近の新たな温暖傾向が隠れてしまうのだ。

さらにもうひとつ発見が続いた。20世紀半ばのアディロンダック地方の記録が全世界の平均パターンとはかなり大きく異なっていたのだ。地球の平均気温は1940年代に急上昇するが、アディロンダック地方ではその頃に気温がわずかながら下降していた。そして10年後、下降傾向は反転し、1950年代のあの厄介な地域的温暖期を生み出したのだ。地元の気候が常に地球平均に追随することを当然と考えずに、それが現実にどんな動きをしているのかを見極めることが重要だ、という何よりの証拠である。

私は調べた結果をそのままビルに渡し、彼は『アディロンダック・ライフ』の記事のなかでその結果のいくつかを報告した。しかしそれらはNERAの報告にあまり共鳴するものではなかったから、「この地の気候の劇的変化予測に懐疑的な数少ない科学者」のひとりとして私が紹介されているのを目にしたときは、おかしくて笑みがこぼれたものだった。しかし、もっと辛辣な反応が返ってきたのは、マイクと私が自分たちの調査記録を発表してからだった。そこには地元の気象記録における50年間にわたる温暖化傾向がほとんどまったく示されていなかったのだ。私たちの論文が『アディロンダック環境研究ジャーナル』に載ってから、私たちは、地元の新聞で、ある環境団体とNERAのメンバーによってこっぴどく叩かれた。私たちはどうやら気候変動否定論者だと疑われたようだ。この反応には驚いたが、しかしこの事態にけしかけられて、さらに詳しくアディロンダック地方の状況を調べてやろうという気になった。そして探求を深めるにつれ、主流のメディアにおいて、地域規模の気候変動についての信頼に足る説明が行われることがなぜ少ないのか、その理由が分かり始めた。

専門家の伝を頼って調べてみてすぐに分かったのは、ニューハンプシャー大学、ミドルベリー大学そして合衆国地質調査部の科学者たちが、NERAの報告が「見かけの気温の趨勢」を生じさせるデータに依存したものであるとして、非難しているということだった。もっと注意深く吟味した記録を同じ地域に適用することで、この批判的な科学者たちはＮＥＲＡの報告書が記したよりも広い範囲で温暖化が進んでいることを発見したが、報告の中身にはかなり大きな違いもいくつかあった。例えば、メイン州の大半の地域が20世紀中に寒冷化したというＮＥＲＡの見解は新しいデータと対立するものだった。新しい研究は、メイン州が事実上、他のニューイングランド諸州とともに、さらに大きな範囲で温暖化していることを示していた。

　この新しい研究がＮＥＲＡに与えた打撃の大きさは、私とマイクの仕業どころではなかったが、それでも私たちは悠然とほくそ笑んでいるわけにはいかなかった。攻撃の対象になったデータファイルは国立気候データセンターで私たちが手に入れたものと同じだった。ということは、私たちの出した結果にも間違ったものがある、ということだった。

　誤りは残念だったが、他愛のないものだった。いろんな人たちが行った広範囲にわたる調査結果から、地域的気候傾向を入念にえり分けようとしないで、私たちはすぐに生の気象測定データに向かったのだった。しかし、私たちも、ＮＥＲＡのチームも、他の少なからぬ数の研究者たちも、その当時十分には理解していなかったことがある。それは、このような研究方法が、気候の趨勢の規模と、さらにはその方向の確定において、数多くの、ほとんど無作為的な誤謬（ごびゅう）を生み出してしまうということだ。

　こうしてすっかり懲り、新たに蒙を啓かれた私は、ジェローム・セーラーによって、良質できれいなデータという真っ直ぐで細い道へと導かれた。このニューヨーク南部出身の気候学者の『アディロンダック地方の気象』という本が、地元の本屋の棚にあって、私の注意を引き付けたのだった。

「まず知っておいていただきたいのは」とジェロームは電話で説明してくれた「これらのデータは実際に人々が自らの手で集めたものなのです。彼らのほとんどは無償のボランティアです」。言い換えれば、観測所を管理する人々個々の癖が、集めるデータに大きく影響を与えるということだ。

例えば、ジェーンは地方の気象観測所を20年にわたって運営している。彼女は毎朝早く起きると、温度を記録し、それから仕事に出かける。ただし、休暇中だったり、子供が病気だったりした場合は別である。そうなると、毎日の記録に穴が空き、月ごとの平均気温の計算に歪みが生じる。

ジェーンが引退し、今度はジョンがその役目を引き受ける。しかしジョンは早起きが苦手だ。そこで、彼が温度計を読むのは、すでに太陽があたり一帯を暖め始める、朝も遅い時間である。自動的に、日ごとの気温の平均値は高くなる。

そしてさらには、測定器類の改良、停電、毎日の測定回数の変化、観測所の所在地の変更、地域の植生の変化などの、気温のデータに影響を及ぼしうる要因がある。こうした要因が気象測定とともに、注意深く記録されない限り、気温測定値にこれらが及ぼす影響を訂正して、正しい気温を知る方法はない。

「気候学者たちが、気象記録を洗ったとか調整したとかいうのは、不正を行っているわけではないのです。そう主張する人もいるかもしれませんが」。セーラーは続けた。「できるだけ正確に、誤謬を訂正するために、必要だからしているに過ぎません」。セーラーおよび私の情報提供者リスト上のすべての専門家によれば、気象データの現在最良の情報源は合衆国歴史気候学（ヒストリカル・クライマトロジー）ネットワーク（USHCN）であって、これはNERAの出した結果に異議を唱えるときに使われたのと同じ情報源だ。

USHCNのスタッフはそうした誤謬についての情報源を漏らさず記録に残している観測所だけを選ぶ。彼らは、情報の欠落部分だけでなく、物理的環境と方法論における変化についても訂正を行い、図表や一覧表にしたデータを定期的に更新して提供するウェブサイトにおいて、その方法をきわめて詳細に説明している。

さてそれでは、最新版のUSHCN記録はアディロンダック地方について何を語っているだろうか。1950年以来、まだ数箇所の気象観測地点では寒冷化が続いているが、公園の北西の隅にあたるワカケーナでは、気温の低下傾向は止まっていた（私たちの生のデータでは、低下は続いていたのだが）。アディロンダック地方の全観測所のグラフ曲線を平均し、ひとつにまとめて見ると、上下の揺らぎが均されて、20世紀間に年平均気温が全体としてわずかに上昇していたことが判明したが、1970年代初期以降は温暖化の曲線が地域全体でさらに急傾斜化しており、地球平均のパターンをより厳密に反映するものだった。この変化は、統計的には、6月と9月に最も顕著だった。12月の気温も上昇したが、しかしその傾向はあまりにも一貫性に欠けるものなので、ランダムな変化との区別はできなかった。また他の月は上昇なのか、下降なのか、はっきりした傾向を示していなかった。

オーケー、今度こそ間違いなかろう。私たちの住む山のなかでも温暖化は進行中ということだ。しかしスピードはどうだろうか。過去50年間を見ると、この30年間を検討対象とした場合よりも、平均気温上昇率はずっと低いことに気づく。そうなると、どちらの期間を選ぶかという決定は、どのように行うべきなのだろうか。

専門家のほとんどは、ある一定地域の現在の気候を、過去30年間の気象状況を平均化したスライド式時間枠を当てはめて、定義する。例えば、ある科学者が１９９０年の時点でアディロンダック地方の気候について話題にしていたとするなら、１９６１年から１９９０年にまたがる過去30年の気象データを要約することで、彼はそれを説明することになるだろう。それから10年後にまた誰かが同じことをするなら、今度は１９７１年から２０００年までのデータを調べることになる、といった具合だ。したがって、過去30年が、地域の気候研究のためには、焦点を合わせるべき妥当な時間枠ということになる。さらに、信頼できる研究が明らかにしているが、１９７０年以降の地球の気温上昇は、太陽のエネルギー放射量の変化や晴天傾向の変化のような、他のいかなる要因よりも、温室効果ガスの蓄積に起因することが明白である。このような評価基準によって、最近30年の平均気温上昇傾向は、短期的な気象の揺らぎによる気まぐれな移り変わりの背後にゆっくりと上げてくる潮のようなものであり、これを地球規模の変動がこの土地にも及んでいるしるしとして扱うことは、正当な行為として認められるだろう。

２００６年、北東部の数箇所の研究施設のメンバーから結成された研究チームが「北東部気候影響評価」（ＮＥＣＩＡ）というタイトルの報告書を公表した。報告書における地域の気象史は、私自身が最近更新したアディロンダック気象復元図とほぼ同様なものだったので、私はほっとした。オールバニーのニューヨーク州立大学のキャシー・デロによる修士号申請のための研究としてその後に行われた、ニューヨーク州北部の気象分析もまた同様の結果を示した。NECIAの研究はアディロンダックに特化した予測を行ったものではないが、過去30年の間に地域規模の気候と世界規模の気候が、ともに同じような変化を生じ始めたということを知ったので、彼らの結論も私自身の結論もより信頼性の高いものと思えるようになった。

アディロンダック地方が温暖化していることを私が確信するまでに、多くの研究が必要だった。この地域では特に起こりそうにない現象と思われたからというのではなく、温暖化の主張を裏付ける確かな証拠が最近までなかったという理由からである。そのうえ、地域的変化を地球規模の温室効果と決定的な形で関連付けることが困難な場合があるのだ。理由は、温室効果が生み出す気候変動は、地球規模で見た場合に、特にここのような山岳地帯における、小規模な気象の短期的に変わる気まぐれな移ろいやすさと比べると、緩やかで、穏やかな傾向を示すものだからである。困ったことは、頑固さから、あるいは故意に無知を装って、地球温暖化の存在を否定する人々が、あまりにしばしば（「否定論者」とか「反対論者」というのではなく）「気候懐疑論者」という別称を与えられていることだ。なぜかと言えば、良き科学者の仕事は、魅力（セックスアピール）はたっぷりだが事実に乏しい話に対しては、理性的な懐疑を貫くことだからである。誰かが地球規模の気候変動に関する情報を、誰の目にも明らかな正確さで、地球上のあなたが住む地域にぴったり合う規模に縮小して示してくれるまでは、あなたの地域の気候が本当に世界の気候の主流に沿って動いているのか否かについては、確信が持てないだろう。

しかしながら、ここアディロンダック地方では、いまや地域の気象記録によってはっきりと立証された長期的な温暖化傾向が、冬の氷が支配する領域において、明らかに観察可能ないくつかの変化をすでに生じさせつつある。ＮＥＣＩＡの報告によれば、北東部のすべての州で、１００年前と比べると、湖の解氷時期が早まりつつあるが、これに作用しているのは必ずしも気温ではない。雪と風も湖や川の氷の運命を左右する。氷が雪の毛布に覆われて十分な断熱作用を受けると、春季の解氷は遅れるが、その毛布が薄くなるか厚くなるかは、降雪量、融雪量、風で吹き払われる量によって変わる。そして時を問わず湖の氷を壊すのはだいたい風であり、熱ではない。天候が穏やかなら、湖の氷は何日もの間じっとしていながら、劣化して、脆い針を縦にいっぱい詰め込んだような状態に変わっていく。そうしながら、最初の風によって、風下の岸に打ち付けられて、砕けるのを待っているのだ。

温暖化のより明瞭な指標となるのは、氷結の時期である。というのも、積雪や真冬の氷の厚さなどの複雑な影響を受けることがない現象だからである。さらに、わが地方の温暖化は、春よりも秋に、はるかに際立った傾向を見せるが、この季節による不均衡は湖の氷の振る舞いに反映される。セーラーの本は、レークプラシッドの中心街にある魅力的な水塊、ミラーレークの１００年にわたる結氷の記録を提供してくれているが、地元の図書館員のジュディス・シェーは、毎年湖面開き競技会をそこで催しているあるボートクラブに連絡を取って、その記録の更新を手伝ってくれた。これらのデータから分かるのは、ミラーレークの結氷時期が１９００

年代初頭と比べて2週間ほど遅くなったということである。一方、もっと気まぐれな解氷の時期についての記録は、時期がわずかに早まる弱い傾向を示すに留まる。そして標高が低くなると、そもそも気温はもともと高めになるわけだが、変化はよりいっそう明白になる。レークシャンプレーンはアディロンダック公園の東の境界に沿った長い谷に広がるが、最近では何年間も冬期に全面氷結することがない。記録を1800年代初頭までさかのぼると、レークシャンプレーンが19世紀中に全面凍結しなかったのはわずかに3度だったが、1950年以降は、20数回を数える。温暖化以外にこの現象を説明するのは難しい。

私は数名の同僚と連名で、こうした結果を『アディロンダック環境研究ジャーナル』誌に発表したところ、AP通信社がこの地域における湖の氷の後退について、私たちの数名を取材にきた。この記事が引き起こした世間の反応は面白かった。私が見つけたオンラインに投稿されたコメントのほとんどは否定的なものだった。ある人はそれを「地球温暖化を警告する胡散臭い運動の選りすぐりの推進策(チェリー・ピッキング)」と呼んだ。もうひとつ代表的な投稿内容には、「地球温暖化の主原因を、エコオタクが排出する熱に浮かれたタワゴトにたどることができる」とあった。これまでは大げさに騒ぎ立てないといって、環境派たちから非難されていたので、こうした反対意見は科学者にとっては良い徴候だと考えた。感情的な論争で対立する両派からバッシングを受けたとき、その意味するところは、その人が立っている中間位置におそらく真実はある、ということだと私は思いたい。しかしこのユーモラスな状況があっという間に消え去ったのは、わずか2~3週間後に、地元の湖の氷が割れて3人が命を落とすという事件が起きたときだっ

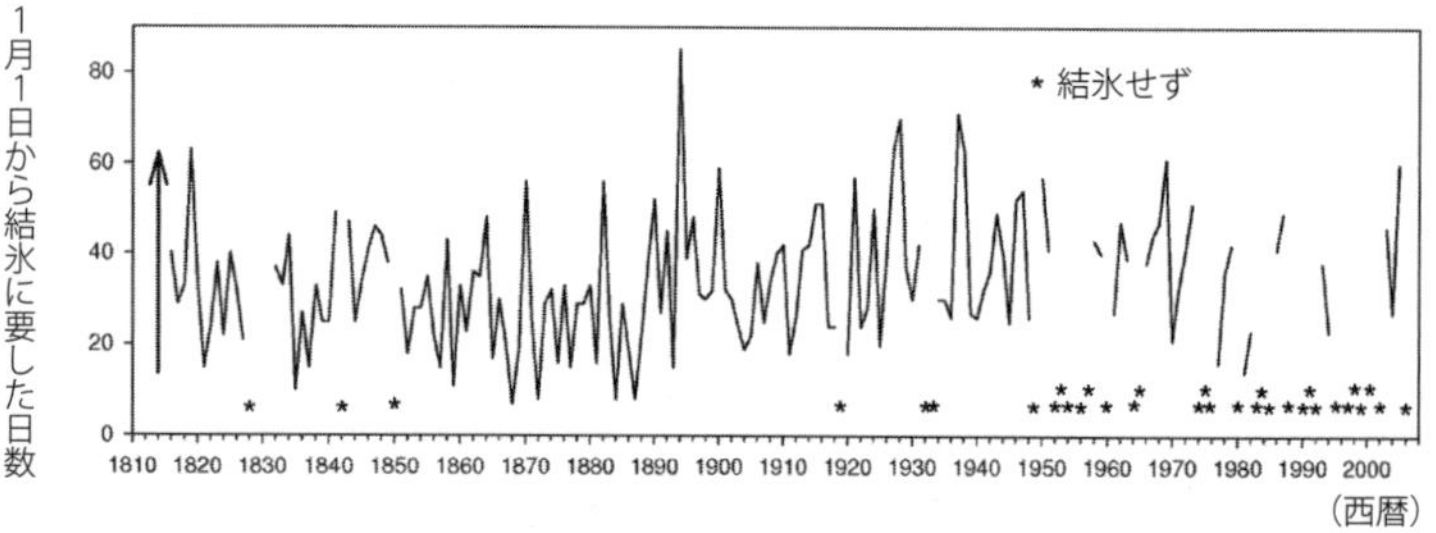

19世紀初頭以降のレークシャンプレーンにおける結氷にかかった日数。（米国商務省海洋大気局気象課の予報サービスによる）

た。合衆国沿岸警備隊（コーストガード）はスノーモービル運転者や漁労者に、レークシャンプレーンの氷が薄く割れやすくなっていることを警告した。

アディロンダック地方のような特定の土地に及ぼされる気候変動の影響について、役立つ可能性のある情報源がもうひとつあって、それはアマチュアナチュラリストの非公式な観察結果を利用することだ。だが、これは本質的にあまり科学的ではない。私が以前教えた学生のブレンダン・ウィルツェは、レークジョージの環境の歴史調査を卒業論文（シニア・セーシス）のテーマに選んだが、彼の取った方法は、彼の家族が住む岸辺の最近の水質状態と、堆積物コアおよび歴史文献に現れる水質とを比較することだった。彼の主要な情報源のひとつがトマス・ジェファーソンだった。ジェファーソンは1791年にこの地を訪れていた。ジェファーソンは滞在期間中ずっと博物誌的観察記録をつけていて、そこには2世紀前の美しい湖と周囲の森の姿が描かれている。「水は水晶のように澄み切っており、モミ、マツ、ヤマナラシ、シラカバの豊かな森が山腹を覆い、麓の湖岸まで切れ目がない」。今日の部分的に濁りが生じている状況は、したがって、近年の人間の活動に起因するやっかいな水質の劣化を警告している。残念なことに、ジェファーソンの滞在はあまり長いものではなく、私たちが今日の状況と比較しうるような、有益な気象の観察記録を残すにはいたらなかった。

プロやアマを問わず、ナチュラリストたちの手になる、もっと最近の生態学的な変化の記録も役に立つことがある。1991年以来、私はずっと次のような記録を取り続けている。年の最初のコマドリがポールスミスズ大学のキャンパスに姿を見せる日、在来種のハナバチたちがエセクス・ヒルの陽の当たる南向き斜面に掘った越冬用の巣穴から這い出す日、カントウェルホールの隣に生えたカエデたちが火の様に赤い芽を吹く日、そしてアメリカアカガエルと黒に黄色の斑点模様のサンショウウオがキーズミルズロードの儚い雪解け水の繁殖池へと移動する日。こうした記録を取ることが、いつの間にか私にとってちょっとした儀式になってしまった。この儀式を通して、私は身の回りに暮らす他の生き物たちとのより緊密なつながりを実感し、また四季の巡るリズムをさらによく感じ取ろうとしている。もちろん、そうすることで、私はこの土地固有の変化の兆しを見張ることもできるわけだ。これが、私が毎年まったく同じ場所で観察を繰り返すように気をつけている理由である。

私の観察リストに載っている動植物のほとんどは、1991年以来、出現、目覚め、出芽の時期において統計的にはなんら目立った変化を示していない。おそらく（地域の気象データが明らかにしているように）季節によっては温暖化が生じているにもかかわらず、春の気温にはここ数十年目立った上昇傾向が見られないからであろう。またおそらくは、私が観察を開始してからいくらも経たないため、偶然の変化のなかに隠れた微妙な傾向をまだ感知できないからかもしれない。私の観察データのなかにはほとんど変化の徴候はないが、もし私がそれなりに長く観察を続けてこなかったとすれば、この変化の欠如にすら気づかずにいたかもしれない。

　しかし、地元のラジオ局の番組に出演することで知ったのだが、ノースカントリーの住民のなかには、私などよりずっと長期にわたりこの手の観察を続けている人たちがいる。この20年ほど、私は『自然選択（ナチュラルセレクションズ）』という、マーサ・フォーレーをニュースディレクターとする、ノースカントリー公共ラジオ放送の科学番組の共同司会者を毎週務めてきたが、２００７年５月のこと、私たちは1時間にわたり聴取者からの電話を募集し、この地における気候変動の徴候を伝えてもらった。反応は面白く、またためになるものだった。

　フォートコヴィングトンのリスナーからの電話は、彼女の年老いたお父さんが１９６９年以来、春にハゴロモガラスがお気に入りのガマの生えた沼地に戻ってくる時期を記録している、というものだった。手書きのノートによればこの鳥たちの現れる時期は、平均して、まったく早くもなっていなければ遅くもなっていない。これもまたおそらく、この地の春の気温がいまだに温室効果による変動をほとんど、あるいはまったく示していないがゆえの現象のようだ。

　ハンティングトン・ワイルドライフ・フォレストの生物学者、ステーシー・マックナルティーは、地元の湖の結氷時期の記録とともに、トリリウム〈エンレイソウ属の草本〉とホッブルブッシュ〈ガマズミ属低木〉の開花時期のデータを伝えてくれた。開花にも解氷時期にもまだ目立った傾向はまったく見られないが、湖の結氷は著しく遅くなってきている。

セントロレンス大学の地質学者であるジェフ・キアレンゼリはアディロンダック地方のいくつかの河川の流量記録を編纂したものを送ってくれたが、20世紀の間に雨水の流入量が、特に1970年代初期以降、著しく増大しており、これは私が地元の降水記録のなかに見出した傾向を映し出している。

また庭師親方（マスターガーデナー）のダナ・ファストは1982年以来自宅付近の野草の開花時期の記録を取り続けている。彼女の白いスイレンは、1980年代初めに比べ、夏の開花が約2週間ばかり早くなっている。おそらく花を浮かべる水の温度が上昇しつつあるのだろう。このあたりでは、過去30年の間に、6月の気温は確かに際立った上昇振りを示している。

目を転じて、将来の気候変動がこの地のランドスケープや生き物に与える影響について知ろうとする際には、気候そのものについての情報を求める場合より、コンピュータモデルが役立つことは少ない。生き物は気団と比べてシミュレーションが容易ではないのだが、研究者たちがとにかく試してみようとして、大いに世間の注目を集めたことがある。

ビル・マッキベンが『アディロンダック・ライフ』誌の記事に書いたサトウカエデの衰退がそうしたケースに当たる。ビルはこの話を間接的に他の人たちから聞いたが、彼らはどうやらそれを米農務省の林野部（フォレスト・サービス）が行った研究から知ったらしい。林野部のウェブサイトには色彩豊かな地図に、多様な樹種の最適温度域における変化予想が示されているが、この情報の出所は、さらに、1998年に『エコロジカルモノグラフ』に発表された研究による、となっているのだ。

一見すると、その地図は絶滅が差し迫っていることを警告しているようにみえる。サトウカエデを表す色つきのシミはカナダに向かって後退している一方、彼らに代わってナラとヒッコリーが次第に侵入する。多分、アディロンダック地方は西暦2100年までに、植物学的にはブルーリッジ山脈やスモーキー山脈と同等の存在になるのだろう。

しかしそのホームページには目立つボタンがひとつあり、読者はぜひともそこをクリックするように勧められる。クリックしてみたところ、次のように書いてあった。「私どもの地図について誤解を避けるため、利用に際しては、以下のセクションをお読みになり、この地図の意味をまずはご理解いただきたい。ぜひともご注意願いたいことは、私どものモデルは特定の種の移動（マイグレーション）を予想するものではなく、むしろその特定種にとってふさわしい生息地の移動（ムーヴメント）を予想対象とするものだということです」

言い換えれば、この地図が示すものは種の選択対象となる気候条件であって、種の移動ではないということだ。樹木が簡単に根を自ら引き抜いて、上昇する気温を追いかけたりすることはない。樹木には、ふさわしい降雨量と土壌のタイプ、遠隔の地まで広範に種子を運ぶ効果的な方法、何百年もの寿命を持つ占有種の間に割り込む十分な空隙などが必要だ。この問題に関して、『生態と環境の最前線』に載ったある評論は、この種のモデルが「種が、正常な気候域の外で生存を続けざるをえない過渡期の問題を無視している」と指摘したが、さらに他にいくつもの研究が、人間の存在が多くの種の分布をひどく変えてしまったため、そもそもそういった種の本来の自然な生息域について正確に知ることすら不可能になっていることを明らかにしている。この時点で、私はカエデについて私よりずっと優れた知識を持つ人の話を聞く必要があることが分かった。

私はマイク・ファレルに頼んだ。マイクはレークプラシッド郊外のスキージャンプ台にほど近いコーネル大学のカエデ研究所を指揮している。彼は地球温暖化でカエデが枯れるという話を聞いていたが、そうした話のほとんどを信じていない。「将来ここでどんなことが起きるのかは、誰にも実際には分かりません」とマイクは話し始めた。「しかし、ナラとヒッコリーが50年や100年後にカエデに取って代るという説に関しては、それは起こりえないと思います。サトウカエデはアディロンダック地方より暖かい環境のほうが実はよく育つことがありますし、南の西バージニアではメープルシュガーがまったく問題なく採算の取れる産業になっています。問題は主に次世代の生育にあります」。酸性雨、病害、そしてシカの食害により、すでにいまここにある木々は痛めつけられているし、またそのために若木による森の世代交代が妨げられる傾向がある。マイクによれば、このまったく同じ問題が侵入を図るナラとヒッコリーの若木を抑制する可能性があるかもしれないという。

こうしたコメントは、長年の経験に裏打ちされたものではあっても、私がそれまで聞いていた意見とはあまりに違うので、さらに説明を迫った。わがサトウカエデは本当に気候変動による深刻な脅威にはさらされていないのだろうか。

「もちろん、温暖化に伴って、ここでも変わることがいくつかあります」。マイクは説明した。

「樹液の出始める時期が早くなっていることが確認できますが、これで木が弱るようなことは少しもありません。主な危険は夏がいまよりずっと乾燥化した場合です。カエデの仲間は干ばつへの対応があまり得意ではありませんから」

さてボールは再び私のコートに返ってきた。私はこれまで集めたアディロンダック地方の気象記録を探って、夏の降雨についてのこれまでの状況と、将来に予測される状況について調べようとした。20世紀には日照りの頻度において明らかな長期的変化は起きなかったが、過去30年をそれ以前の80年とくらべると、若干雨量は増加していた。しかし、夏の降雨に関してはいずれの面でも目立った傾向は見られなかった。ということはおそらく、この地のカエデにとっては気候の面で特に心配なことは、結局何もないようである。少なくとも近い将来においては。

NECIAが数種類のコンピュータモデルを使って予想したところでは、極限の排出シナリオのもとでは、年平均気温が北東部においては世紀末までに約7℃も上昇し、年間総雨量は10〜15%ほど増加しそうである。しかし実際に起こることをこの目で確かめるまでは、こうしたモデルがどこまで正確なものであるかは確かめようがない。それでも、それらにあといくつかのテストを課せば、お馴染みの地元の競技場でどれほど上手にプレーするかを確かめることはできる。この仕事には、歴史上の気象記録が最善の道具となるだろう。この難題に立ち向かうためには、モデルはその予測の時計の針を過去に戻してみて、それが実際の記録と酷似した曲線を生じなくてはならない。NECIAはまさにこれを試みた。この手法を「後方投射（ハインドキャスティング）」と呼ぶ。そして、自分たちのモデルによる最近数十年の全面的温暖化の状況を復元する仕事は無難なものだった、という報告したが、降雨に関してはこの試験にかけても、気温ほどの著しい成果はまったくといっていいほど見られなかった。１９６０年代には日照りが複数年にわたって続き、その頃の人々は「北東部大干ばつ（グレート・ノースイースタン・ドラウト）」と呼んだが、それは地域の降雨記録に深く、忘れがたい刻印を押した。しかしコンピュータによる復元結果にはそれはまったく現れなかったのだ。

１９６０年代の日照りを的確に再現できなかったことは、しかしたいして驚くことではない。雨や雪は気温に比べて研究のうえで扱いが難しい。気温よりも、時間的にも空間的にも変化することが多いものだからである。温室効果ガスは大気圏の低層のいたるところで容易に混じり合い、かなり同質的な、熱を閉じ込める毛布となって地球全体を包み込むので、そのためコンピュータモデルで温室効果ガスが気温に及ぼす影響をシミュレートすることは比較的容易である。また人間由来の炭素汚染が働いていなくとも、そもそも気温というものは、降雨などよりも、ランドスケープ全体に偏りなく配分されている。例えば、夏の暑い日に、ある特定の地域では誰もがほぼ等しくぐったりとなるが、その地域をたまたま通過する雷雨で、誰もが必ずしもびしょ濡れになるわけではない。ランダムな撹乱や地形の隆起で湿気の泡が立ち上り、そして冷やされたりするので、その結果、ある場所では大雨だが、別の場所はカラカラだったり、また土地の湖の影響やさまざまな気団の衝突で立ち上がる雨雲が命中する場所もあれば、外れる場所もある。このように複雑な現象を扱うには、気温を詳細に記録する場合よりも、より多くの乾湿に関するデータを集めて、平均値を求めなくてはならないが、それでもなお出た結果は注意深く扱う必要があるのだ。

しかし予想モデル作成に関する問題の底はどうやらもっと深そうでもある。シミュレーションのなかで繰り返す短い上下振れは最終的に特定の日時に必ずしも結びつくものではないので、そのために、長期的な予想における基本的な趨勢のほうが、より短期の年ごとの揺らぎに比べ、信頼度が高くなるわけである。加えて、異なるモデルを組み立てるときに中心にはそれぞれ異なる仮定を据えるが、それらはどれも、独特で矛盾する可能性をはらんだ方法で、気候システムのさまざまな局面を極端に単純化ないし誇張するものである。そしておそらく意外なことだが、この惑星のさらに狭い小区域に焦点を絞り込むことが必ずしも事態を単純化するわけではなく、反対に、山や湖やその他の気象に歪みを生む地域的な特徴をモデルが処理せざるを得なくなることで、ずっと大きな複雑性を加える可能性があるのだ。対象地域を縮小してしまうと、シミュレーションに裏付けを与えてくれる歴史データを提供する気象観測所の数も少なくなってしまい、地球規模のモデル自体のなかに潜在しているシステム上の誤謬を拡大することにもなりかねない。『ネイチャー』に掲載された、記者のクウィーリン・シアマイアーによる論文のなかで、ある専門家が断固とした口調でこの状況を要約している。「われわれが現在使っている気候モデルは、ほとんどの国の決議の場における、情報に基づいた意思決定に役立つレベルには達していない」

この種の不確実さに対処する理に かなったやり方のひとつは、単一の情報源に甘んじることなく、複数の情報源からの結果を考慮の対象とすることだ。これを実行するための優れた仕組みが気候ウィザードという、自然保護審議会、ワシントン大学、サウス・ミシシッピー大学が共同開発した、利用者に優しい、オンラインの分析エンジンである。このウェブサイトが提供する地図を利用する際には、さまざまな興味深い地域に焦点を絞ることができ、また今世紀末までの気温と降雨を予測するために、16のよく知られた地球気候モデルから選んで利用できる。クライメット・ウィザードの素晴らしいモデル群は、もし、ある特定の季節、あるいは数年単位の短期間、あるいは特定の狭い地域についての詳細な予測を求められた場合に、さまざまな矛盾した結果を生み出すこともある。しかし大雑把な概括化には際立って一貫性があり、まるでこのモデルたちは、過度に限定された時間や場所を綿密に凝視することを強いられるより、「大きな思考をする」ことを好むようである。例えば、すべてのモデルが、二酸化炭素の排出が増大するほどに、それだけひどくなる地球規模の温暖化傾向を予測しており、またほとんどのモデルは、合衆国北東部においては、西暦2100年までに雨量が幾分増加するとしている。

このウィザードは温帯の未来について私たちに何を語ってくれるだろうか。もし私たちが控えめな1000ギガトンのシナリオに従う場合は、このモデルたちと私たちの常識は一致して、温帯のほぼ全域、特により高緯度地域で、西暦2100年までにさらに数度の気温上昇があるが、雨量の増減は地域ごとにまちまちで、一貫しないだろう。クライメットウィザードの全モデルの出した結果を総合してみると、北アメリカ、ヨーロッパ、中央アジアのほとんどの地域はより湿潤化する一方、アメリカ南西部、パタゴニア、南オーストラリア、そして地中海一帯は乾燥化するだろう。南アフリカのケープ地方では、冬の嵐の進路が南極方向に偏向しそうだということはすでに学んだので、そこが将来の乾燥化の候補地であることも、私たちの予測の範囲内であろう。

着実に進行する温暖化は合衆国北部の雪や氷の量を減らし、その存続時間を短くするだろう。しかし、おそらく低地にあるレークシャンプレーンは全面非凍結化するが、最も標高が高いところにある山上湖は真冬の凍結を妨げられることはないだろう。アディロンダック山脈の最高峰の頂は毎年2〜3ヶ月間はなお白くなるだろうから、北東部の他の多くの地域よりは、ここのスキーやスノーモービル業界はさらに長らえることになろう。多分、22世紀からその先くらいまでは十分だ。そうなると、私たちの化石燃料消費がついに先細りになって、ひとつ厄介な地域的な汚染問題が決着するかもしれない。石炭を使う火力発電と内燃機関が停止すれば、大量の酸性雨も止むことだろうから、ありがたいことだ。

もしアディロンダック地方の森が、控えめな規模の温暖化の結果、再びブルーリッジやスモーキー山と同様の植生に変わるにしても、変化はたいして急激なものとはならないだろう。地域が温暖化する過程で、いまある木々が老いて枯れ、異種が侵入する余地ができるまでには、数百年の年月を要するだろうし、この地へと北上してくる木々の速度がその種子に勝るということはないだろう。その頃もいまと同様に、最も急激な変化の原因は気候変動ではなくて、林業や山火事や病虫害の侵入によるものだろう。海外から来た病害によって以前クリとニレを失ったように、すでに現在、私たちは菌の感染によってブナを失いつつあり、また侵入種のエメラルドトネリコ穿孔虫はいま北アメリカ全土のトネリコを脅かし始めたところだ。これは動物たちにも当てはまる現象である。白鼻症候群（ホワイトノーズシンドローム）は急速にこの地域のコウモリの個体数を激減させつつあるし、イエローパーチとゴールデンシャイナーがこの山上湖から在来種のマスを駆逐しつつあり、また移入種のゼブライガイは低地の水域で在来のイガイの地位を奪いつつある。

ほとんどのモデルが示唆するように、もしこの地域でも幾分か湿潤化が進むとして、雨量が増えた分、気温が高まった夏に、湿地や林床の土壌が乾燥化するのを防げるか否かは、夏季の降雨量と蒸発量との帳尻の合わせ方次第である。アディロンダック地方やシャンプレーンといった比較的小さな地域における雨量の季節規模のモデル予測は――モデルのほとんどは年単位でこの地の降雨傾向を予想しているのだが――相違が大きすぎて信頼に足りない。温暖化によって、この地方の冬の河川では、雪解による突然の増水や雪氷（アイスパック）による埋塞（詰まり氷）がいっそう頻発に発生する可能性がある。しかしそれと同程度に固まった雪や氷の形成が妨げられることによって、初春に起こるこうした現象の厳しさが低減されることになるのかもしれない。雨量の増加はアディロンダック地方にとって一般には良い傾向と言えるだろうが、もし川の水量も同時に増加を続けるなら、川下の都市にとってはあまり歓迎されることではなさそうだ。海につながるニューヨーク港の水位がマンハッタン島の縁を巡って、ゆっくりと上昇するので、もしノースカントリーにおける大量の雨水の流入でハドソン川が堤を越えて溢れ出せば、気まぐれのようではあっても、大きな破壊力を秘めた洪水の発生があるかもしれない。

標高の高いこの地方では今日見ることがきわめて稀な、オポッサムのような温帯南部に生息するタイプの動物たちが普通に見られるようになりそうだが、反対に、北方に生息するタイプの湿地性(ボグ)レミングのような、希少種が消えるかもしれない。しかし、クマやアライグマからカワウソやアカギツネにいたるまで、この地の哺乳類には、長い艱難辛苦(かんなんしんく)に耐えられるだけの順応性が備わっているし、どれもアディロンダック山脈の外部にまで広く分布している。仮にレミングや他の北方の種たちにとって、ここがもはや適切な生息場所でなくなったとしても、将来の気候変動が急激化するようなことがなければ、彼らの消滅は地域的なものであって、全面的なものとはならないだろうし、また気温のピークが過ぎた後に、さらに北方の地域に避難していた彼らの子孫たちは、最後には再びこの地に戻ってくるであろう。アメリカ合衆国の住民たちが利用する種の生息範囲を記した地図の多くは、国境の北には空白しか描いていない。まるでカナダという広大な避難場所が存在しないかのようだ。「ニューヨーク州内では絶滅」といった文句は人間中心の言い方であり、それらは絶滅の真実を表す必要があって使われたものではない。州ないし国中心ではなく、種中心の表現方法を採用するなら、ボグレミングはカナダで繁栄し続けられること、また彼らの南限がアディロンダック公園を越えてはるかに定めなく広がるように、その生息北限もさらに拡張できることになる。

地球温暖化によって、病気を媒介する昆虫やダニが温帯高緯度域や高標高域へと生息地を拡大するということをしばしば耳にする。場合によってはその通りかもしれないが、蚊が媒介するマラリアの場合にはおそらくあまり妥当な見解ではない。例えば、この熱帯における災いの元凶が間もなく合衆国に侵入するであろうという主張には、マラリアはすでに北アメリカの風土に定着したものだという認識が欠けている。19世紀にはカナダほどの北の地でも頻繁に流行したことだし、ニューヨークの市民たちもしばしばこの病に苦しんだ。私は、1879年刊行の、メイン州でのキャンプ生活用フィールドガイドを持っているが、それには、北方の湿地から発生すると考えられたマラリア性の「瘴気」に注意せよとの警告が載っている。北米でマラリアが撲滅されたのはほんの最近のことで、繁殖源の水溜りの排水、殺虫剤の散布、網戸の取り付け、健康管理の増進などの積極的な人的介入があってのことだった。同様の予防措置によってヨーロッパとスカンジナビアからはほとんどマラリアは駆除されたので、この病気がかつて猛威をふるった北の地へと戻るのを、人間はどうやら防ぐことができそうである。

しかし私たちがたどる道が、5000ギガトン排出の道だったとしたら、どうだろうか。クライメット・ウィザードによれば、温帯の気温の上昇は、西暦2100年までに、控えめのB1シナリオの場合の2倍に達するかもしれない。降雨変化の分布はそう違わないだろうと予想されている。すなわち、地中海沿岸地方、アメリカ南西部、パタゴニア、オーストラリア南部、南アフリカケープ地方は乾燥化する一方、他のほとんどの地域は多雨化するということだが、ただし変化の規模は、より穏やかな温暖化の場合と比べ大きくなるとされる。

アディロンダック山脈の年齢はわずか200万～300万年だから、PETM期的な5000ギガトンシナリオほどの極端な温室化にはさらされたことがない。こうした強烈な超温室は、何世紀にもわたって最高温度を持続させうるが、これに匹敵する状態はその地域の生態史において生じることはないだろう。最高地点にある山上湖や山の頂ですら冬場の氷を完全に失う可能性があり、ドゥオーフウィローやクッションのようなディアペンシアといった希少な高山性ツンドラ植物は、もともと氷河期後の温暖化によって高山の頂へと押し上げられたものだが、さらなる高みへと突き上げられた末に、この地方では絶滅することになるだろう。この場合、もし北極の気温も十分に上昇するなら、アディロンダック山脈から姿を消した後に、北方系の植物種は完全に絶滅することになる可能性もありそうである。

しかしながら、アディロンダック地方のような山地では、二酸化炭素の曲線が長い尾を引いて伸びていく遠い将来の気候温暖化とそれに続く寒冷化の過程で、土地に本来備わっている特徴が温帯他地域に比べて有利に働くことになるだろう。温暖化が激しすぎることなく、種の生態学的必要が新しい環境のなかで満たされる限りは、多くの種が、野生の避難域の境界外へとはるかな移動を余儀なくされるのではなく、標高の高い場所へあるいは低い場所へと動くだけで、新しい気候的環境へと移動していくことができそうだからだ。だが、見通しはすべてバラ色というわけでもない。最も生存が危ぶまれる動物と植物のなかには、最高峰の山頂付近をすみかとする種が含まれることになろう。それ以上の高所に逃れようがないだろうからである。もしわが高山ツンドラタイプの植生が5000ギガトンの超温室によって失われれば、数十万年もの間彼らが同じ頂に戻ることはないかもしれない。

将来の未開地の運命の決定に最も重要な役割を果たす因子は、もちろん、私たち人間である。私たちこそは新たに開いた領土に「侵略的な」外来種を導入した張本人であり、未来の人々もまた、偶然であれ意図的であれ、きっと新たな領土における侵入種の勢力拡張に手を貸し続けるのだろう。そして強力な法律が厳密に施行されれば、アディロンダック山地のような森に覆われた地域を、開発の波間にポツンと浮かぶ緑の島のような状態で、保護し続けることは可能ではあるが、誰もがそんな状態で保護を続けたいと考えるわけではないから、次の世紀の立法者の決断が何をもたらすかはまったく予測不可能だ。自然保護区に対して人々に許される行為、許されない行為について、法的判断が大きくひっくり返されれば、人類世の気候だけが生み出す変化より、さらにいっそう急激で破壊的な変化が容易に生じるだろう。

植生が変わり、冬場に山や湖の雪氷が減ったときにも、私たちの子孫たちは遠い未来のランドスケープを、いまの私たちが愛するように、やはり愛するものだろうか。どんなにすごいコンピュータモデルでもそれは予想できない。アディロンダック山脈のような一見野生の土地も、山火事、伐採、入植、汚染、乱獲、侵入種、病害などによって、数世紀前の姿とはすでに非常に異なったものになっている。しかし私たちの多くはそんなことにあまり不平は漏らさない。私たちはこの私たちの郷土を、初めて出会ったときと変わらず、大いに気に入っているのだ。血統の正しさなどどうでもいい。人類世が展開していくにつれ、人為によって温暖化したランドスケープが、将来世代の人たちを待ち受ける。そんなランドスケープにも、私たちがいまこの土地に感じているのと同じ愛着を、彼らが感じてくれるよう、私たちはただ望むばかりである。

エピローグ

私たちにぜひ必要なことは……多様な民族からなる地球市民が、目先に囚われずに遠くを見ることを、習慣として共有できる方法を編み出すことです。

マーガレット・ミード

（1975年のノース・カロライナにおける大気科学学会にて）

私はいま、妻のケアリとともに、アディロンダック地方からメイン州の中部海岸へと向かっている。私の父母と私自身という、7月生まれの3人の合同誕生会に参加するためだ。私たちが乗ったグランドアイル渡船のフェリーは低いエンジン音を立てながらレークシャンプレーンを東に向かっていく。上には青空、下には青い湖面がひろがり、私たちは、観覧デッキのベンチに風に吹かれて座り、バーモント側の岸の、波に削られた灰色の崖が近づいてくるのを眺めている。ふたりには馴染みの旅だが、この本を書くために調査したり実際に執筆したりすることで、単なる移動ではなく本書で論じた話題を考察する機会と変わっていた。

フェリーに乗り込み、車のサイドブレーキを引き、エンジンを切る直前に、カーラジオは、気候変動に関する世界中の人々の関心が次第に高まりつつあるという短いニュースを伝えていた。その放送が終わると、ケアリが尋ねた。「遠い未来についての本は、こうした人たちに対してはどんなメッセージを出すの？」

いい質問だ。もし一言でいわなくてはならないのなら、次のようになるだろうか。「慌てない、そしてあきらめない！」と。気候変動は厄介で複雑な問題だが、私たちを絶滅させてしまうものでもない。ポールスミスズからプラッツバーグへと車で1時間かけて山を下ることで、ケアリと私は、肺の二酸化炭素総量を増加させ、周囲の年平均気温を2℃上昇させた。プラッツバーグの空気のほうがより濃密で温暖だからだ。目にする風景は変わったが、相変わらず健全で豊かな姿をしている。海洋学者のウォレス・ブルーカーの最近のコメントを借りるなら、直面する膨大な環境や社会の諸問題を上手に扱っていくために、私たちは理性的に考え、語り、行動する必要があるということだ。

しかし、今日の炭素危機はそれでも非常に厄介な問題であるということを、急いで付け加えなければならない。私たちの排出する炭素が気候、海洋そして同位元素に及ぼす影響は、多くの人々の認識をはるかに超える、桁違いの長期にわたるだろう。その影響を受け、すでに世界はいくつかの重要な点で変化しつつある。そして私たちヒトという種はそれらの変化を生き抜くだろうが、生き抜けない種の数は多いかもしれない。

フェリーが地層を重ねた崖に近づくにつれ、私は地質学の学生たちに語ったことを思い出す。これらの岩はかつて熱帯の海底にあったもので、この付近のサンゴ礁の化石堆積物には世界最古のものも含まれていて、車やフェリーの動力源となっている化石燃料よりもさらに古いのだ。

過去4億5000万年の間に、現在それらを支えている大陸地殻の厚いプレートは、以前の位置からはるか北の方向へと移動し、かつては色とりどりの海洋生物で栄えた生息地も、いまではその動物たちの姿を写す硬い刻印が押された、水平に横たわる墓石となった。シナモンロールのような螺旋形の太古の熱帯性巻貝が、赤道からはるかに遠い北半球のなかほどの乾いた陸地に見られるのも場違いだし、そもそもこれらの貝はもはや化石という形でしか存在しない。またかつて彼らが暮らした海盆もいまや存在しないのだ。もしこれらの生き物たちに、何百万年もの未来について思考を巡らすことのできる容量の脳が備わっていたとしたら、この極端な事態の展開についてどう考えたことだろう。熱帯から温帯へと推移する局地的な寒冷化や海洋全体の崩壊という事態を、終末的破局と考えたであろうか、あるいは活気に満ちたシャンプレーン湖岸のバーリントンの町やフェリーや私たちの楽しいクロスカントリーの旅を想像して、人類世の時代を生きることもあながち捨てたものではなさそうだと、思い直したことであろうか。

バーモントの美しいグリーンマウンテン山地を抜ける道路をさらに進むと、1台の燃料トラックが踏み切りで停車して、左右を確認していた。それを見て、私のメッセージは「立ち止まれ、目で見よ、そして耳で確かめよ」に変わった。歴史的な視野で見ると、自然に生じたPETM期とエーミアン期という遠い過去の温暖化を異様だと感じなくなり、現在の温室効果による温暖化も異様なものと思えなくなってしまいそうだ。温暖化から反転した後の寒冷化も、長期にわたる気温の下降で氷河期が繰り返された新生代の寒冷化以上に恐ろしいことではなさそうに思えるかもしれない。しかしそうではあっても、できるだけ多く、またできるだけ迅速に、私たちの炭素排出を抑えることが賢明な行為であることに変わりはないのだ。気候変動の予防になるという理由からではない。炭素汚染に関して私たちがいかなる対策を講じても、他に北極振動、太陽周期、エルニーニョなど、私たちが対処しなくてはならない気候変動の原因になる問題はいくらもあるのだ。とはいえ、温暖化には必然的に利点などひとつもないから、というのも理由にならない。かつては熱帯にいたシャンプレーンの巻貝ならそうは考えないだろうし、次の氷河時代の到来を防ぐことは、私たちの未来の世代にとって恩恵なのだ。

化石燃料消費の抑制をさらに強く訴える主張には、代替エネルギーへと速やかに切り替えることが私たち自身にとって一番得になるという考え方がある。すぐにこれを実行しないということは、埋蔵量の枯渇によって私たちの子孫が切り替えを余儀なくされるまで、ただひたすらことを先延ばしにしていくことに他ならない。また、極限の排出シナリオによって引き起こされる気候の攪乱と海洋の酸性化の犠牲となって、数々の種とその生息地が失われることは非倫理的でもあり、望ましからぬことでもある。私たちが炭素汚染を止める時期を遅らせず、より早めるなら、将来は私たちの選択次第でいつでも排出再開ができるわけだが、ひたすら盲目的に先を急いで排出し続けることは、将来への選択の道を破壊することなのだ。最終的には、世界の気候は再び私たちが今日知っている状態と同じようになる。しかしその時までに、私たちの仲間である多くの種が消えてしまっているかもしれない。気候はつかの間のものであるが、絶滅は永遠である。

これが、私のメッセージの「止まれ」の部分になるだろう。「目で見よ」の部分は、私たちの惑星がどんな働きをしていて、私たちの活動がそれにどんな影響を与えるのかについて、さらに学習を重ねることを意味する。特定の排出シナリオに従った場合に、将来訪れる状況にどの種が適応でき、どの種が滅びることになるのか、私たちにはまだ分からない。現在どれだけの数の種が存在するのかさえ私たちは知らないし、ましてや、彼らがどのように環境と相互に影響し合いながら暮らしているかなど、知る由もない。自然の気候の可変性、海洋循環、氷床の内部に生じる作用についてなど、他に学ぶべきことも多い。残念ながら、財政やファッションや政治など他のジャンルと比べると、自然科学は謎めいた非現実的で偏狭な専門分野だと信じられているようであるが、しかし、科学と対照されるこれらの分野は、実はみなきわめて狭い意味で人間中心的であり、物理世界の総体を対象とする自然科学とは分離していて、環境問題に対して近視眼的に答えを出す傾向があるようだ。

私がこうした気の滅入るようなことを考えていると、道路に沿って、色彩豊かなパレットのように咲いている花々を指して、ケアリが大声を上げた。「ほら青いチコリがあんなに大きな群れになって咲いているわ。それに、あのアン女王のレース〈ノラニンジン〉の花もきれいよ」。私たちの前後を走る車を運転する人たちのほとんどは何か他のことが気になっていて、両側に並んでいる樹木、潅木、草本が織り成すコラージュも無定形なにじみに過ぎないのかもしれない。旅の伴侶がものをずっとよく見る人であることに私は感謝するばかりだ。だが、危機の可能性のすべてを正確に理解せず、遠い未来を見据えた地球全体の運営管理について、社会が一体となって十分に科学的な情報を踏まえて決定するなど、どうしたら期待できるのかと途方にくれてしまうのである。

野生の動物や植物を同定できる人々でさえ、生態史的な感覚がしばしば欠けている。私たちが、そう、例えばアディロンダック山脈における温暖化した未来についてじっくりと考えるとき、予想されるサトウカエデからナラとヒッコリーの森への移行について説明ができるなら、結構なことではあるけれど、それだけでは十分ではない。そうした変化から、私たちは何を考えなければならないのだろうか。何千もの種と何世代もの人間に影響を及ぼすであろう選択におけるプラスとマイナスをどのようにして測定するのか。もし機械的に、現在以外のどんな状況も耐えがたいものだ、と決めてかかるなら、私たちはひとつの重要な事実を無視することになる。現在の状況も正常ではないのだ。私たちがそれと気づこうが、気づくまいが人類世はすでに到来しているのだから。

あの芳しいチコリとアン女王のレースのことを考えてみよう。その花々はわが道路や草原を明るく精彩あるものにしているが、この土地の在来種ではない。人の手によってヨーロッパからここへ運ばれてきたのだ。初期のローマ人たちはチコリをニンニクで香り付けして揚げたし、アン女王は18世紀初頭のイギリス諸島を支配していた。あるいは、森の縁に生えているあの古い野生化したリンゴの木はどうだろう。「アップルパイみたいにアメリカ的」と言われるほどのアップルパイだが、さて、ヤンキーのトレードマークみたいなリンゴという果物も、もともとは中央アジアから輸入されたものだ。実を言えば、道路わきや草原の植物の大半が外来のものである――ムラサキクローバやナミキンポウゲからフランスギクやノコギリソウにいたるまで。現在、これらの植物はその芳香と鮮やかな色によって喜びを与えてくれているが、こうした移入種は食糧や薬の原料としてアメリカ人に歓迎されるようになったものなのである。しかし、在来種を尊ぶ園芸家や農務省の自然資源保護局にとっては、これらに最もふさわしい呼び名は「有害雑草」ということになる。歴史的な観点から見れば、これらがアメリカに上陸したことは、北米産の種をより好む人々にとっては、落胆のもとなのだ。

同じことはアメリカの動物の多くについても言える。エサを探して芝生の上をつつき回っているクロムクドリも人間が持ち込んだ侵入種だし、「雑草」の受粉を行うミツバチも、また芝生の下に穴を掘り、土壌に酸素を入れ、いずれはつり針の先にぶら下げられそうなミミズも同様である。あのバーモント川のブラウンマスの祖先は大西洋を渡ってドイツから持ち込まれたのだし、ニジマスはもともと西海岸（ウェストコースト）地方出身だ。地域に生き物が比較的豊かであるのも、人間の行為によって生じた偏りである。北東部においては、現在オジロジカとコヨーテの数がアメリカヘラジカとオオカミの数をはるかに凌駕するが、これは私たちの行う狩りや農業や林業の残した遺産なのだ。

人類世が始まって相当の時間が経つので、私たちのほとんどはそれに気づくことすらない。それを当たり前の状態として育ってきたのだ。私たちの未来にさらに長く続く人類史の行く末を考えるときに、この変化し続ける人間の時代のもっと早い頃を生きた人たちの目からすると、現在はどんな風に見えるのだろうか。それが分かれば興味深い。１７００年代のニューイングランドに暮らしていた人の視点から未来を眺めることができたとしよう。アン女王が当時植民地として治めていた頃の姿とは違うからといって、現在私たちが知っている田舎の風景は魅力のないものと見えるものだろうか。さらに時代をさかのぼって1500年代までさかのぼった場合に、この大陸の文化を変えることになるスペイン人たちによる馬の導入に、抗議の声を上げたくなるだろうか。またさらに時代を過去に戻した石器時代、アメリカ大陸のマンモスやマストドンを殺し、この大陸に奇妙な静寂——散歩するにはずっと安全にはなるけれど——をもたらすことになる人類の到来を見て、嘆きたくなるのだろうか。

私の予想では、そういうことにはならないだろう。私たちが存在することで人工的な変化を起こしてはいるものの、私たちは人類世を愛しているのだ。おそらく、この後に続く未来も人為的に変貌した姿となるが、どんな形であろうと、そこに生きることになる人々はやはりそれを愛するだろう。関係する人々のすべてあるいは大多数にとって、真に「悪」であるのはどの変化なのか、また、後になって正常なものだと思われる、あるいは望ましいものにさえ思われる変化があるとすれば、それはどの変化なのか。そんなこと、私たちには知りようもないのだ。

コネチカット川の源流域に架かる橋を渡ってニューハンプシャー州に入るところで、私は自分で選んだまとめの文句を再考してみて気づいた。「耳で確かめよ」のところは、これからの歴史の数章における「責任ある祖先」となるための、最大のハードルとなるかもしれないと。

この時代は、あるひとつの種が惑星全体を意識的に占領し、操るという、地球が初めて経験する時代なのだ。社会的種として私たちが進化する過程で、最も変化を促進させたのは知識を分かち合う段階にいたったときだった。飢饉の折にどの根を掘り出したら良いかをあなたが知らなくとも、おばあさんが知っていれば、彼女の子供のときの記憶が困難に直面した村落全体を救うことができる。そして、私たちはいま、さらなる大きな一歩を踏み出せと迫られているのだ。知識の分かち合いから、地球規模での責任ある行動の分担へと。

この新しい人間の時代においては、私たちの思考や欲望そのものがそのまま強力な環境的な力と化したので、私たちの考え方と行動の仕方が、私たち自身だけでなく何百万人もの他の人々（と他の種）にとっても、重要な意味を持つものになるのだ。私たちが互いをよく知り、尊敬が深まれば、それだけ多くをお互いから学ぶようになり、それだけお互いの必要や目的を理解しやすくなり、そして相互の利益のための協力もより効果的に行えるようになるだろう。温室効果ガス汚染の問題はバラバラに対応することでは解決しないだろうし、どうしても何らかの形で集団的な決定を行わなくてはならない。私たちは、自覚的な地球社会の一員として、協力して問題解決のための決断をするのか、あるいはバラバラな個人の集合として、もろともに苦しみ抜く決断をするのか、どちらかである。

こうした観点から明らかなのは、私たちがいまどこにいて、そしてこれからどこへ行きたいのか、ということをはっきりと理解するまでは、しばしブレーキを踏んでみる価値があるのではないのかということだ。解決すべき困難な問題の数は多くて、なかには解決に苦痛を伴いそうなものもいくつかある。どんな選択をしようとも、その結果、利益を得る人もいれば、痛みをこうむる人もいるだろう。地球が温室化すれば、おそらく、低緯度地域が湿潤化することで熱帯の国々が、また北極に居住可能な土地が増え航海が容易になることで極周辺の諸国が、それぞれより大きな恩恵を受けるだろう。その一方で、拡張する砂漠の縁に暮らす人たちは、多分そんなことは起こって欲しくないと願うだろうし、海岸沿いに暮らす人たちは、不安定な海面変化や海洋酸性化に対処せざるを得ないような事態はぜひとも避けたいと考えるだろう。最も賢明で、最も倫理的に妥当な解決法は、まずしばし立ち止まり、互いを尊重しつつ、注意深く互いの話に耳を傾けること。それから、たったひとつの地球に暮らす単一の種として、再び共に前へ進もうとすることである。

これはもちろん、ひとつの挑戦だ。相互の結びつきが希薄な、それぞれの小さな世界の内側で祖先がそうしていたように、私たちの多くが相変わらず直系家族と友人に限って実行している利他主義の実践的限界を考えれば分かるだろう。そして政治やメディアが仕掛ける、意見の不一致を生む巧妙な心理的揺さぶりや情報操作もまた、大きな障害になる。気候を制御するなんな具体的な施策も、大多数の人々からの支持を得るのは容易なことではない。特にそれが、国家主権を脅かしそうな国際法に絡むものであれば、なおさらである。しかし、ジョン・レノンが歌ったように、人類がひとつになって適切な決断を下す可能性を想像して見るだけでも、十分な最初の一歩となりうる。350.orgが組織する気候変動国際アクションデイといった、意識を高める創造的な行事は、その観点からすれば、大いに気持ちを鼓舞してくれるものとなるだろう。それは、近い将来の達成目標としての二酸化炭素濃度３５０ｐｐｍという線はすでに非現実的だと疑っている人間にとっても、である。

妻と私は道路わきの休憩所に車を寄せ、おんぼろのピックアップトラックの脇の駐車スペースに車の鼻面を入れたが、そのトラックの後部にはいろいろなバンパーステッカーが貼られていた。ひとつにいわく、「クジラを救え（セーヴ・ザ・ホエールズ）」またひとつには、「地球を救え（セーヴ・ザ・プラネット）」。だがこのトラックの隣に止まっているトラックのステッカーには、「人間を救え（セーヴ・ザ・ヒューマンズ）」とあって、皮肉が込められているようでもあった。地球気候変動といった重要な問題について議論しようとするときに、私たちはかくも反射的に陣営を分裂しなければならないものなのだろうか。

私たちが現在のペースで化石燃料を燃やし続ける。すると、化石燃料の使用を享受する、あるいはそれにより利益を得るものもいる。その結果として排出される二酸化炭素は将来の社会や生物種を、何千年にもわたる人為的な気候変動と、それに伴って生じるさまざまな文化的、環境的な問題によってさいなむことになるだろう。また他方で、もし私たちが炭素排出生活をあまりに早急に改めた場合には、近未来的には多くが辛い目にあうかも知れず、また西暦13万年の市民たちも氷河時代を耐えて生きる運命を負うことになるかもしれない。将来に続く人類世の全体をよく考えてみるとき、どっちにしても、壊滅的なリスクを伴う取引のように思えるのである。

しかし中道は存在するかもしれない。私たちが本当に控えめな排出の道をたどることができたとする。そのとき、私たちはおそらく石炭埋蔵量のほとんどを埋まったまま残すことになり、わが未来文明を他のエネルギー源によって運営することになるだろう。次の数世紀の環境への損傷は最小限に抑えられ、北極海の部分的、一時的な無氷化によって恩恵を得る地域や国家もあり、さらに西暦5万年頃に予定される次の氷河時代をかろうじて食い止めることもできるかもしれない。そうなれば、すでに地下に大量の石炭を手付かずにしておいたことによって、さらに長期にわたる利益が生まれる可能性もあるのではないか。化石炭素のほとんどを安全で、堅固な、それなりに手に入れやすい形で保存しておくことにより、それを将来世代のために残し、役立ててもらえるのではなかろうか。必ずしも燃料としてではなく、むしろ気候調整のための、単純で、コスト効果の高い道具として。

たとえ西暦13万年の人々が現代の複雑な科学技術を持っていなくとも、もし彼らが気候システムに生じている事態を理解し、二酸化炭素とは温室効果ガスであるということを思い出したなら、その頃に始まる予定の氷河時代からわが身を守ることができそうである。そのために動員する必要のある技術といえば、人類が手に入れた、最も単純ではあるが強力な道具のひとつ、すなわち火だけである。そして適量の埋蔵されていた石炭に火を放つことによって、未来の気候調整装置を働かせ、寒冷化周期に当たる重要な時期に、地球のサーモスタットを彼らにとって最適な気温設定にしておくことができるばかりでなく、石炭燃焼によって生み出される熱と光を利用することも可能だろう。このようにして二酸化炭素の排出物を放出することは、人工的に発生させたガスを大気中に捨てることにかわりはないが、化石燃料をただ大量に燃やし尽くすのではなく、責任を持って制御しながらそうすることで、その有害な副作用は最小限に抑えられるだろう。それでも石炭の供給は、遠いはるかな未来に尽きることになろうが、私たちの子孫は、この21世紀における一度切りの大量放出で可能になるより、はるかに多くの氷河時代を回避することが可能になるはずである。

今日、「炭素を節約せよ」にかかるコストはどの程度だろうか。まず、代替エネルギー源を見つける必要があるだろう。しかも早急に。気候調整のためでなくとも、代替エネルギーを見つけ出す必要に迫られているのだ。すでに採算の合う石油生産の限界に近づいていて、安い油の減産は、この問題を丸ごと引き継ぐことになる人たちにとって、たちまち深刻な結果をもたらすことになろう。石油を原料とする燃料、肥料、プラスチック、医薬品、化粧品、合成繊維、さらには道路の舗装といったものの価格がもし暴騰し、入手困難になったときには、人々が味わう苦難は、現在気候の影響が私たちに及ぼしつつあるどんな苦痛をもしのぐものとなるのではないだろうか。非化石燃料への切り替えの必要を、誰が見ても極め付きの分かりやすい問題としているのは、この急速に迫り来る、おそろしく危険な状況である。

人類世全体にわたる規模の視点からすると、石炭は、見境なく燃やすにはあまりに貴重過ぎると同時に、あまりにも環境に有害なものだ。その最も価値ある使用法は、長期的な気候保護手段としてであって、単なる安価で汚い、炉の焚きつけとしてではない。石炭で発電所を稼動させることは、寒いから自分の家を燃やして暖をとるようなものだ。ズボンの穴を塞ごうと、継ぎ当て用に救命筏の底の布を四角く切り抜くようなものだ。まあ、要するに、それは……そう、間抜けなことだ。

私たちはそんなことを一緒に考えてから、再び車を走らせようとすると、ケアリがクスクス笑って、私たちの車のバンパーステッカーのデザインをスケッチし始めた。黒地に白の大文字で、「炭素を節約せよ(セーヴ・ザ・カーボン)」と書いてある。未来のために炭素を節約しよう。現在もまた未来においても、人類が炭素を賢く扱うために。もしあなたがそのステッカーを後ろのバンパーに貼り付けた私たちの車が走っていくのを見かけたら、そしてもしこれに賛成なら、友情のクラクションを鳴らしていただきたい。

国道2号線をたどって、私たちはホワイトマウンテンズを抜け、メイン州西部へと入っていった。次々と続く、パルプのにおいのする製紙工場のある町々。そのひとつを通り抜ける途中でスピードを落とすと、泡立つアンドロコッギン川が、次々と現れる発電用ダムを越えて、激しく流れていった。ちょうど私が考えていた問題を、ケアリが聞いてくる。「安い化石燃料がなければ、何をエネルギーにしてこの世界を動かしていくことになるのかしら」

今日私たちが直面している炭素危機がはらむ問題は炭素汚染に尽きるものではない。私たちの社会を動かしていくために、十分に入手可能で、持続可能な非化石燃料を見つけ出す努力が必要だ。私たちが炭素依存から徐々に離脱していくために、たったひとつではなく、いくつかの代替エネルギー源を併用する必要がある。早急にこれを実現させてほしいと私は思う。それ以外の選択はどうもゾッとしないからだ。これまで通りにことを進めようとして、極限の排出の道を選択するなら、危険である。しかし急いで大気を産業化以前の状態に戻そうと、大量の炭素を人為的な手段で押さえ込もうとするのは、あまりにコストがかかりすぎて、非現実的かもしれない。利益のほとんどが将来世代のものとなるというのに、参加を断る人たちも必ず出てこようというのに、いったい誰が本当に進んで資金を出そうとするだろうか。消費削減を私たちに強いるために化石燃料価格を意図的に引き上げることは、私たちの多くが利用できないほどのエネルギー価格の高騰を招くことになるだろう。これまで家計の帳尻あわせに苦労していた人が背負うなど、考えられないような負担だ。私たちが最も望むべきことは、新しいエネルギー源の開発を促進することであり、これに関して、私は慎重ではあるが、ふたつの理由で楽観的に見ている。まず、現在の原子力の利用技術は、長期的な安全と廃棄物処理というきわめて深刻な未解決の問題を抱えてはいるが、本当に必要なら、最後の手段として私たちはそれを後ろのポケットに用意しておける。さらに私たちには、新しいより優れたアイデアの提供を期待できる、創造的で相互に結びついた数十億もの人々がいる。

私にとっては、新エネルギー源への最もワクワクする期待のひとつは、水素燃料だ。ただし、非現実的だとして、あるサークルで盛んに嘲笑の的になっている例の代物ではない。現在、最も頻繁に議論の対象にされている型の水素燃料は、さらに別の電源によって生み出される電気を使って、水の分子を分裂させるというものだから、批判者にとっては他の目的に転用すればもっと有効に利用できそうな電子の無駄遣いに見えてしまう。アイスランドのような土地では、水力および地熱エネルギーがもともと豊富で安価だから、電気的に発生させた水素が経済の領域へと目立った進出をすでに遂げつつあって、最近水素を動力源とする初の艦隊を計画どおりに建造した。しかし私にとって好ましい動力源はまた別にあり、地球上でほぼ場所を問わず使用可能なものを選びたい。それは光合成である。

植物、藻類、バクテリアは何億年もの間、水分子を酸素と水素という構成単位へと分裂させせてきたが、彼らはそのときに必要なエネルギーを太陽光から得ている。光合成を行うプロセスやその作用をナノテクノロジーによって模倣する可能性についての詳細が、現在、オーストラリアのモナシュ大学、スイス連邦技術研究所、そしてアメリカ合衆国のペンステート大学およびラトガー大学を含む、世界中の植物学者や分子技術者(モレキュラー・エンジニア)によって研究されている。すべて計画どおりにことが運べば、自然の光合成のシステムそっくりの、ないしそれを凌駕する、合成陽光による水分解装置が、いつの日か、私たちにすべての緑(グリーン)の――いや、青(ブルー)のというべきか――燃料を生み出す源泉を与えてくれるかもしれない。そうなれば、水素を生み出す元は水であり、それを燃やした後に残るものも主に水となる。そもそも水素(ハイドロジェン)という最も軽い物質の名の由来もここにある――ハイドロジェネシス、すなわち水を生むものである。

この有望なエネルギー源について、私は白日夢のなかで想像する。家々の屋根にそよぐ陽光を集める葉の群れ、水素ガーデンに変わった芝生、光合成塗料を塗った車。だが、おそらく実際には、ほとんどの光合成水素は集中管理された営利事業によって生産され、パイプラインや圧縮コンテナーによって供給されるだろうし、また電気により生産された水素、発電用ダム、風車、その他の炭素を発生しないエネルギー源によって補われることになるだろう。この先何年かの後に、いかに新しいエネルギー技術が発展しようとも、まず真っ先に商業的に利用できるようになることを望みたい。

傾きつつある太陽がホワイトマウンテンズの頂に近づく頃、ケアリがハンドルを握り、助手席の窓から風が入り込んできて私の右腕の上をかすめていった。それは、数時間前に比べ冷たく感じた。この気温の変化で私の注意は気流へと向かい、そこにあることを知りながらも、小さすぎて目には見えない分子が気流を満たしている様子を、私は想像する。風の流れは、私の皮膚の上を滑ってゆく微細な粉のような、滑らかな粒子の川となる。両目を道の前方に据えたままでいると、長時間の運転の疲れに誘発された軽いトランス状態になり、不可視の粒子にはさまざまな色が塗られ、頭のなかで風は吹き飛ぶ砂の淡い色を帯びた。

砂粒のほとんどは薄茶色をしている。これは窒素だ。肺腑を満たす不活性ガス。わずかの微生物がエサとして好む以外は、誰もこの物質にあまり注目しない。粒子の残り5分の1は白色。遊離状態の酸素である。もし光合成がこれを廃棄物として吐き出すような進化をしなければ、この物質はここには存在しないだろう。ということは、本来ならばこれは大気汚染と呼ばれてしかるべきものなのだ。もし光合成という現象が存在していなかったら、私たちも存在することはないだろう。私たちが吸い込む酸素がたっぷりあることに感謝を捧げるのも、決して誤った行為ではなかろう。そして、100の小さな粒のなかに1粒あるかないかの灰色の粒が二酸化炭素だ。ふたつの白い酸素原子に挟まれた黒い点が炭素だ。

にわかに奇妙なことだと思うのだが、気候変動の研究者として、どうやらかなり「科学に目をくらまされて」しまったせいか、私はいまこのときまで、地球温暖化と自分の肌に触れる風の感触とを直感的に関連させて考えたことがなかった。世界を温暖化させ、海洋を酸性化させ、私たちの身体の同位元素の構成を変化させつつある気体は、単に紙に書かれた言葉でも、どこかの教授が黒板に書いた公式でもない。それは、いまそこに座って、私の書いた文章を読んでいるあなたの肺を満たし、あなたの顔にぶつかり、講義中の先生の喉のなかで振動している。それは、私たちの目と地平線との間、また私たちの帽子と雲の間の、見たところ何もない空間に溢れている。拡散する風の物質として、夏には私たちを優しく包み、冬には私たちを凍えさせる。そして、今世紀の終わりまでには、透明な空気の広がりのなかに含まれるその物質の量は、1750年時点との比較で、2倍にもなるかもしれない。人間由来の温室効果ガスは、人類世と同じくらいに、私たちの日常生活のなかのリアルな存在なのだ。ビル・マッキベンが『自然の終焉』のなかで主張したように、温室効果ガスはすでに、地球上に最後に残されたわずかな手つかずの自然さえも消し去ってしまった。それはいままさにここに存在する――私たちの間に、私たちの内部に。そして、それはますます量を増やしつつあり、世界の将来の気候を決定しようとしている。もしそれが裸眼で見えるほどの大きさを持つものだったなら、無視するなんて、誰にもできないだろうに。

ペノブスコット湾の畔にある父の家からほんの2~3マイルほどにある、水辺の町ベルファストに入っていくと、厚い、冷たい霧が私たちを包み込む。たそがれ時の空気は穏やかで、湿気をはらんでおり、遠くから霧笛がくぐもった、低い警告の響きを送ってくる。港を一望する駐車場――といっても、この白い濃霧のなかでは港の一部が見えるだけだが――に入ると、セグロカモメたちがよちよちと脇に退いて、私たちの車のためにスペースを作ってくれる。車から出ると、外はいろいろな美味しそうな匂いが、湿気のなかで濃密に混じり合い、漂っていた。強い塩の匂い、干潟の泥と海草の甘い匂い、そして近くのレストランのドアから漏れてくる、蒸したロブスターと溶かしバターの食欲を誘う香り。しかしまずは、重要事項を優先する。私たちは、ディナーへと導く香りの道をたどる前に、岸辺を目指した。

茶色い、ナッツ大のタマキビガイが、舟を上げ下ろしするスロープの両側の濡れた御影石のブロックを覆う、柔らかい藻類の膜を食べている。この生き物たちは、いまではこの磯辺に転がっている丸石くらいに珍しくないが、実は偶然ここに住み着いた侵入種である。水面のすぐ下のゴムのような茶色の海草の群れる間を動き回る小さな緑色のカニとともに、過去数世紀の間にヨーロッパからの船の船倉水から現れたのだ。さらには、南北アメリカ大陸に住む私を含めたすべての人間と同じように、この岩だらけの海岸そのものも移住者のようなものだ。メイン州東部のこのあたりは、地質学者がアヴァロンと呼ぶ陸塊が原北アメリカと衝突したときに突き上げられ、大陸に接合した部分なのだ。これが起きたのが5000万年近く前である。その頃は、ホワイトマウンテンズを現在の位置にそびえ立たせ、シャンプレーンの化石サンゴ礁がかつて栄えていた海を押し潰した、長期にわたる一連の陸地の衝突が生じていたのだった。この岸に到着以来、アヴァロンの名残りの細長い土地は、火山活動によって焼かれ、氷床によってこすられ、また氷河期と間氷期の海面変化によって浮沈を繰り返した。

そんな常ならざる世界に暮らしていながら、変化をなぜ恐れるのか。私たちが不安に感じるのは、地球温暖化というよりは、いかなる種類であれ変化というものに対してではないのか。時折そう私は考える。例えば、気温や海面の上昇の後には反転し下降へと変わる。私たちはいずれの変化についても同じように不安を覚えるのではなかろうか。北極の海氷の後退は今日のイヌイットのアザラシ猟師には恐ろしいものかもしれないが、遠い未来において、極海の再氷結が始まったとき、それは人類世の炭素ピークのはるか向こう側で暮らす北方の地の漁夫たちには、同じように厄介な事態となるだろう。

変化を嫌うことについては、人間がずっと取るに足らない存在だった太古の時代に由来する、それなりの現実的な理由があるのかもしれない。その時代、変化は人間におそらくさまざまな危機をもたらしただろう。飢え、または捕食者や敵により与えられる死、あるいは暴風などの自然力にさらされる危険など、である。華々しい成功を収め、考えうる限りあらゆる場所に押しかけてすみかとし、ますます複雑な社会と経済の網状組織を織り上げていくことで、私たち人間という種は、限りある惑星に住む生命の物理的限界に迫り、きつくて身動きが取れないほどなので、ほとんどどんな種類の環境的撹乱も破壊的なものとなりかねない。私たちはあらゆるところに暮らしているから、気候の温暖化であれ、寒冷化であれ、湿潤化であれ、乾燥化であれ、誰かがどこかでその影響に必ず苦しむことになる。私たちの船は装備と乗客をすでに積みすぎているから、風や波にやきもきするのは至極当然のことだ。しかし最終的に遭難の原因となるのは、天候というよりは、私たち自身の行動だ。

岸寄りの海は、重い霧の帳の下にあって、穏やかで、ほとんど波も立てない。しかし時折、孤立したうねりが視界に立ち上がり、押された水が船着場のスロープを少し上まで駆け上がる。これはおそらく接近中の嵐から発せられるメッセージで、荒天の前触れかもしれない。そこで私は、人類世の気候変動と海洋の酸性化の初期的徴候のことを思い起こす。

一部の活動家たちが、どんな手段を使ってでも多くの人々を刺激してより良い方向へと動かしていくことを正当な行為だと感じている理由が、私には理解できる。しかし自分たちで引き起こした汚染を私たちが制御し、多くの種を絶滅に追い込むのを止められるよう、私は確かに願ってはいるが、その際に騙されて行動を起こすよりは、むしろ、人々がはっきりした意図を持って行動できるよう促したいものだと思う。

そこで科学の出番となる。集団への忠誠、マーケティング戦略、短期的な私利私欲といったものによって世論が容易に左右されるメディアの力がすっかり浸透した世界では、比較的に公平で、自己修正を行う情報の貴重な源として、科学は自立した存在だ。科学研究の厳格なルールは、根拠希薄なものより確かな根拠に支えられた考えを支持するものだし、国際的な同分野の専門家による評価システムが、いい加減な、あるいは偏向した思考に対する、さらなる防御線を提供する抑制と均衡（チェック・アンド・バランス）のファイアウォールになっている。良き科学は、隠された動機や情報操作を例外的に免れた、普遍的な知識の基礎を提供する。この知識が、新しいデータやアイデアが導入されることによって進化するに従い、その時々に自分の考えを変えるように修正を迫ってくるので、やりきれない思いをすることがあるかもしれない。例えば、私がこれまでこの本に書いてきた事々のなかにも、新たに獲得された情報に直面して、アップデートが必要になるものがきっと出てくるのではないかと思う。しかし少なくとも、現在のあなたの世界観に対して呈せられるこうした異議は、誰かによって、何か隠された邪悪な目的で、あなたを操ろうとした結果ではない。

高名な科学者のなかの攻撃的な活動家の姿勢に私が不安を感じるのは、こうした理由からだ。ほとんどの科学者たちは事実に忠実であろうとする。『イオス』の最近の号で生態学者のアール・エリスと地質学者のピーター・ハフがいう、人々を前にして助言を行う際には、「意図的な歪曲や個人的な先入観を避けること」という考えを実践しているわけである。しかし、少なくとも気候関係の学者仲間にはよく知られたひとりの人物が、一般向けの講演で、地球温暖化の危険性を意図的に誇張してきたことも、私は知っている。なぜって、ある学会で彼自身が私にそう語ったのだから。彼の弁明は次のようなものだ。「人々は脅かされなくては、注目しようとはしないだろう」

今日の環境専門家たちは、その科学者としての資格を知的武器として用いるように求められているが、研究者のなかには、人々の注意を喚起し、惹きつけておくために、誘惑に駆られて、恐怖の要因を大げさに言い立て、彼らが抱える不確実な要素を軽く扱おうとする者たちがいる。しかし情報を伝えることと、促すあるいは売ることとの間には重要な違いがある。そして、その境界線をいったん踏み越えたなら、その人は客観性という砦を捨て去り、金銭目当てに人々を切りつけるあの雇われ兵のひとりとなってしまったということだ。さらに悪いことには、その人は、公平な科学という名誉ある名を戦場の汚れた泥のなかへと、もろともに引きずり落とす危険も冒すことになる。科学者が社会にとって最も価値ある存在となるのは、可能な限り公平な態度と優れた洞察力を持って疑問を提示する、もしくは疑問に答えるために、流行に駆り立てられる主流から少し離れたところに立つ姿勢を見せるときだ、と私は信じている。そうした生き方は時にさびしいものかもしれないが、そうするだけの価値がある生き方なのだと、私は思う。科学者が一方の側について公正を欠くように見えるとき、それを理由に、人々が科学者の言葉に耳を傾けなくなれば、私たちは途方に暮れることになる。

責任ある態度でこの炭素危機に対処しようとするなら、なすべき仕事は多く、それをうまく成し遂げるためには、私たちはお互いについて、そして私たちの暮らす環境について——いまある通りの環境のみならず、歴史および予見可能な未来というコンテクストにおける環境についても——もっと多くをこれから学んでいく必要があるだろう。その点に関して、この本がいくらかでもお役に立てるよう願っている。いずれにせよ、私たちにはそれだけの知力と、心とが備わっているし、さらに精力を傾注すれば、うまくやり遂げるのに必要なだけの時間は与えられている。

このような考えの果てに、心に留めるべき最も大事なメッセージにたどり着く。すなわち、私たちがどんな決断をしようとも、この人間中心の時代の舵取りをし、私たちと未来の地球を共有する生態系および生物種たちの運命を決定することになるのは、私たち自身だということである。宗教的伝統の支持があろうとなかろうと、私たちが理解しうる字義通りの意味での新たな創造行為に、私たちは参加しようとしているのだ。人間がますます支配力を強めていくことになる世界の創世である。

私たちはもちろん、無謬の神ではないし、この世界の再創造における役割を果たそうとするときに担う責任は、大変に重いものだ。しかし、地球が人類に太古から及ぼしてきた影響と、私たちが現在故郷であるこの惑星に及ぼしている影響の、驚くべき大きさを認識することは、私たちを自由にもする。知恵を持った種としてこれからさらに成熟に向かって努力する過程で、権力と責任との間に正しい均衡を見出すことが最も大切な仕事となるだろう。私たちが成熟したとき、自らに与えた「知恵あるヒト（ホモ・サピエンス）」という、うぬぼれた名前に十分に値する存在とならんことを願う。

良かれ悪しかれ、私たちは、この「人類の時代」という目覚しい、新しい時代の産物であり創造者である。そしてこの時代がここからはるかな未来へと向かうときに、取るべき方向の決定者となるのは、私たちなのである。

みなさん、ようこそ、人類世に。

謝辞

本書は広く、そして深く伸びた何本もの根に支えられているが、最初に芽生えをもたらしてくれた種子は、ジャーナリストのエリザベス・コルバートと科学者のデイヴィッド・アーチャの記事と論文だった。『ニューヨーカー』に掲載されたコルバートの記事のひとつ、「翳りゆく海」は、地球規模の炭素汚染による海洋の酸性化の脅威について、私の目を見開かせてくれた。アーチャの研究論文は、その汚染から世界が再び回復していく過程を記述する際の長大な時間尺度の取り方が、古生態学において私自身が訓練されたことと響き合うものだということを教えてくれた。しかしこれらの種子が成長するにはやはり豊かな土壌を必要としたが、多くの人たちがそれを用意してくれた。

私の両親からの変わらぬ励ましを受けて、私は自然世界への関心を深めていった。さらに多くの学問上の師から受けた薫陶のおかげで、その関心は育って、私の職業となった。ボウドン大学およびデューク大学における恩師のなかには、ジャニス・アントノヴィックス、ポール・ベーカー、ドゥワイト・ビリングス、ラリー・カフーン、チャック・ハンティングトン、アート・ハッシー、ダン・リヴィングストーン、ジョン・ランドバーグ、ジム・モールトン、フレッド・ナイフート、スティーヴ・ヴォーゲル、ヘンリー・ウィルバーといった方々がいる。

『ナショナル・ジオグラフィック』誌の仕事で、ニュオス湖の二酸化炭素による惨劇やその他の話題について執筆するなかで、私は科学ジャーナリズムに関して多くのことを学んだが、その折に私を指導してくれた人たちには、ビル・アレン、トム・キャンビー、フォード・コクラン、リック・ゴア、クリス・ジョーンズ、そしてトニー・スーオウがいる。以来、幸運にも、この訓練を、ディック・ビーミシュ、フィル・ブラウン（『アディロンダック・エクスプローラー』）、ベッツィー・フォルウェル、メアリ・スィル（『アディロンダック・ライフ』）、モリス・ケニー、クリストファー・ショーという優れた作家兼編集者たちのもとで、私は続けることができた。

１９８７年にポールスミスズ大学の教授陣に加わった直後に、ニューヨークのキャントンにあるセントロレンス大学に本拠を置く、ノースカントリー・パブリックラジオ（ＮＣＰＲ）の優秀なジャーナリストたちの一団とも知り合った。彼らに誘われて、私は、週1回5分間ほどの、トンボから大陸移動にいたるまで、あらゆる科学的な話題をめぐる会話形式の番組に出演するようになった。ニュース番組のディレクター、マーサ・フォーレー演ずるところの興味津々の素人の相手役の科学者というのが、私の役柄だった。当初は「フィールドノート」、後に「自然選択（ナチュラルセレクションズ）」というタイトルのもとに、マーサと私はこの20年間に何百回となく収録を行った。その多くはオンラインでアーカイヴ化されている（www.ncpr.org）。マーサが根気よくも、容赦なく鍛えてくれたおかげで、いまや、一般の人たちに対する科学の説明を楽しいと感じるほどに、自信を持って行えるようになった。ラマール・ブリス、ケン・ブラウン、ジョエル・ハード、ブライアン・マン、エレン・ロッコはじめNCPRのチームの面々にも、大変お世話になった。御礼申し上げる。

多くの科学者の方々からこの本の企画に対して、有益なアイデア、意見、情報を頂戴し、また時には引用もさせていただいた。ジュン・アブラジャーノ、デーヴィッド・アーチャー、コーリン・ベイヤー、ダン・ベルナップ、ポール・ブランチョン、リチャード・ブラント、マーク・ブレナー、ゴードン・ブロムレー、ケン・カルデイラ、アニー・カゼナーヴェ、ブライアン・チェイス、ジェフ・キャレンツェリ、ブライアン・カミング、エレン・カラーノ、キャシー・デロー、アンドリュー・デローチャ、マイク・ファレル、アンドレー・ガノポルスキー、ゴードン・ハミルトン、ダーデン・フード、ミミ・キャッツ、ジョー・ケリー、ジョージ・ジェイコブソン、アンドレー・クルバトフ、マリ－フランス・ルートル、カーク・マーシュ、ポール・マイエフスキー、ステイシー・マクナルティー、マイク・メドウズ、ヨハネス・エールマンズ、ニール・オプダイク、カート・ラドメーカー、ドン・ロドベル、ビル・ラディマン、ダン・サンドワイス、ジョン・スモール、コンラド・ステファン、ジーン・スタウマー、ローウエル・ストット、ジェローム・セーラー、ピエト・ヴァバーグ、クリス・ウィリアムズ、ブレンダン・ウィルツェ、そしてカーステン・ズィックフェルド他の方々である。２００９年12月のコペンハーゲン気候会議の開催中に、アメリカ地球物理学連合は科学者有志による特別部隊を編成して、24時間体制のオンライン資料ベースを提供し、専門分野に関するジャーナリストたちの質問に対応できるようにしてくれた。まさに24時間いつでも、私自身のやっかいな多くの質問に、即座に、また明快に答えてくださったのが、以下の科学者のみなさんである。ジル・バロン、ジェフリー・デュークス、キャサリン・ヘイホー、ウィリアム・ハワード、イムティアズ・ラングワラ、ジェフ・リチィー、ウォルター・ロビンソン、スペンサー・ウェアト、そしてブルース・ウィエリッキ。貴重な情報のご教示にたいし、心から感謝申し上げる。こうした寛大で有能な専門家の方々から惜しみないご尽力を頂いたにもかかわらず、本書に何らかの誤りが残っているとすれば、それはもちろん私自身の責任となるものである。

アフリカおよびペルーの古気候に関する私の研究は、その一部を本書でかいつまんで紹介しているが、全国科学基金、米国地理学協会、およびカマー財団による資金援助を受けて行われたものである。とりわけ、科学基金のデーヴ・ヴェラードとポール・パーマーは、研究のみならず、科学の普及活動にも積極的に関わるよう、私を大いに励ましてくれた。ポールスミスズ大学、セントロレンス大学、クウィーンズ大学、そしてメイン大学の気候変動研究所にも貴重な支援を頂いた。アディロンダック地方およびシャンプレーン盆地における気候変動に関しての私の研究を、資金および物的面で支援してくれたのは、A．C．ウォーカー基金、ポールスミスズ大学、そして自然保護審議会だった。

以下にお名前を挙げる方たちを含む、多くの友人たち、家族、そして同僚たちからは、この研究課題を通して初めから終わりまで、編集、引用、ブレーンストーミングはじめ、いろんな形で助けていただいた。ケン・アーロン、メグ・バーンスタイン、サンディー・ブラウン、パット・クレーランド、ローラリン・ダイヤー、ジョリー・ファヴロー、キャサリーン・フィッツジェラルド、マーサ・フォーレー、エリック・ホルムランドと彼の学生たち、ケアリ・ジョンソン、デヴォラ・カミス、ヒラリー・ローガン－デシェーヌ、ビル・マッキベン、ジョン・ミルズ、リチャード・ネルソン、パット・ピリス、シェリル・プルーフ、カール・プッツ、ミミ・ライス、クリストファー・ショー、スーザンとビル・スウィーニー、リーアン・スポーン、ジェイとアシャ・ステージャー、メアリ・スィル、そしてウィル・ティソット。

アディロンダック・ライティングセンターのナタリー・スィルが、数年前、科学者で著作家のベルント・ハインリッヒをアディロンダックの地へ講演に招くことがなかったら、読者はこの本を手にすることはなかっただろう。私たちはそこで初めて出会い、一緒に仕事をしたが、その後、この研究を、私にとって望むべくもない著作権代理人のサンディー・ディクストラの有能な手に委ねることができたのは、彼が私を推奨してくれたおかげだった。サンディーの技術、エネルギー、そして彼女を支える一流のスタッフの存在と、さらに加えて、ジョン・ピアスとキャスピアン・デニスという代理人の魔法がなければ、原稿は、トマス・ダン（トマスダンブックス、セントマーティン出版）、ジム・ギフォード（ハーパーコリンズカナダ）、ヘンリ・ローゼンブルーム（スクライブ）、そしてダックワース／オゥヴァルック出版の編集者たちの目に留まることはなかったかもしれない。このチーム、とりわけ私の編集担当、トマスダンブックスのトマス・ダンとともに仕事をするのは喜びであった。そしてメリルモスメディアリレーションズとスクライブのエマ・モリスは宣伝のうえで奇跡的な仕事をやってのけた。

何より、私の最良の友であり人生の伴侶、ケアリ・ジョンソンに感謝を捧げなくてはならない。彼女は、この3年間にわたる調査、執筆、編集の過程において、常に思いやりとインスピレーションを与え続けてくれた。家中に書類のファイルを散らかしたり、幾晩も幾週も私がラップトップに釘付けになっていたり、土壇場になって、彼女の撮った美しい写真の1枚を探し出せだの、図表の下書きをしてくれだの、あるいは語句の選択についてアドバイスをくれなどと彼女に求めたし、とにかく私は四六時中このプロジェクトに取り付かれた状態だったが、それにもかかわらず、ケアリは常に変わらず私の力となってくれ、その見識と明るい寛容さを持ってすべてに対応してくれた。新しいアイデアを吟味しているとき、あるいは一定の思考を進めようとしているとき、私の伴走者を務めてくれた。後ろで誰かに見守っていてほしいときにも、常にそこにいてくれた。彼女のおかげで、この仕事は追求する価値のあるものとなったのだ。彼女がいなければ、私はなしえなかっただろう。

解説

岸 由二　慶應義塾大学教授（生態学）

地球温暖化論議に付き添って、もう40年くらいになる。その歴史を個人史的に振り返ることを手がかりに、本書の位置について、私的な意見を述べさせていただくことにする。

長くとはいっても、研究者としてではない。都市における自然環境の保全や公害などの課題に没頭し、地球環境危機にも大いに関心のある市民として。また、地球環境危機全般について折々に学生や市民に講義する機会のある職業的な教師として。そして流域視野の都市再生を考え実践する日々のなかで、ありうべき豪雨時代の都市防災を工夫し発言する流域活動家の一人として。ときにシャープに、往々にして漠然と。

炭酸ガスを原因とする人為的な地球温暖化の危機がありうると最初に知ったのは、理学部修士（東京都立大学）の落第3年生だった1972年、ストックホルムの国連人間環境会議にあわせて出版された『Only One Earth』(Barbara Ward & Rene Dubos) という本だった。地球環境危機の諸相を総覧的にまとめたその著書の末尾近くで、炭酸ガスによる温暖化危機への警告を読み、なるほどと思った。しかし、当時の私の周囲の環境活動家たちの間で、それが話題になったわけでもなく、私に強い危機意識が芽生えたわけでもなかった。

　その後しばらくの間、気候に関しては、むしろ地球が小氷河期に向かうという寒冷化危機論が世論に上ること多く、１９７０年代から80年代初頭にかけて、炭酸ガスによる温暖化危機論議を明確に意識したことはなかったように思う。あえて言えば、１９８６年のチェルノブイリ原発事故をうけた脱原発論議の中で、「いま炭酸ガスによる人為的な温暖化の危機に触れることは脱原発の活動を妨害し原発派を利する邪論」という、友人たちの強い意見に、たびたび戸惑った記憶があるというくらいだろうか。

　炭酸ガスによる人為的な地球温暖化危機を強く意識したのはそれから数年後のこと。87年、88年、北アメリカが激しい熱波に襲われているというニュースが新聞、テレビでしきりに報道された。牛や人が熱死する。穀物が大減収となる。なにやら世紀末の光景が到来したようにも報道された。さなかの88年6月、アメリカ上院の公聴会に立ったＮＡＳＡの科学者、Ｊ・ハンセンが、「地球温暖化がはじまった」という主旨の報告をしたといううわさが聞こえてきたのである。それでもなお、温暖化そのものに強い関心は持たないまま89年を迎えたのだが、新年の紀伊国屋洋書売り場で目にした『ＴＩＭＥ』誌の新年号に、私は目を見張ることになった。「Endangered Earth」というタイトルの付された新年号は、当時その去就を私も注目していたアメリカの環境派政治家アル・ゴアも編集にも大きく関与したと記された、地球環境問題の総集編だった。そこに、生物多様性、人口食料、ごみ問題、フロン危機などとならんで、温暖化論議についてきわめて深刻な記述があったのである。学生たちとゼミ形式の少人数の授業で、その冊子を輪読する過程で、私はやや真剣に周辺の資料もあさりだし、人為による地球温暖化論議と、対面することになっていった。

その後の温暖化論議の経緯は、周知のように、国際政治とからむ劇的展開となった。チェルノブイリ以後、東欧にふきあれた民主化の波は、89年ベルリンの壁崩壊を誘導し、91年には東西冷戦の一方の雄であったあの社会主義国家・ソ連が崩壊してしまう。その過程で、ゴアとならんで、ソ連の首相・外相をつとめるゴルバチョフや、シュワルナーゼの名前がしきりに登場して、温暖化論議は冷戦終結とともに話題になりはじめ、1992年、リオの地球サミット開催。生物多様性条約とならんで気候変動枠組条約が登場する流れとなるのである。

実はそのサミットの現場、つまり国連総会の会場に直に参加したいという友人がいた。当時私が代表をしていた小さな市民団体に国際部を創設（？）して国連に参加申請をしてみたらどうかという話になり、実行すると、なんと見事成功し、国連からインビテーションが届いてしまったのである。招待状を握って国連総会に参加した彼から、以後しばし、温暖化論議や生物多様性論議の国際政治について、流域活動の夜の懇親会で、またベストセラーとなった著書（『地球環境問題とは何か』岩波新書、米本昌平）の解説などを通して、高説を拝聴する暮らしとなった。以来、日常の流域活動だけでなく、科学の次元、エネルギー論議の次元、そして冷戦後の国際政治の次元と、多様な視野からの温暖化論議にふれる機会も増えて、私は、炭酸ガスによる人為的な地球温暖化危機論の広がりに、ようやく通俗本のレベルを超える強い関心を向けるようになった。

とはいえ、重ねていうが、専門家としての関心ではない。IPCCの報告を読み、内外の関連の著書や記事に目を通し、2100年の地球はどうなるのか、海面の上昇は、海の生態系は、豪雨と渇水のパターンは、日本列島の大地の防災や自然保全の領域にどんな影響を与えるのか、それらが国際政治や経済の動向や、あるいは生物多様性の危機にどんな影響を与えてゆくのか、人並み以上の関心をもって、読み、聞き、考えるようになったという程度のことだ。

しかし、広がってゆくそんな関心の只中で、私に大きな困惑がふたつ、蓄積されるようになった。第一の困惑は、主として学生への講義や環境がらみの講演会などの場で大きくなった。それは、温暖化危機論が、地球大気の平均温度上昇や海面上昇の数値の詳細をめぐる専門家や評論家たちの意見にかかわる、なにやら賭け事の勝ち負けや、占いの当たり外れのように、学生や市民に受け止められてゆく現実に対するものだった。しかもその賭けの答えの出るのは2100年と決まっている。そのとき、炭酸ガス増加による人為的な地球温暖化説は、あたるのかはずれるのか。多くの学生も市民も、もちろん報道も、他人事のように、賭け事のように、論議をもてあそぶ姿勢と、私には思われた。それは、だれよりも早く競馬の結果を劇的に予想し、自慢する競争、2100年に結果が出ればあとのことはどうでもいいとするような光景といってもいい。その現実は、実はいまもあまり変わりがないのではないか。

もうひとつの困惑は、温暖化ガスの放出による人為的な地球温暖化の危機への対応について、我が国の論議ではもっぱら温暖化ガス放出の削減策（緩和策）ばかりが問題とされ、進行するかもしれない温暖化による危機への対応（適応策）が、ほとんどまともに論じられない状況が続いたことである。温暖化が進行すれば国土の大半において豪雨の危機が予想されるはずの我が国においては、適応策は概ね治水・土砂災害対策ということになるのだが、温暖化論議に関連してこれらへの関心の高まることがないのである。象徴的だったのは２００９年コペンハーゲンにおける気候変動にかかわる国際会議の席上、当時の内閣総理大臣は、「２０２０年までに炭酸ガス排出量を25％削減する」という、京都議定書の約束年をこえる大胆な表明を行ったにもかかわらず、適応策に相当する治水・土砂災害対応について、温暖化に関連した大きな動きが提案されることはなく、むしろその方面での予算の削減に注目が集まったという事実である。豪雨時代が到来すれば洪水・土砂災害による国土撹乱は自明のはずの日本列島において、どうしてこのような楽観（適応策を真剣に検討しなくても、緩和策を徹底すれば、地球温暖化の進行はとめることができると考えなければ、そのような偏った政策は提示できるはずがないから、「楽観」というほかない）が蔓延できるのか。地球温暖化は、国をあげて他人事だったように思うのである。

以上のような状況は、２０１１年東日本を襲った未曾有の大震災、大津波、原子力発電所の事故をへて、さらに複雑な展開をみせているように見える。原子力発電所の増設強化を前提にしていたはずの「２０２０年までに25％削減」との我が国の方針は事実上撤回され、もちろん京都議定書からの脱退も決まり、気づけば原子力発電への依存を回避するためにと、石油、石炭、天然ガス等の化石燃料への依存を深めることについて世論はにわかに寛容になり、適応策ばかりか緩和策も二の次という対応が表面化しているとみるのは、言いすぎだろうか。緩和策万能の世論・政策から、地球温暖化をめぐる真摯な議論そのものの解除、漂流へ。未曾有の災害の只中とはいえ、我が国の温暖化論議は、大きな変化をみせつつあると思うのである。

そんな時期であればなおさらのこと、私には、炭酸ガス増加による人為的な地球温暖化危機について、政策論議のみならず、市民の議論から学校教育の現場まで含めて、我が国の論議は原点に戻り、人為による地球温暖化の問題を、短期の論議だけでなく長期で、緩和策だけでなく適応策も含めて、文字通り広い視野で取り扱う作法をいま工夫してゆくことができる、またそうでなければならないように思われる。

そんな混乱の中で、私は、人為による地球温暖化論議に、切迫した極論的な緩和策と、超長期の視野、あえていえば超長期の適応策の視野を提供してくれる、興味深い2冊の対照的な著書にであうことになった。前者は、J・ハンセンの『Storms of My Children』（邦題『地球温暖化との闘い』）。現在の化石燃料消費を続けると、遠からず1〜数メートルも海水面が上昇して、世界の先進国諸都市に危機が及ぶと示唆し、原子力にさらに期待して石炭の大量消費を止めよというその主張は、極限的な緩和策の見本といってもよいものだろう。もう一冊が、本書、C・ステージャの『Deep Future』（邦題『10万年の未来地球史』）だった。それは、数万年、数十万年の氷河期のスパンにおいて、さらに過去数千万年のスパンにおいて、地球という星の気候の変動を論議する古気候学の立場から、産業文明の人類の炭酸ガス放出が引き起こす可能性のある、広域、超長期にわたる影響を論じるもので、静かではあるがまことに衝撃的な内容と私には思われたものである。近未来の温暖化による効果はハンセンの予想するほど激しいと考えない立場から、「パニックになるな」、「たちどまって未来をみよ」と進言し、同時にすでに人類は、数万年あるいは10万年の単位で未来の氷河期もなくしてしまうほどの力をもってしまったのであり、それを悲観的にばかり考えずに、適応してゆく未来を考えようと呼びかけるステージャは、究極の適応論者といって良いのかもしれない。両者共に古気候学の長大な視野を共有しつつ、一方は可及的速やかな緩和策を主張し、他方は百年、千年にとどまらず万年の単位で適応を工夫しようと主張するこの両者の論議の相違こそ、日本における現在の地球温暖化論議にとって、いままことに貴重と私には思われたのである。

思いついたが百年目。翻訳を検討していただこうと、さっそく日経ＢＰ社に相談したところ、両著ともまだ邦訳の話は出ていないとのこと。出版直後のステージャの本については当然とも思われたが、１９８８年のアメリカ上院の公聴会において地球温暖化危機を先頭きって訴求したハンセンの２００９年出版の本が、２０１１年時点で我が国の論議に広く紹介もされず、翻訳もされていないことは、私にとって大きな驚きでもあった。以後、あれこれの経緯があり、両著とも無事、日経ＢＰ社から邦訳出版のはこびとなった。生態学の内容も多いステージャの本は、慶應義塾におけるナチュラリスト仲間である英文学専攻の小宮繁さんが、翻訳を引き受けてくださった。私は専門的な領域で最小限の貢献をすることとなったのである。

さてここまで書いて、あらためて希望的に要約すれば、このたびの両著の同時出版は、炭酸ガス大量放出による人為的な地球温暖化という危機に、短期的で性急な、そして極めて無原則的かつ他人事的な緩和策一辺倒の論調や、問答無用の否定論の横行する日本での論議の場に、これまであまり馴染みのない、本格的かつ非妥協的な緩和論と、超長期の適応論の両極を提供することになるはずであり、必ずやそれは、私たちの周囲に大きく見通しの開けた論議を誘導してくれると思うのである。もちろん、古気候学をふまえた長期論議や、ハンセンに類する切迫した緩和策論議が、日本の著者や、邦訳書をとおしてすでにさまざまに紹介されていることを、知らないわけではないのだが、立論の明解さにおいて、論議の鮮明さにおいて、論者のユニークさにおいて、この2冊は群を抜いた影響力をもっていいと、私は思っているのである。

ステージャの原著のタイトルである、Deep Future は、遠未来とでも訳すのだろうか。それは、人類による温暖化ガスの大量放出がなければ、ミランコビッチサイクルの宇宙メカニズムによって引き起こされるはずの、今後2回の氷河期のスパンに相当する、10万年を超える未来を指す表現である。たぶん人類は、すでにその未来を大きく撹乱する状況に突入しているのであり、その状況はもはや天体作用による地球史ではなく、人類の関与による地球史＝Anthoropocene（人類世）が始まっているということなのだというステージャの把握を、私は真正面から受け止めたいと思う。

温暖化未来についても、生物多様性未来についても、人類はすでに他律的に変化する地球に適応する動物なのではないのだろう。しかしそもそも、その Anthoropocene の未来にわたり、人類ははたしていつまで地上に生きる計画なのか。百年先なのか、千年、いや1万、10万、あるいは化石が示唆する種の寿命ともいわれる百万年単位の未来なのか。ビジョンは一体だれが立案し計画するのか。ありとあらゆる日常的な仕事においてかくも律儀で、精緻な計画活動を展開する現生人類が、この問題に関しては、ほとんどなすすべもなく無能のまま、未来を拓くはずもない争いに明け暮れる現実の中で、本書を読む静かな時間は、あたらしい覚醒の時にもなることと思うのである。〈人類世へようこそ〉。私もそう呼びかけられて、本書の不思議な時間に招かれてゆくつもりである。

Willis, K. J., and S. A. Bhagwat. 2009. “Biodiversity and Climate Change.” *Science* 326: 806– 807.

———. 2006. "A Win-Wind Situation." *Adirondack Life*, September– October.
———. 2009. "Half-Precessional Dynamics of Monsoon Rainfall Near the East African Equator." *Nature* 462: 637– 641.
Muller, E. H., L. Sirkin, and J. L. Craft. 1993. "Stratigraphic Evidence of a Pre-Wisconsinan Interglaciation in the Adirondack Mountains, New York." *Quaternary Research* 40: 163– 168.
New En gland Regional Assessment. 2001. "Preparing for a Changing Climate: The Potential Consequences of Climate Variability and Change; A Final Report." Durham: University of New Hampshire. http://www.necci.sr.unh.edu.
Prasad, A. M., and L. R. Iverson. 1999. "A Climate Change Atlas for 80 Forest Tree Species of the Eastern United States (Database)." Northeastern Research Station, USDA Forest Service, Delaware, Ohio. http://www.fs.fed.us/ne/delaware/atlas/index.html.
Schiermeier, Q. 2010. "The Real Holes in Climate Science." *Nature* 463: 284–287.
Meehl, G. A., et al. 2007. "Global Climate Projections." In: *Climate Change 2007: The Physical Science Basis. Contribution of Working Group I to the Fourth Assessment Report of the Intergovernmental Panel on Climate Change,* S. Solomon et al., eds. Cambridge, UK: Cambridge University Press.
Spaulding, P., and A. W. Bratton. 1946. "Decay Following Glaze Storm Damage in Woodlands of Central New York." *Journal of Forestry* 44: 515– 519.
Stager, J. C., and M. R. Martin. 2002. "Global Climate Change and the Adirondacks." *Adirondack Journal of Environmental Studies* 9: 1– 10.
——— et al. 2009. "Historical Patterns and Eff ects of Changes in Adirondack Climates Since the Early 20th Century." *Adirondack Journal of Environmental Studies* 15: 14– 24.
Stine, A. R., P. Huybers, and I. Y. Fung. 2009. "Changes in the Phase of the Annual Cycles of Surface Temperature." *Nature* 457: 435– 440.
Thaler, J. S. 2006. *Adirondack Weather: History and Climate Guide.* Yorktown Heights, NY: Hudson Valley Climate Service.
Thomson, D. J. 2009. "Shifts in Season." *Nature* 457: 391– 392.
Trombulak, S., and R. Wolfson. 2004. "Twentieth Century Climate Change in New En gland and New York." *Geophysical Research Letters* 31: L19202, doi:10.1029/2004GL020574.

Cannone, N., S. Sgorbati, and M. Guglielmin. 2007. "Unexpected Impacts of Climate Change on Alpine Vegetation." *Frontiers in Ecol ogy and the Environment* 5: 360– 364.

Danovaro, R., S. Fonda Umani, and A. Pusceddu. 2009. "Climate Change and the Potential Spreading of Marine Mucilage and Microbial Pathogens in the Mediterranean Sea." *PLoS ONE* 4: E7006. doi:10.1371/Journal. Pone.0007006.

Dello, K. 2007. "Trends in Climate in Northern New York and Western Vermont." Master's thesis, State University of New York at Albany.

Frumhoff , P. C., Mccarthy, J. J., Melillo, J. M., Moser, S. C., and Wuebbles, D. J. 2007. "Confronting Climate Change in the US Northeast: Science, Impacts, and Solutions. Synthesis Report of the Northeast Climate Impacts Assessment (NECIA)." http://www.northeastclimateimpacts.org/.

Harlow, W. M., E. S. Harrar, J. W. Hardin, and F. M. White. 1996. *Textbook of Dendrology.* New York: McGraw-Hill.

Hayhoe, K., et al. 2007. "Past and Future Changes in Climate and Hydrological Indicators in the U.S. Northeast." *Climate Dynamics* 28: 381– 407.

Hulme, M., et al. 1999. "Relative Impacts of Human-Induced Climate Change and Natural Climate Variability." *Nature* 397: 688– 691.

IPCC. 2007. "Summary for Policymakers." In: *Climate Change 2007: Impacts, Adaptation and Vulnerability. Contribution of Working Group II to the Fourth Assessment Report of the Intergovernmental Panel on Climate Change*, M. L.

Parry et al., eds. Cambridge, UK: Cambridge University Press.

Keim, B. D., et al. 2003. "Are There Spurious Temperature Trends in the United States Climate Division Database?" *Geophysical Research Letters* 30: 1404, doi:10.1029/2002GL016295.

Lovett, G. M., and M. J. Mitchell. 2004. "Sugar Maple and Nitrogen Cycling in the Forests of Eastern North America." *Frontiers in Ecol ogy and the Environment* 2: 81– 88.

McKibben, B. 1990. *The End of Nature.* New York: Penguin Books.

ビル・マッキベン著、鈴木主税訳『自然の終焉——環境破壊の現在と近未来』（河出書房新社、1990）

———. 2002. "Future Shock: The Coming Adirondack Climate." *Adirondack Life,* March– April.

Seidel, D. J., and W. J. Randel. 2007. "Recent Widening of the Tropical Belt: Evidence from Tropopause Observations." *Journal of Geophysical Research* 112: D20113, doi:10.1029/2007JD008861.

Shukla, J. 2007. "Monsoon Mysteries." *Science* 318: 204– 205.

Stager, J. C., B. Cumming, and L. D. Meeker. 2003. "A 10,200-Year High-Resolution Diatom Record from Pilkington Bay, Lake Victoria, Uganda." *Quaternary Research* 59: 172– 181.

——— et al. 2005. "Solar Variability and the Levels of Lake Victoria, East Africa, During the Last Millennium." *Journal of Paleolimnology* 33: 243– 251.

——— et al. 2007. "Solar Variability, ENSO, and the Levels of Lake Victoria, East Africa." *Journal of Geophysical Research* 112: D15106, doi:10.1029/2006JD008362.

Tadross, M., C. Jack, and D. Le Sueur. 2005. "On RCM-Based Projections of Change in Southern African Summer Climate." *Geophysical Research Letters* 32: L23713, doi:10.1029/2005GL024460.

Thomas, C. 2004. "Changed Climate in Africa?" *Nature* 427: 690– 691.

USAID. 2003. "Rainfall in Ethiopia Is Becoming Increasingly Erratic." http://www.reliefweb.int/rw/rwb.nsf/alldocsbyunid/66e46860182a84da49256d5100071e16.

Vallely, P. 2006. "Climate Change Will Be Catastrophe for Africa." *The In dependent,* May 16.

Verburg, P., R. E. Hecky, and H. Kling. 2003. "Ecological Consequences of a Century of Warming in Lake Tanganyika." *Science Express* 301: 505– 507.

Verschuren, D., K. R. Laird, and B. F. Cumming. 2000. "Rainfall and Drought in Equatorial East Africa During the Past 1,100 Years." *Nature* 403: 410– 413.

——— et al. 2009. "Half-Precessional Dynamics of Monsoon Rainfall Near the East African Equator." *Nature* 462: 637– 641.

Vuille, M., B. Francou, P. Wagnon, I. Juen, G. Kaser, B. G. Mark, and R. S. Bradley. 2008. "Climate Change and Tropical Andean Glaciers: Past, Present, and Future." *Earth Science Reviews* 89: 79– 96.

11章　故郷へ

Bagla, P. 2009. "No Sign Yet of Himalayan Meltdown, Indian Report Finds." *Science* 326: 924– 925.

Epidemics in Kenya." *Science* 285: 397– 400.

Lobell, D. B., et al. 2008. "Prioritizing Climate Change Adaptation Needs for Food Security in 2030." *Science* 319: 607– 610.

Malhi, Y., J. T. Roberts, R. A. Betts, T. J. Kileen, W. Li, and C. A. Nobre. 2008. "Climate Change, Deforestation, and the Fate of the Amazon." *Science* 319: 169– 172.

Mayle, F. E., and M. J. Power 2008. "Impacts of a Drier Early-Mid-Holocene Climate Upon Amazonian Forests." *Philos Trans R Soc Lond B Biol Sci.* 363(1498): 1829– 1838.

Mote, P. W., and G. Kaser. 2007. "The Shrinking Glaciers of Kilimanjaro: Can Global Warming Be Blamed?" *American Scientist* 95: 318– 325.

Moy, C. M., G. O. Seltzer, D. T. Rodbell, and D. M. Anderson. 2002. "Variability of El Nino/Southern Oscillation Activity at Millennial Timescales During the Holocene Epoch." *Nature* 420, 162– 165.

Neelin, J. D., M. Munnich, H. Su, J. E. Meyerson, and C. E. Holloway. 2006. "Tropical Drying Trends in Global Warming Models and Observations." *Proceedings of the National Academy of Sciences* 103: 6110– 6115.

O'Reilly, C. M., S. R. Alin, P. D. Plisnier, A. S. Cohen, and B. A. Mckee. 2003. "Climate Change Decreases Aquatic Ecosystem Productivity of Lake Tanganyika, Africa." *Nature* 424: 766– 768.

Patt, A. G., L. Ogallo, and M. Hellmuth. 2007. "Learning from 10 Years of Climate Outlook Forums in Africa." *Science* 318: 49.

Ramaswamy, V. 2009. "Anthropogenic Climate Change in Asia: Key Challenges." *Eos* 90: 469– 471.

Russell, J., H. Eggermont, R. Taylor, and D. Verschuren. 2008. "Paleolimnological Rec ords of Recent Glacier Recession in the Ruwenzori Mountains, Uganda-D. R. Congo." *Journal of Paleolimnology,* doi:10.1007/S10933-008-9224-4.

Sarewitz, D. 2010. "Tomorrow Never Knows." *Nature* 463: 24.

Saunders, M. A., and A. S. Lea. 2008. "Large Contribution of Sea Surface Warming to Recent Increase in Atlantic Hurricane Activity." *Nature* 451: 557– 559.

Scholz, C. A., et al. 2007. "East African Megadroughts Between 135 and 75 Thousand Years Ago and Bearing on Early-Modern Human Origins." *Proceedings of the National Academy of Sciences* 104: 16416– 16421.

Change 2007: The Physical Science Basis. Contribution of Working Group I to the Fourth Assessment Report of the Intergovernmental Panel on Climate Change, S. Solomon et al., eds. Cambridge, UK: Cambridge University Press.

Collins, M., and the CMIP Modelling Groups. 2005. "El Nino: Or La Nina-Like Climate Change?" *Climate Dynamics* 24: 89– 104.

Demenocal, P. B., J. Adkins, J. Ortiz, and T. Guilderson. 2000. "Millennial-Scale Sea Surface Temperature Variability During the Last Interglacial and Its Abrupt Termination." *American Geophysical Union 2000 Abstracts.*

Dessai, S., M. Hulme, R. Lempert, and R. Pielke. 2009. "Do We Need Better Predictions to Adapt to a Changing Climate?" *Eos* 90: 111– 112.

Easterbrook, G. 2007. "Global Warming: Who Loses— and Who Wins." *The Atlantic* 299 (3): 52– 64.

Eschenbach, W. 2004. "Climate-Change Eff ect on Lake Tanganyika?" *Nature* 430, doi:10.1038/Nature02689.

Funk, C., M. D. Dettinger, J. C. Michaelsen, J. P. Verdin, M. E. Brown, M. Barlow, and A. Hoell. 2008. "Warming of the Indian Ocean Threatens Eastern and Southern African Food Security But Could Be Mitigated by Agricultural Development." *Proceedings of the National Academy of Sciences* 105: 11081– 11086.

Giles, J. 2007. "How to Survive a Warming World." *Nature* 446: 716– 717.

Hay, S. I., J. Cox, D. J. Rogers, S. E. Randolph, D. I. Stern, G. D. Shanks, M. F. Myers, and R. W. Snow. 2002. "Climate Change and the Resurgence of Malaria in the East African Highlands." *Nature* 415: 905– 909.

Huber, M., and R. Caballero. 2003. "Eocene El Nino: Evidence for Robust Tropical Dynamics in the "Hothouse." *Science* 299: 877– 881.

Huey, R. B., C. A. Deutsch, J. J. Tewksbury, L. J. Vitt, P. E. Hertz, H. J. Alvarez Perez, and T. Garland, Jr. 2009. "Why Tropical Forest Lizards Are Vulnerable to Climate Warming." *Proceedings of the Royal Society*, B, 106: 3547– 3648.

Hulme, M., R. Doherty, T. Ngara, M. New, and D. Lister. 2000. "African Climate Change: 1900– 2100." *Climate Research* 17: 145– 168.

Landsea, C. W. 2007. "Counting Atlantic Tropical Cyclones Back to 1900." *Eos* 88: 197– 202.

Linthicum, K. J., A. Anyamba, C. J. Tucker, P. W. Kelley, M. F. Myers, and C. L. Peters. 1999. "Climate and Satellite Indicators to Forecast Rift Valley Fever

T. Shindell. 2009. "Warming of the Antarctic Ice-Sheet Surface Since the 1957 International Geophysical Year." *Nature* 457: 459– 462.

Traufetter, G. 2006. "Global Warming a Boon for Greenland's Farmers." *Spiegel International Online*, August 30.

Truff er, M., and M. Fahnestock. 2007. "Rethinking Ice Sheet Time Scales." *Science* 315: 1508– 1510.

Van den Broeke, M., J. Bamber, J. Ettema, E. Rignot, E. Schrama, W. J. Van De Berg, E. Van Meijgaard, I. Velicogna, and B. Wouters. 2009. "Partitioning Recent Greenland Mass Loss." *Science* 326: 984– 986.

Zwally, H. J., W. Abdalati, T. Herring, K. Larson, J. Saba, and K. Steff en. 2002. "Surface Melt-Induced Acceleration of Greenland Ice-Sheet Flow." *Science* 297: 218– 222.

10章　熱帯はどうなる？

Allison, I., et al.. 2009. *The Copenhagen Diagnosis: Updating the World on the Latest Climate Science.* Sydney, Australia: University of New South Wales Climate Change Research Centre.

Bar-Matthews, M., A. Ayalon, and A. Kaufman. 2000. "Timing and Hydrological Conditions of Sapropel Events in the Eastern Mediterranean, as Evident from Speleothems, Soreq Cave, Israel." *Chemical Geology* 169: 145– 156.

Behling, H., G. Keim, G. Irion, W. Junk, and J. Nunes De Mello. 2001. "Holocene Environmental Changes in the Central Amazon Basin Inferred from Lago Calado (Brazil)." *Palaeogeography, Palaeoclimatology, Palaeoecology* 173: 87– 101.

Biastoch, A., C. W. Boning, F. U. Schwarzkopf, and J. R. E. Letjeharms. 2009. "Increase in Agulhas Leakage Due to Poleward Shift of Southern Hemisphere Westerlies." *Nature* 462: 495– 498.

Boko, M., et al. 2007. "Africa." In: *Climate Change 2007: Impacts, Adaptation and Vulnerability. Contribution of Working Group II to the Fourth Assessment Report of the Intergovernmental Panel on Climate Change,* M. L. Parry et al., eds. Cambridge, UK: Cambridge University Press.

Cherry, M. 2005. "Ministers Agree to Act on Warmings of Soaring Temperatures in Africa." *Nature* 437: 1217.

Christensen, J. H., et al. 2007. "Regional Climate Projections." In: *Climate*

Khan, S. A., J. Wahr, L. A. Stearns, G. S. Hamilton, T. Van Dam, K. M. Larson, and O. Francis. 2007. “Elastic Uplift in Southeast Greenland Due to Rapid Ice Mass Loss.” *Geophysical Research Letters* 34: L21701, doi:10.1029/2007GL031468.

Letreguilly, A., P. Huybrechts, and N. Reeh. 1991. “Steady-State Characteristics of the Greenland Ice Sheet Under Diff erent Climates.” *Journal of Glaciology* 37: 149– 157.

Luthcke, S., H. J. Zwally, W. Abdalati, D. D. Rowlands, R. D. Ray, R. S. Nerem, F. G. Lemoine, J. J. Mccarthy, and D. S. Chinn. 2006. “Recent Greenland Ice Mass Loss by Drainage System from Satellite Gravity Observations.” *Science* 314: 1286.

Oerlemans, J., D. Dahl-Jensen, and V. Masson-Delmotte. 2006. “Ice Sheets and Sea Level: Letter to *Science.*” *Science* 313: 1043– 1044.

Overpeck, J. T., B. L. Otto-Bliesner, G. H. Miller, D. R. Muhs, R. B. Alley, and J. T. Kiehl. 2006. “Paleoclimatic Evidence for Future Ice-Sheet Instability and Rapid Sea-Level Rise.” *Science* 311: 1747– 1750.

Pritchard, H. D., R. J. Arthern, D. G. Vaughan, and L. A. Edwards. 2009. “Extensive Dynamic Thinning on the Margins of the Greenland and Antarctic Ice Sheets.” *Nature* 461: 971– 975.

Rial, J. A., C. Tang, and K. Steff en. “Glacial Rumblings from Jakobshavn Ice Stream, Greenland.” *Journal of Glaciology* 55: 389– 399.

Ridley, J. K., P. Huybrechts, J. M. Gregory, and J. A. Lowe. 2005. “Elimination of the Greenland Ice Sheet in a High CO2 Climate.” *Journal of Climate* 18: 3409– 3427.

Schwartz, M. L. 2005. *Encyclopedia of Coastal Science.* Berlin: Springer.

Secher, K., and P. Appel. 2007. “Gemstones of Greenland.” *Geology and Ore* 7: 1– 12.

Shepherd, A., and D. Wingham. 2007. “Recent Sea-Level Contributions of the Antarctic and Greenland Ice Sheets.” *Science* 315: 1529– 1532.

Stearns, L. A., and G. S. Hamilton. 2007. “Rapid Volume Loss from Two East Greenland Outlet Glaciers Quantifi ed Using Repeat Stereo Satellite Imagery.” *Geophysical Research Letters* 34: in press, doi:10.1029/2006GL028982.

Steig, E. J., and A. P. Wolfe. 2008. “Sprucing Up Greenland.” *Science* 320: 1595– 1597.

Steig, E. J., D. P. Schneider, S. D. Rutherford, M. E. Mann, J. C. Comiso, and D.

Rise and Reef Back-Stepping at the Close of the Last Interglacial Highstand." *Nature Geoscience* 458: 881– 885.

Cazenave, A. 2006. "How Fast Are the Ice Sheets Melting?" *Science* 314: 1250–1252.

Charpentier, R. R., T. R. Klett, and E. D. Attanasi. 2008. "Database for Assessment Unit-Scale Analogs (Exclusive of the United States): U. S. Geological Survey." Open-File Report 2007-1404. http://geology.com/usgs/Arctic-Oil-And-Gas-Report.shtml.

Cuff ey, K., and S. Marshall. 2000. "Substantial Contribution to Sea-Level Rise During the Last Interglacial from the Greenland Ice Sheet." *Nature* 404: 591– 594.

De Vernal, A., and C. Hillaire-Marcel. 2008. "Natural Variability of Greenland Climate, Vegetation, and Ice Volume During the Past Million Years." *Science* 320: 1622– 1625.

Francis, D. R., A. P. Wolfe, I. R. Walker, and G. H. Miller. 2006. "Interglacial and Holocene Temperature Reconstructions Based on Midge Remains in Sediments of Two Lakes from Baffi n Island, Nunavut, Arctic Canada." *Palaeo-3* 236: 107– 124.

Gregory, J. M., P. Huybrechts, and S. C. B. Raper. 2004. "Threatened Loss of the Greenland Ice-Sheet." *Nature* 428: 616.

Hamilton, G. S., V. B. Spikes, and L. A. Stearns. 2005. "Spatial Patterns in Mass Balance of the Siple Coast and Amundsen Sea Sectors, West Antarctica." *Annals of Glaciology* 41: 105– 106.

Hanna, E., P. Huybrechts, I. Janssens, J. Cappelen, K. Steff en, and A. Stephens. 2005. "Runoff and Mass Balance of the Greenland Ice Sheet: 1958– 2003." *Journal of Geophysical Research* 110: D13108, doi:10.1029/2004JD005641.

Huybrechts, P., and J. De Wolde. 1999. "The Dynamic Response of the Greenland and Antarctic Ice Sheets to Multiple-Century Climatic Warming." *Journal of Climate* 12: 2169– 2188.

IPCC. 2007. "Summary for Policymakers." In: *Climate Change 2007: Impacts, Adaptation and Vulnerability. Contribution of Working Group II to the Fourth Assessment Report of the Intergovernmental Panel on Climate Change*, M. L. Parry et al., eds. Cambridge, UK: Cambridge University Press.

Kerr, R. A. 2008. "Winds, Not Just Global Warming, Eating Away at the Ice Sheets." *Science* 322: 33.

Stickley, C., K. St. John, N. Koc, R. W. Jordan, S. Passchier, R. B. Pearce, and L. E. Kearns. 2009. “Evidence for Middle Eocene Arctic Sea Ice from Diatoms and Ice-Rafted Debris.” *Nature* 460: 376– 379.

Stirling, I., and A. E. Derocher. 2007. “Melting Under Pressure: The Real Scoop on Climate Warming and Polar Bears.” *Wildlife Professional*, Fall.

Stirling, I., and A. E. Derocher. 1993. “Possible Impacts of Climatic Warming on Polar Bears.” *Arctic* 46: 240– 245.

Stockstad, E. 2007. “Boom and Bust in a Polar Hot Zone.” *Science* 315: 1522–1523.

Stroeve, J. M., et al. 2008. “Arctic Sea Ice Extent Plummets in 2007.” *Eos* 89: 13.

Torrice, M. 2009. “Science Lags on Saving the Arctic from Oil Spills.” *Science* 325:1335.

Tripati, A. K., C. D. Roberts, and R. A. Ea gle. 2009. “Coupling of CO2 and Ice Sheet Stability over Major Climate Transitions of the Last 20 Million Years.” *Science* 326: 1394– 1397.

Wilkinson, J. P., P. Gudmandsen, S. Hanson, R. Saldo, and R. M. Samuelson. 2009. “Hans Island: Meteorological Data from an International Borderline.” *Eos* 90: 190– 191.

Woods Hole Oceanographic Institution. 2006. “Walrus Calves Stranded by Melting Sea Ice.” *Science Daily,* April 15.

World Climate Report. 2007 “More on Polar Bears.” http://www.worldclimatereport.com/index.php/2007/12/12/more-on-polar-bears/.

9章　グリーンランドの緑化

Alley, R. B., P. U. Clark, P. Huybrechts, and I. Joughin. 2005. “Ice Sheet and Sea Level Changes.” *Science* 310: 456– 460.

Bamber, J. L., R. L. Layberry, and S. P. Gogenini. 2001. “A New Ice Thickness and Bed Data Set for the Greenland Ice Sheet 1: Mea sure ment, Data Reduction, and Errors.” *Journal of Geophysical Research* 106 (D24):33773–33780.

———. 2001. “A New Ice Thickness and Bed Data Set for the Greenland Ice Sheet 2: Relationship Between Dynamics and Basal Topography.” *Journal of Geophysical Research* 106 (D24): 33781– 33788.

Blanchon, P., A. Eisenhauer, J. Fietzke, and V. Liebetrau. 2009. “Rapid Sea-Level

International Arctic Science Committee. 2008. “Latitudinal Gradients in Species Diversity in the Arctic.” In: *Encyclopedia of Earth,* M. Mcginley, topic ed. http://www.eoearth.org/article/latitudinal_gradients_in species_diversity_in_the_arctic.

Kaufman, D. S., et al. 2004. “Holocene Thermal Maximum in the Western Arctic (0– 180° W).” *Quaternary Science Reviews* 23: 529– 560.

Lomborg, B. 2007. *Cool It.* New York: Knopf.

ビョルン・ロンボルグ著、山形浩生訳『地球と一緒に頭も冷やせ！—温暖化を問い直す』(ソフトバンク クリエイティブ、2008)

Lowenstein, T. K., and R. V. Demicco. 2006. “Elevated Eocene Atmospheric CO and Its Subsequent Decline.” *Science* 313: 1928.

Mellgren, D. 2007. “Technology, Climate Change Spark Race to Claim Arctic Resources.” *USA Today.* http://www.usatoday.com/money/world/2007-03-24-arcticbonanza_n.htm.

Monnett, C., and J. S. Gleason. 2006. “Observations of Mortality Associated with Extended Open-Water Swimming by Polar Bears in the Alaskan Beaufort Sea.” *Polar Biology* 29: 681– 687.

Moore, P. D. 2004. “Hope in the Hills for Tundra?” *Nature* 432: 159.

Mieszkowska, N., D. Sims, and S. Hawkins. 2007. “Fishing, Climate Change and North-East Atlantic Cod Stocks.” Report for the World Wildlife Fund,UK.

Overland, J., J. Turner, J. Francis, N. Gillett, G. Marshall, and M. Tjernstrom. 2008. “The Arctic and Antarctic: Two Faces of Climate Change.” *Eos* 89: 177.

Putkonen, J., T. C. Grenfell, K. Rennert, C. Bitz, P. Jacobson, and D. Russell. 2009. “Rain on Snow: Little Understood Killer in the North.” *Eos* 26: 221–222.

Rigor, I. G., and J. M. Wallace. 2004. “Variations in the Age of Arctic Sea-Ice and Summer Sea-Ice Extent.” *Geophysical Research Letters* 31: L09401, doi:10.1029/2004GL019492.

Schiermeier, Q. 2007. “The New Face of the Arctic.” *Nature* 446: 133– 135.

Serreze, M. C., M. M. Holland, and J. Stroeve. 2007. “Perspectives on the Arctic’s Shrinking Sea-Ice Cover.” *Science* 315: 1533– 1536.

Smol, J. P., and M. S. V. Douglas. 2007. “Crossing the Final Ecological Threshold in High Arctic Ponds.” *Proceedings of the National Academy of Sciences* 104: 12395– 12397.

and A. P. Wolfe. 2006. "A Multi-Proxy Lacustrine Record of Holocene Climate Change on Northeastern Baffi n Island, Arctic Canada." *Quaternary Research* 65: 431– 442.

Carlton, J. 2005. "Is Global Warming Killing the Polar Bears?" *Wall Street Journal,* December 14, 2005.

CBC News. 2006. "Scientists Fear Disease Outbreaks in Northern Whales." http://Cbc.Ca/Canada/North/Story/2006/08/16/Whale-Disease-North.html.

Census of Marine Life, Arctic Ocean Diversity, School of Fisheries and Ocean Sciences, University of Alaska, Fairbanks. http://www.arcodiv.org/index.html.

Chylek, P., M. K. Dubey, and G. Lesins. 2006. "Greenland Warming of 1920–1930 and 1995– 2005." *Geophysical Research Letters* 33: L11707, doi:10.1029/2006GL026510.

Cressey, D. 2008. "The Next Land Rush." *Nature* 451: 12– 15.

Derocher, A. E., et al. 2002. "Diet Composition of Polar Bears in Svalbard and the Western Barents Sea." *Polar Biology* 25: 448– 452.

Derocher, A. E., et al. 2000. "Predation of Svalbard Reindeer by Polar Bears." *Polar Biology* 23: 675– 678.

Douglas, M. S. V., J. P. Smol, and W. Blake, Jr. 1994. "Marked Post-18th Century Change in High-Arctic Ecosystems." *Science* 266: 416– 419.

Fisher, D., A. Dyke, R. Koerner, J. Bourgeois, C. Kinnard, C. Zdanowicz, A. De Vernal, C. Hillaire-Marcel, J. Savelle, and A. Rochon. 2006. "Natural Variability of Arctic Sea Ice over the Holocene," *Eos Trans. AGU*, 87: 273.

Gaston, A. J., and K. Woo. 2008. "Razorbills (*Alca Torda*) Follow Subarctic Prey into the Canadian Arctic: Colonization Results from Climate Change?" *Auk* 125: 939– 942.

Gautier, D. L., et al.. 2009. "Assessment of Undiscovered Oil and Gas in the Arctic." *Science* 324: 1175– 1179.

Grahl-Nielsen, O., et al. 2003. "Fatty Acid Composition of the Adipose Tissue of Polar Bears and of Their Prey: Ringed Seals, Bearded Seals, and Harp Seals." *Marine Ecol ogy Progress Series* 265: 275– 282.

Grebmeier, J. M., et al. 2006. "A Major Ecosystem Shift in the Northern Bering Sea." *Science* 311: 1461– 1464.

Iredale, W. 2005. "Polar Bears Drown as Ice Shelf Melts." *Sunday Times* [London], December 18.

Last Interglacial Period." *Nature Geoscience* 1: 38– 42.

Rowley, J., et al. 2007. "Risk of Rising Sea Level to Population and Land Area." *Eos* 88, 105.

Ryan, W. B. F., et al. 1997. "An Abrupt Drowning of the Black Sea Shelf." *Marine Geology* 138, 119– 126.

Shepherd, A., and D. Wingham. 2007. "Recent Sea-Level Contributions of the Antarctic and Greenland Ice Sheets." *Science* 315: 1529– 1532.

Siddall, M. 2009. "The Sea Level Conundrum: Insights from Paleo Studies." *Eos* 90: 72– 73.

Steig, E. J., and A. P. Wolfe. 2008. "Sprucing Up Greenland." *Science* 320: 1595–1596.

———, D. P. Schneider, S. D. Rutherford, M. E. Mann, J. C. Comiso, and D. T. Shindell. 2009. "Warming of the Antarctic Ice-Sheet Surface Since the 1957 International Geophysical Year." *Nature* 457: 459– 462.Stockstad, E. 2007. "Boom and Bust in a Polar Hot Zone." *Science* 315: 1522– 1523.

Velicogna, I., and J. Wahr. 2006. "Mea sure ments of Time-Variable Gravity Show Mass Loss in Antarctica." *Science* 311: 1754– 1756.

Wigley, T. M. L. 2005. "The Climate Change Commitment." *Science* 307: 1766–1769.

Xuo, Y.-Q., Y. Zhang, S.-J. Ye, J.-C. Wu, and Q.-F. Li. 2005. "Land Subsidence in China." *Environmental Geology* 48: 713– 720.

Yanko-Hombach, V. 2003. " 'Noah's Flood' and the Late Quaternary History of the Black Sea and Its Adjacent Basins: A Critical Overview of the Flood Hypotheses." Geological Society of America Annual Meeting, Seattle. *Abstracts with Programs* 36: 460.

Yu, S.-Y., Y.-X. Li, and T. E. Tornqvist. 2009. "Tempo of Global Deglaciation During the Early Holocene: A Sea Level Perspective." *PAGES News* 17: 68–70.

8章　氷の消えた北極

ACIA. 2005. "Arctic Climate Impact Assessment." Cambridge, UK: Cambridge University Press.

Borgerson, S. G. 2008. "Arctic Meltdown." *Foreign Aff airs* (March/April): 63– 77.

Briner, J. P., N. Michelutti, D. R. Francis, G. H. Miller, Y. Axford, M. J. Wooller,

"Seasonal Speedup Along the Western Flank of the Greenland Ice Sheet." *Science* 320: 781– 783.

Karan, P. P. 2005. *Japan in the 21st Century: Environment, Economy, and Society.* Lexington: University Press of Kentucky.

Kellogg, W. W., and M. Mead, eds. 1976. *The Atmosphere: Endangered and Endangering.* Fogarty International Center Proceedings, no. 39. DHEW Publication Number (NIH) 77– 1065.

Kerr, R. 2007. "How Urgent Is Climate Change?" *Science* 318: 1230– 1231. Khan, S. A., P. Knudsen, and C. C. Tscherning. 2003. "Crustal Deformations at Permanent GPS Sites in Denmark." In: *Window on the Future of Geodesy,* F. Sanso, ed. Berlin: Springer. doi:10.1007/3-540-27432-4_94.

Larter, R. D., et al. 2007. "West Antarctic Ice Sheet Change Since the Last Glacial Period." *Eos* 88: 189– 190.

Liu, G., Luo, X., Q. Chen, D. Huang, and X. Ding. 2008. "Detecting Land Subsidence in Shanghai by PS-Networking SAR Interferometry." *Sensors* 8: 4725– 4741.

Marbaix, P., and R. J. Nichols. 2007. "Accurately Determining the Risks of Rising Sea Level." *Eos* 88: 441– 442.

Meehl, G. A., et al. 2005. "How Much More Global Warming and Sea Level Rise?" *Science* 307: 1769– 1772.

Mitrovica, J. X., N. Gomez, and P. U. Clark. 2009. "The Sea-Level Fingerprint of West Antarctic Collapse." *Science* 323: 753.

Oerlemans, J., D. Dahl-Jensen, and V. Masson-Delmotte. 2006. "Ice Sheets and Sea Level. Letter to *Science.*" *Science* 313: 1043– 1044.

Pfeff er, W. T., J. T. Harper, and S. O'Neel. 2008. "Kinematic Constraints on Glacier Contributions to 21st-Century Sea-Level Rise." *Science* 321: 1340– 1343.

Pollard, D., and R. M. Deconto. 2009. "Modelling West Antarctic Ice Sheet Growth and Collapse Through the Past Five Million Years." *Nature* 458: 329– 332.

Pritchard, H. D., R. J. Arthern, D. G. Vaughan, and L. A. Edwards. 2009. "Extensive Dynamic Thinning on the Margins of the Greenland and Antarctic Ice Sheets." *Nature* 461: 971– 975.

Rohling, E. J., K. Grant, C. Hemleben, M. Siddall, B. A. A. Hoogakker, M. Bolshaw and M. Kucera. 2008. "High Rates of Sea-Level Rise During the

Nature 458: 881– 884.

Bo, S., M. J. Siegert, S. M. Mudd, D. Sugden, S. Fujita, C. Xiangbin, J. Yunyun, T. Xueyuan, and L. Yuansheng. 2009. "The Gamburtsev Mountains and the Origin and Early Evolution of the Antarctic Ice Sheet." *Nature* 459: 690–693.

Bocker, A. 1998. *Regulation of Migration: International Experiences.* Antwerp, Belgium: Het Spinhuis.

Cabanes, C., A. Cazenave, and C. Le Provost. 2001. "Sea Level Rise During Past 40 Years Determined from Satellite and In Situ Observations." *Science* 294: 840– 842.

Cazenave, A. 2006. "How Fast Are the Ice Sheets Melting?" *Science* 314: 1250–1252.

Cazenave, A., K. Dominh, S. Guinehut, E. Berthier, W. Llovel, G. Ramillien, M. Ablain, and G. Larnicol. 2008. "Sea Level Bud get over 2003– 2008: A Reevaluation from GRACE Space Gravimetry, Satellite Altimetry and Argo." *Global and Planetary Change*, doi:10.1016/J/.Gloplacha.2008.10.004.

Church, J. A., J. S. Godfrey, D. R. Jackett, and T. Mcdougall. 1991. "A Model of Sea Level Rise Caused by Ocean Thermal Expansion." *Journal of Climate* 4: 438– 456.

Clark, P. U., A. M. Mccabe, A. C. Mix, and A. J. Weaver. 2004. "Rapid Rise of Sea Level 19,000 Years Ago and Its Global Implications." *Science* 304: 1141–1144.

Davis, C. H., Y. Li, J. R. Mcconnell, M. M. Frey, and E. Hanna. 2005. "Snowfall-Driven Growth in East Antarctic Ice Sheet Mitigates Recent Sea-Level Rise." *Science* 308: 1898– 1901.

Garcia-Castellano, D., F. Estrada, I. Jimenez-Munt, C. Gorini, M. Fernandez, J. Verges, and R. De Vicente. 2009. "Catastrophic Flood of the Mediterranean After the Messinian Salinity Crisis." *Nature* 462: 778– 781.

Hansen, J. E. 2007. "Scientifi c Reticence and Sea Level Rise." *Environmental Research Letters* 2, doi:10.1088/1748-9326/2/2/024002.

Hu, A., G. A. Meehl, W. Han, and J. Yin. 2009. "Transient Response of the MOC and Climate to Potential Melting of the Greenland Ice Sheet in the 21st Century." *Geophysical Research Letters* 36: L10707, doi:10.1029/2009GL037998.

Joughin, I., S. B. Das, M. A. King, B. E. Smith, I. M. Howatt, and T. Moon. 2008.

Scheibner, C., and R. P. Speijer. 2007. "Decline of Coral Reefs During Late Paleocene to Early Eocene Warming." *eEarth Discussions* 2: 133– 150. http://www.electronic-earth-discuss.net/2/2007/.

Silverman, J., B. Lazar, L. Cao, K. Caldeira, and J. Erez. 2009. "Coral Reefs May Start Dissolving When Atmospheric CO2 Doubles." *Geophysical Research Letters* 36: L05606, doi:10.1029/2008GL036282.

Steinacher, M., F. Joos, T. L. Frolicher, G.-K. Plattner, and S. C. Doney. 2009. "Imminent Ocean Acidifi cation in the Arctic Projected with the NCAR Global Coupled Carbon Cycle-Climate Model." *Biogeosciences* 6: 515– 533.

UNEP. 2006. "Marine and Coastal Ecosystems and Human Well-Being: A Synthesis Report Based on the Findings of the Millennium Ecosystem Assessment."

Yamamoto-Kawai, M., F. A. Mclaughlin, E. C. Carmack, S. Nishino, and K. Shimada. 2009. "Aragonite Undersaturation in the Arctic Ocean: Eff ects of Ocean Acidifi cation and Sea Ice Melt." *Science* 326: 1098– 1100.

Zachos, J. C., U. Rohl, S. A. Schellenberg, A. Sluijs, D. A. Hodell, D. C. Kelly, E. Thomas, M. Nicolo, I. Raffi , L. J. Lourens, H. Mccarren, and D. Kroon. 2005. "Rapid Acidifi cation of the Ocean During the Paleocene-Eocene Thermal Maximum." *Science* 308: 1611– 1615.

7章　上昇する海

Alexander, C. 2008. "Tigerland." *The New Yorker*, April 21: 67–73.

Alley, R. B., P. U. Clark, P. Huybrechts, and I. Joughin. 2005. "Ice-Sheet and Sea-Level Changes." *Science* 310: 456– 460.

Ballard, R. D., D. F. Coleman, and G. D. Rosenberg. 2000. "Further Evidence of Abrupt Holocene Drowning of the Black Sea Shelf." *Marine Geology* 170: 253– 261.

Bamber, J. L., R. E. M. Riva, B. L. A. Vermeersen, and A. M. Lebrocq. 2009. "Reassessment of the Potential Sea-Level Rise from a Collapse of the West Antarctic Ice Sheet." *Science* 324: 901– 903.

Bentley, C. R. 1997. "Rapid Sea-Level Rise Soon from West Antarctic Ice Sheet Collapse?" *Science* 275: 1077– 1078.

Blanchon, P., A. Eisenhauer, J. Fietzke, and V. Liebetrau. 2009. "Rapid Sea-Level Rise and Reef Back-Stepping at the Close of the Last Interglacial Highstand."

Iglesias-Rodriguez, M. D., P. R. Halloran, R. E. M. Rickaby, I. R. Hall, E. Colmenero-Hidalgo, J. R. Gittins, D. R. H. Green, T. Tyrrell, S. J. Gibbs, P. Von Dassow, E. Rehm, E. V. Armbrust, K. P. Boessenkool. 2008. "Phytoplankton Calcifi cation in a High-CO2 World." *Science* 320: 336– 340.

Interacademy Panel on International Issues. 2009. "IAP Statement on Ocean Acidifi cation," June 2009. http://www.interacademies.net/object.file/master/9/075/statement_RS1579_IAP_05.09final2.pdf.

Kleypas, J. A., R. W. Buddemeier, D. Archer, J.-P. Gattuso, C. Langdon, and B. N. Opdyke. 1999. "Geochemical Consequences of Increased Atmospheric Carbon Dioxide on Coral Reefs." *Science* 284: 118– 120.

Kolbert, E. 2006. "The Darkening Sea." *The New Yorker,* November 20.

Morel, V. 2007. "Into the Deep: First Glimpses of Bering Sea Canyons Heats Up Fisheries Battle." *Science* 318: 181– 182.

Orr, J. C., et al. 2005. "Anthropogenic Ocean Acidifi cation over the Twenty-First Century and Its Impact on Calcifying Organisms." *Nature* 437: 681– 686.

Poore G. C. B., and G. Wilson. 1993. "Marine Species Richness." *Nature* 361: 597– 598.

Precht, W. F., and R. B. Aronson. 2004. "Climate Flickers and Range Shifts of Reef Corals." *Frontiers in Ecol ogy and the Environment* 2: 307– 314.

Richardson, A. J., and M. J. Gibbons. 2008. "Are Jellyfi sh Increasing in Response to Ocean Acidifi cation?" *Limnology and Oceanography* 53: 2040–2045.

Rintoul, S. R. 2007. "Rapid Freshening of Antarctic Bottom Water in the Indian and Pacifi c Oceans." *Geophysical Research Letters* 34: L06606. 1-L06606. 5.

Roberts, J. M., A. J. Wheeler, and A. Friewald. 2006. "Reefs of the Deep: The Biology and Geology of Cold-Water Coral Ecosystems." *Science* 312: 543–547.

Roberts, S., and M. Hirschfi eld. 2004. "Deep-Sea Corals: Out of Sight, But Not Out of Mind." *Frontiers in Ecol ogy and the Environment* 2: 123– 130.

Royal Society. 2005. "Ocean Acidifi cation Due to Increasing Atmospheric Carbon Dioxide." Royal Society Policy Document 12/05. http://www.us-ocb.org/publications/Royal_Soc_OA.pdf.

Sabine, C. L. 2004. "The Oceanic Sink for Anthropogenic CO2." *Science* 305: 367–371.

６章　酸の海

Anderson, N., and A. Malhoff. 1977. *The Fate of Fossil Fuel* CO2 *in the Oceans.* New York: Plenum Press.

Archer, D. 2005. "Fate of Fossil Fuel CO2 in Geologic Time." *Journal of Geophysical Research* 110: C09S05, doi:10.1029/2004JC002625.

Caldeira, K., and M. E. Wickett. 2003. "Anthropogenic Carbon and Ocean Ph." *Nature* 425: 365.

———. 2005. "Ocean Model Predictions of Chemistry Changes from Carbon Dioxide Emissions to the Atmosphere and Ocean." *Journal of Geophysical Research* 110: doi:10.1029/2004JC002671.

Cicerone, R. 2004. "The Ocean in a High CO2 World." *Eos* 85: 351, 353. Feeley, R. A., C. L. Sabine, J. M. Hernandez-Ayon, D. Ianson, and B. Hales. 2008. "Evidence for Upwelling of Corrosive 'Acidifi ed' Water onto the Continental Shelf." *Science* 320: 1490– 1492.

Findlay, H. S., H. L. Wood, M. A. Kendall, J. I. Spicer, R. J. Twitchett, and S. Widdicombe. 2009. "Calcifi cation, a Physiological Pro cess to Be Considered in the Context of the Whole Organism." *Biogeosciences Discuss* 6: 2267–2284.

Fine, M., and D. Tchernov. 2007. "Scleractinian Coral Species Survive and Recover from Decalcifi cation." *Science* 315: 1811. Gibbs, S. J., P. R. Bowen, J. A. Sessa, T. J. Bralower, and P. A. Wilson. 2006. "Nannoplankton Extinction and Origination Across the Paleocene-Eocene Thermal Maximum." *Science* 314: 1770– 1773.

Guinotte, J. M., J. Orr, S. Cairns, A. Friewald, L. Morgan, and R. George. 2006. "Will Human-Induced Changes in Seawater Chemistry Alter the Distribution of Deep-Sea Scleractinian Corals?" *Frontiers in Ecol ogy and the Environment* 4: 141– 146.

Hall-Spencer, J. M., R. Rodolfo-Metalpa, S. Martin, E. Ransome, M. Fine, S. M. Turner, S. J. Rowley, D. Tedesco, and M.-C. Buia. 2008. "Volcanic Carbon Dioxide Vents Show Ecosystem Eff ects of Ocean Acidifi cation." *Nature* 454: 96– 99.

Henderson, C. 2006. "Paradise Lost. *New Scientist* 5: 29– 33.

Hoegh-Guldberg, O., et al. 2007. "Coral Reefs Under Rapid Climate Change and Ocean Acidifi cation." *Science* 318: 1737– 1742.

Kehrwald, N. M., et al.. 2008. “Mass Loss on Himalayan Glacier Endangers Water Resources.” *Geophysical Research Letters* 35: L22503, doi:10.1029/2008GL035556.

Meyers, P. A. 2006. “An Overview of Sediment Organic Matter Rec ords of Human Eutrophication in the Laurentian Great Lakes Region.” *Water, Air, and Soil Pollution* 6: 89– 99.

O’Reilly, C. M., S. R. Alin, P. D. Plisnier, A. S. Cohen, and B. A. Mckee. 2003. “Climate Change Decreases Aquatic Ecosystem Productivity of Lake Tanganyika, Africa.” *Nature* 424: 766– 768.

Ostrom, P. H., N. E. Ostrom, J. Henry, B. J. Eadie, P. A. Meyers, and J. A. Robbins. 1998. “Changes in the Trophic State of Lake Erie: Discordance Between Molecular Delta-13C and Bulk Delta-13C Sedimentary Rec ords.” *Chemical Geology* 152: 163– 179.

Schelske, C. L., and D. A. Hodell. 1995. “Using Carbon Isotopes of Bulk Sedimentary Organic Matter to Reconstruct the History of Nutrient Loading and Eutrophication in Lake Erie.” *Limnology and Oceanography* 40: 918–929.

Schmittner, A., et al. 2008. “Future Changes in Climate, Ocean Circulation, Ecosystems, and Biogeochemical Cycling Simulated for a Business-As-Usual CO2 Emission Scenario Until Year 4000 ad.” *Global Biogeochemical Cycles* 22: GB1013, doi:10.1029/2007GB002953.

Spaulding, K. L., B. A. Buchholz, L.-E. Bergman, H. Druid, and J. Frisen. 2005. “Forensics: Age Written in Teeth by Nuclear Tests.” *Nature* 437: 333– 334.

Totter, J. R., M. R. Zelle, and H. Hollister. 1958. “Hazard to Man of Carbon-14.” *Science* 128: 1490– 1495.

Verburg, P. 2007. “The Need to Correct for the Suess Eff ect in the Application of Delta-C13 in Sediment of Autotrophic Lake Tanganyika, as a Productivity Proxy in the Anthropocene.” *Journal of Paleolimnology* 37: 591– 602.

———, R. E. Hecky, and H. Kling. 2003. “Ecological Consequences of a Century of Warming in Lake Tanganyika.” *Science Express* 301 (June 26): 505– 507.

White, T. H. 1986. *The Once and Future King.* New York: Berkley Books.

T・H・ホワイト著、森下弓子訳『永遠の王――アーサーの書』(東京創元社、1992)

Williams, C. P. 2007. “Recycling Green house Gas Fossil Fuel Emissions into Low Radiocarbon Food Products to Reduce Human Ge ne tic Damage.” *Environmental Chemistry Letters* 5: 197– 202.

Marine Clathrates Are Stable." *Science* 311: 838– 840.

Storey, M., R. A. Duncan, and C. C. Swisher III. 2007. "Paleocene-Eocene Thermal Maximum and the Opening of the Northeast Atlantic." *Science* 316: 587– 589.

Svenson, H., S. Planke, A. Malthe-Sorenssen, B. Jamtveit, R. Myklebust, T. R. Eidem, and S. S. Rey. 2004. "Release of Methane from a Volcanic Basin as a Mechanism for Initial Eocene Warming." *Nature* 429: 542– 545.

Williams, C. J. 2009. "Structure, Biomass, and Productivity of a Late Paleocene Arctic Forest." *Proceedings of the Academy of Natural Sciences of Philadelphia* 158: 107– 127.

——— et al. 2008. "Paleoenvironmental Reconstruction of a Middle Miocene Forest from the Western Canadian Arctic." *Palaeogrography, Palaeoclimatology, Palaeoecol ogy* 261: 160– 176.

Wing, S. L., et al. 2005. "Transient Floral Change and Rapid Global Warming at the Paleocene-Eocene Boundary." *Science* 310: 993– 996.

——— et al. 2009. "Late Paleocene Fossils from the Cerrejon Formation, Colombia, Are the Earliest Record of Neotropical Rainforest." *Proceedings of the National Academy of Sciences* 106: 18627– 18632.

Zachos, J. C., G. R. Dickens, and R. E. Zeebe. 2008. "An Early Cenozoic Perspective on Green house Warming and Carbon-Cycle Dynamics." *Nature* 451: 279– 283.

——— et al. 2001. "Trends, Rhythms and Aberrations in Global Climate 65 Ma to Present." *Science* 292: 686– 693.

——— et al. 2003. "A Transient Rise in Tropical Sea Surface Temperatures During the Paleocene-Eocene Thermal Maximum." *Science* 302: 1551– 1554.

——— et al. 2005. "Rapid Acidifi cation of the Ocean During the Paleocene-Eocene Thermal Maximum." *Science* 308: 1611– 1615.

5章　未来の化石

Bada, J. L., R. O. Peterson, A. Schimmelmann, and R. E. M. Hedges. 1990."Moose Teeth as Monitors of Environmental Isotopic Pa ram e ters." *Oecologia* 82: 102– 106.

Grimm, D. 2008. "The Mushroom Cloud's Silver Lining." *Science* 321: 1434–1437.

Katz, M. E., D. K. Pak, G. R. Dickens, and K. G. Miller. 1999. "The Source and Fate of Massive Carbon Input During the Latest Paleocene Thermal Maximum." *Science* 286: 1531– 1533.

Kennett, J. P., and L. D. Stott. 1991. "Abrupt Deep Sea Warming, Paleoceanographic Changes and Benthic Extinctions at the End of the Paleocene." *Nature* 353: 319– 322.

——— and L. D. Stott. "Global Warming." In *Eff ects of Past Global Change on Life.* Washington, D.C.: National Academy Press, 1995.

———, K. G. Cannariato, I. L. Hendy, and R. J. Behl. 2003. "Methane Hydrates in Quaternary Climate Change: The Clathrate Gun Hypothesis." *American Geophysical Union Special Publication* 54.

Norris, R. D., and U. Rohl. 1999. "Carbon Cycling and Chronology of Climate Warming During the Palaeocene/Eocene Transition." *Nature* 401: 775–778.

Nunes, F., and R. D. Norris. 2006. "Abrupt Reversal in Ocean Overturning During the Paleocene/Eocene Warm Period." *Nature* 439: 60– 63.

Pagani, M., et al. 2006. "Arctic Hydrology During Global Warming at the Palaeocene/Eocene Thermal Maximum." *Nature* 442: 671– 674.

Pearson, P. N., and M. R. Palmer. 2000. "Atmospheric Carbon Dioxide Concentrations over the Past 60 Million Years." *Nature* 406: 695– 699.

——— et al. 2001. "Warm Tropical Surface Temperatures in the Late Cretaceous and Eocene Epochs." *Nature* 413: 481– 487.

Royer, D. L. 2008. "Nutrient Turnover Rates in Ancient Terrestrial Ecosystems." *Palaios* 23: 421– 423.

———, R. M. Kooyman, S. A. Little, and P. Wilf. 2009. "Ecol ogy of Leaf Teeth: A Multi-Site Analysis from an Australian Subtropical Rainforest." *American Journal of Botany* 96: 738– 750.

Scheibner, C., and R. P. Speijer. 2007. "Decline of Coral Reefs During Late Paleocene to Early Eocene Warming." *eEarth Discussions* 2: 133– 150. http://www.electronic-earth-discuss.net/2/2007/.

Sluijs, A., et al.. 2007. "Environmental Precursors to Rapid Light Carbon Injection at the Paleocene/Eocene Boundary." *Nature* 450: 1218– 1221.

Smith, T., K. D. Rose, and P. D. Gingerich. 2006. "Rapid Asia-Europe-North America Dispersal of the Earliest Eocene Primate *Teilhardina*." *Proceedings of the National Academy of Sciences USA*, 103: 11223– 11227.

Sowers, T. 2006. "Late Quaternary Atmospheric CH4 Isotope Record Suggests

to Biomes." *Ecological Monographs* 74: 309– 334.
Wilson, C. R. 2009. "A Lacustrine Sediment Record of the Last Three Interglacial Periods. From Clyde Foreland, Baffi n Island, Nunavut: Biological Indicators from the Past 200,000 Years." Master's Thesis, Biology Department, Queen's University, Kingston, Ontario.
Winter, A., A. Paul, J. Nyberg, T. Oba, J. Lundberg, D. Schrag, and B. Taggart. 2003. "Orbital Control of Low-Latitude Seasonality During the Eemian." *Geophysical Research Letters* 30, doi:10.1029/2002GL016275.

4章　超温室のなかの生命

Archer, D. 2007. "Methane Hydrate Stability and Anthropogenic Climate Change." *Biogeosciences* 4: 521– 544.
Bowen, G. J., and B. B. Bowen. 2008. "Mechanisms of PETM Global Change Constrained by a New Record from Central Utah." *Geology* 36: 379– 382.
——— et al. 2002. "Mammalian Dispersal at the Paleocene/Eocene Boundary." *Science* 295: 2062– 2065.
——— et al. 2004. "A Humid Climate State During the Palaeocene/Eocene Thermal Maximum." *Nature* 432: 495– 499.
Currano, E. D., P. Wilf, C. C. Labandeira, E. C. Lovelock, and D. L. Royer. 2008. "Sharply Increased Insect Herbivory During the Paleocene-Eocene Thermal Maximum." *Proceedings of the National Academy of Sciences* 105: 1060–1964.
Eberle, J. J. 2005. "A New 'Tapir' from Ellesmere Island, Arctic Canada: Implications for Northern High Latitude Palaeobiogeography and Tapir Paleobiology." *Palaeo-3* 227: 311– 322.
Gibbs, S. J., P. R. Bowen, J. A. Sessa, T. J. Bralower, and P. A. Wilson. 2006. "Nannoplankton Extinction and Origination Across the Paleocene-Eocene Thermal Maximum." *Science* 314: 1770– 1773.
Gingerich, P. D. 2003. "Mammalian Responses to Climate Change at the Paleocene-Eocene Boundary: Polecat Bench Record in the Northern Bighorn Basin, Wyoming." *Geological Society of America Special Paper* 369.
———. 2006. "Environment and Evolution Through the Paleocene-Eocene Thermal Maximum." *Trends in Ecol ogy and Evolution* 21: 246– 253.
Huber, M. 2008. "A Hotter Green house?" *Science* 321: 353– 354.

Stirling, C. H., T. M. Esat, K. Lambeck, and M. T. Mcculloch. 1998. "Timing and Duration of the Last Interglacial: Evidence for a Restricted Interval of Widespread Coral Reef Growth." *Earth and Planetary Science Letters* 160: 745– 762.

Stringer, C. B., J. C. Finlayson, R. N. E. Barton, Y. Fernandez-Jalvo, I. Caceres, R. C. Sabin, E. J. Rhodes, A. P. Currant, J. Rodriguez-Vidal, F. Giles-Pacheco, and J. A. Riquelme-Cantal. 2008. "Neanderthal Exploitation of Marine Mammals in Gibraltar." *Proceedings of the National Academy of Sciences* 105: 14319– 14324.

United States Geological Survey. 2006. "Vegetation and Paleoclimate of the Last Interglacial Period, Central Alaska." http://esp.cr.usgs.gov/info/lite/alaska/alaska.html.

Vaks, A., M. Bar-Matthews, A. Ayalon, A. Matthews, L. Halicz, and A. Frumkin. 2007. "Desert Speleothems Reveal Climatic Window for African Exodus of Early Modern Humans." *Geology* 35: 831– 834.

Van der Hammen, T., and H. Hooghiemstra. 2003. "Interglacial– Glacial Fuquene-3 Pollen Record from Colombia: An Eemian to Holocene Climate Record." *Global and Planetary Change* 36: 181– 199.

Van Kolfschoten, T. 1992. "Aspects of the Migration of Mammals to Northwestern Eu rope During the Pleistocene, in Par tic u lar the Reimmigration of *Arvicola Terrestris*." *Courier Forsch.-Inst. Senckenberg* 153: 213– 220.

———. 2000. "The Eemian Mammal Fauna of Central Eu rope." *Netherlands Journal of Geosciences* 79: 269– 281.

Velichko, A. A., O. K. Borisova, and E. M. Zelikson. 2007. "Paradoxes of the Last Interglacial Climate: Reconstruction of the Northern Eurasia Climate Based on Palaeofl oristic Data." *Boreas*, doi:10.1111/J.1502-3885.2007.00001.X.

Walter, R. C., R. T. Buffl er, J. H. Bruggeman, M. M. M. Guillaume, S. M. Berhe, B. Negassi, Y. Libsekal, H. Cheng, R. L. Edwards, R. Von Cosel, D. Neraudeau, and M. Gagnon. 2000. "Early Human Occupation of the Red Sea Coast of Eritrea During the Last Interglacial." *Nature* 405: 65– 69.

Willerslev, E., et al. 2007. "Ancient Biomolecules from Deep Ice Cores Reveal a Forested Southern Greenland." *Science* 317: 111– 114.

Williams, J. W., B. N. Shuman, T. Webb III, P. J. Bartlein, and P. L. Leduc. 2004. "Late-Quaternary Vegetation Dynamics in North America: Scaling from Taxa

Magee, J. W., G. H. Miller, N. A. Spooner, and D. Questiaux. 2004. "A Continuous 150,000 Year Monsoon Record from Lake Eyre, Australia: Insolation Forcing Implications and Unexpected Holocene Failure." *Geology* 32: 885– 888.

Marra, M. 2002. "Last Interglacial Beetle Fauna from New Zealand." *Quaternary Research* 59: 122– 131.

Matthews, J. V. 1970. "Quaternary Environmental History of Interior Alaska: Pollen Samples from Organic Colluvium and Peats." *Arctic and Alpine Research* 2: 241– 251.

Muller, E. H., L. Sirkin, and J. L. Craft. 1993. "Stratigraphic Evidence of a Pre-Wisconsinan Interglaciation in the Adirondack Mountains, New York." *Quaternary Research* 40: 163– 168.

Muller, U. C., and G. J. Kukla. 2004. "Eu ro pe an Environmental During the Declining Stage of the Last Interglacial." *Geology* 32: 1009– 1012.

Norgaard-Pedersen, N., N. Mikkelsen, and Y. Kristoff ersen. 2009. "The Last Interglacial Warm Period Record of the Arctic Ocean; Proxy-Data Support a Major Reduction of Sea Ice." *IOP Conference Series: Earth and Environmental Science* 6: doi:10.1088/1755-1307/6/7/072002.

Pewe, T. L., G. W. Berger, J. A. Westgate, P. M. Brown, and S. W. Leavitt. 1997. "Eva Interglaciation Forest Bed, Unglaciated East-Central Alaska: Global Warming 125,000 Years Ago." Geological Society of America Special Paper 319.

Rohling, E., K. Grant, C. Hemleben, M. Siddall, B. A. A. Hoogakker, M. Bolshaw, and M. Kucera. 2009. "High Rates of Sea-Level Rise During the Last Interglacial Period." *Nature Geoscience* 1: 38– 42.

Rundgren, M., and O. Bennike. 2002. "Century-Scale Changes of Atmospheric CO2 During the Last Interglacial." *Geology* 30: 187– 189.

Schweger, C. E., and , J. V. Matthews Jr. 1991. "The Last (Koy-Yukon) Interglaciation in the Yukon: Comparisons with Holocene and Interstadial Pollen Rec ords." *Quaternary International* 10– 12: 85– 94.

Speelers, B. 2000. "The Relevance of the Eemian for the Study of the Palaeolithic Occupation of Eu rope." *Netherlands Journal of Science* 79: 283– 291.

Steig, E. J., D. P. Schneider, S. D. Rutherford, M. E. Mann, J. C. Comiso, and D. T. Shindell. 2009. "Warming of the Antarctic Ice-Sheet Surface, Since
the 1957 International Geophysical Year." *Nature* 457: 459– 462.

Rise During the Last Interglacial from the Greenland Ice Sheet." *Nature* 404: 591– 594.

Dansgaard, W., and J.-C. Duplessy. 2008. "The Eemian Interglacial and Its Termination." *Boreas* 10: 219– 228.

Demenocal, P., J. Adkins, J. Ortiz, and T. Guilderson. 2000. "Millennial-Scale Sea-Surface Temperature Variability During the Last Interglacial and Its Abrupt Termination." *Eos* 81: F675. American Geophysical Union, Fall Meeting Supplement.

Drysdale, R. N., J. C. Hellstrom, G. Zanchetta, A. E. Fallick, M. F. Sanchez Goni, I. Couchoud, J. McDonald, R. Mass, G. Lohmann, and I. Isola. 2009. "Evidence for Obliquity Forcing of Glacial Termination II." *Science* 325: 1527– 1531.

EPICA Community Members. 2004. "Eight Glacial Cycles from an Antarctic Ice Core." *Nature* 429: 623– 628.

Froese, D. G., J. A. Westgate, A. V. Reyes, R. J. Enkin, and S. J. Preece. 2008. "Ancient Permafrost and a Future, Warmer Arctic." *Science* 321: 1648.

Gaudzinski, S. 2004. "A Matter of High Resolution? The Eemian Interglacial (OIS 5e) in North-Central Eu rope and Middle Palaeolithic Subsistence." *International Journal of Osteoarcheology* 14: 201– 211.

Granoszewski, W., et al. 2004. "Vegetation and Climate Variability During the Last Interglacial Evidenced in the Pollen Record from Lake Baikal." *Global and Planetary Change* 46: 187– 198.

Hearty, P. J., J. T. Hollin, A. C. Neumann, M. J. O'Leary, and M. Mcculloch. 2007. "Global Sea-Level Fluctuations During the Last Interglaciation (MIS 5e)." *Quaternary Science Reviews* 26: 2090– 2112.

Jouzel, J., et al. 2007. "Orbital and Millennial Antarctic Climate Variability over the Past 800,000 Years." *Science* 317: 793– 797.

Kaspar, F., N. Kuhl, U. Cubasch, and T. Litt. 2005. "A Model-Data-Comparison of European Temperatures in the Eemian Interglacial." *Geophysical Research Letters* 32: L11703, doi:10.1029/2005GL022456.

Kuhl, N., C. Gebhardt, F. Kaspar, A. Hense, and T. Litt. 2008. "Reconstruction of Quaternary Temperature Fields and Model-Data Comparison." *PAGES News* 16: 8– 9.

Lozhkin, A. V., and P. M. Anderson. 1995. "The Last Interglaciation in Northeast Siberia." *Quaternary Research* 43: 147– 158.

3章　最後の大いなる解氷

Balter, M. 2009. "Early Start for Human Art? Ochre May Revise Timeline." *Science* 323: 569.

Berger, A., and M. F. Loutre. 2002. "An Exceptionally Long Interglacial Ahead?" *Science* 297: 1287– 1288.

Blanchon, P., A. Eisenhauer, J. Fietzke, and V. Liebetrau. 2009. "Rapid Sea-Level Rise and Reef Back-Stepping at the Close of the Last Interglacial Highstand." *Nature* 458: 881– 884.

Bosch, J. H. A., P. Cleveringa, and Z. T. Meijer. 2000. "The Eemian Stage in the Netherlands: History, Character and New Research." *Netherlands Journal of Geosciences* 79: 135– 145.

Bowler, J. M., K.-H. Wyrwoll, and Y. Lu. 2001. "Variations of the Northwest Australian Summer Monsoon over the Last 300,000 Years: The Paleohydrological Record of the Gregory (Mulan) Lakes System." *Quaternary International* 83– 85: 63– 80.

Brewer, S., J. Guiot, M. F. Sanchez-Goni, and S. Klotz. 2008. "The Climate in Europe During the Eemian: A Multi-Method Approach Using Pollen Data." *Quaternary Science Reviews* 27: 2303– 2315.

Brigham-Grette, J., and D. M. Hopkins. 1995. "Emergent Marine Record and Paleoclimate of the Last Interglaciation Along the Northwest Alaskan Coast." *Quaternary Research* 43: 159– 173.

CAPE–Last Interglacial Project Members. 2006. "Last Interglacial Arctic Warmth Confi rms Polar Amplifi cation of Climate Change." *Quaternary Science Reviews* 25: 1383– 1400.

Ceulemans, R., L. Van Praet, and X. N. Jiang. 2006. "Eff ects of CO2 Enrichment, Leaf Position and Clone on Stomatal Index and Epidermal Cell Density in Poplar (*Populus*)." *New Phytologist* 131: 99– 107.

Chen, F. H., M. R. Qiang, Z. D. Feng, H. B. Wang, and J. Bloemendal. 2003. "Stable East Asian Monsoon Climate During the Last Interglacial (Eemian) Indicated by Paleosol S1 in the Western Part of the Chinese Loess Plateau." *Global and Planetary Change* 36: 171– 179.

Clark, P. U., and P. Huybers. 2009. "Interglacial and Future Sea Level." *Nature* 462: 856– 857.

Cuff ey, K. M., and S. J. Marshall. 2000. "Substantial Contribution to Sea-Level org/Ocean-acidification-due-to-increasing-atmospheric-carbon-dioxide/.

Ruddiman, W. F. 2005. *Plows, Plagues, and Petroleum: How Humans Took Control of Climate.* Prince ton, NJ: Prince ton University Press.

Schneider, S. H., and J. Lane. 2006. "An Overview of 'Dangerous' Climate Change." In: *Avoiding Dangerous Climate Change,* H. J. Schellnhuber, W. Cramer, N. Nakicenovic, eds. Cambridge, UK: Cambridge University Press.

Schmittner, A., A. Oschlies, H. D. Matthews, and E. D. Galbraith. 2008. "Future Changes in Climate, Ocean Circulation, Ecosystems, and Biogeochemical Cycling Simulated for a Business-As-Usual CO2 Emission Scenario Until Year 4000 ad." *Global Biogeochemical Cycles* 22: GB1013, doi:10.1029/2007GB002953.

Solomon, S., G.-K. Plattner, R. Knutti, and P. Friedlingstein. 2009. "Irreversible Climate Change Due to Carbon Dioxide Emissions." *Proceedings of the National Academy of Sciences* 106: 1704– 1709.

Meehl, G. A., et al. 2007. "Global Climate Projections." In: *Climate Change 2007: The Physical Science Basis. Contribution of Working Group I to the Fourth Assessment Report of the Intergovernmental Panel on Climate Change,* S. Solomon et al., eds. Cambridge, UK: Cambridge University Press.

Stager, J. C. 1987. "Silent Death from Cameroon's Killer Lake." *National Geographic* (September): 404– 420.

Stockstad, E. 2004. "Defrosting the Carbon Freezer of the North." *Science* 304: 1618– 1620.

Tans, P. P., and P. S. Bakwin. 1995. "Climate Change and Carbon Dioxide Forever." *Ambio* 24: 376– 378.

Thomas, B. C., et al. 2005. "Terrestrial Ozone Depletion Due to a Milky Way Gamma-Ray Burst." *Astrophysical Journal* 622: L153– L156.

Thorsett, S. 1995. "Terrestrial Implications of Cosmological Gamma-Ray Bursts." *Astrophysical Journal* 444: L53– L55.

Tyrrell, T., J. G. Shepherd, and S. Castle. 2007. "The Long-Term Legacy of Fossil Fuels." *Tellus* 59: 664– 672.

Wigley, T. M. L. 2005. "The Climate Change Commitment." *Science* 307: 1766– 1769.

Zachos, J. C., G. R. Dickens, and R. E. Zeebe. 2008. "An Early Cenozoic Perspective on Green house Warming and Carbon-Cycle Dynamics." *Nature* 451: 279– 283.

Centennial Timescales." *Global Biogeochemical Cycles* 21: GB1014, doi:10.1029/2006GB002810.

Hansen, J. E., et al. 2005. "Earth's Energy Imbalance: Confi rmation and Implications." *Science* 308: 1431– 1435.

IPCC. 2007. "Summary for Policymakers." In: *Climate Change 2007: Impacts, Adaptation and Vulnerability. Contribution of Working Group II to the Fourth Assessment Report of the Intergovernmental Panel on Climate Change*, M. L. Parry et al., eds. Cambridge, UK: Cambridge University Press. Jackson, S. 2007. "Looking Forward from the Past: History, Ecol ogy, and Conservation." *Frontiers in Ecol ogy and the Environment* 5: 455.

Kump, L. R. 2008. "The Rise of Atmospheric Oxygen." *Nature* 451: 277– 278.

Lenton, T. M., and C. Britton. 2006. "Enhanced Carbonate and Silicate Weathering Accelerates Recovery from Fossil Fuel CO2 Perturbations." *Global Biogeochemical Cycles* 20: GB3009, doi:10.1029/2005GB002678.

——— M. S. Williamson, N. R. Edwards, R. Marsh, A. R. Price, A. J. Ridgwell, J. G. Shepherd, S. J. Cox, and the GENIE Team. 2006. "Millennial Timescale Carbon Cycle and Climate Change in an Effi cient Earth System Model." *Climate Dynamics* 26: 687– 711.

Meehl, G. A., et al. 2005. "How Much More Global Warming and Sea Level Rise?" *Science* 307: 1769– 1772.

Meissner, K. J., M. Eby, A. J. Weaver, and O. A. Saenko. 2007. "CO2 Threshold for Millennial-Scale Oscillations in the Climate System: Implications for Global Warming Scenarios." *Climate Dynamics,* doi:10.1007/S00382-007-0279-0.

Monastersky, R. 2009. "A Burden Beyond Bearing." *Nature* 458: 1091– 1094.

Montenegro, A., V. Brovkin, M. Eby, D. Archer, and A. J. Weaver. 2007. "Long-Term Fate of Anthropogenic Carbon." *Geophysical Research Letters* 34: L19707, doi:1029/2007GL030905.

Parry, M., J. Lowe, and C. Hanson. 2009. "Overshoot, Adapt, and Recover." *Nature* 458: 1102– 1103.

Ridgwell, A., and J. C. Hargreaves. 2007. "Regulation of Atmospheric CO2 by Deep-Sea Sediments in an Earth System Model." *Global Biogeochemical Cycles* 21: GB2008 doi:10.1029./2006GB002764.

Royal Society. 2005. "Ocean Acidifi cation Due to Increasing Atmospheric Carbon Dioxide." Royal Society Policy Document 12/05. http://royalsociety.

Berner, B. A., A. C. Lasaga, and R. M. Garrels. 1983. "The Carbonate-Silicate Geochemical Cycle and Its Eff ect on Atmospheric Carbon Dioxide over the Past 100 Million Years." *American Journal of Science* 283: 641– 683.

Caldeira, K. 1995. "Long-Term Control of Atmospheric Carbon Dioxide: Low-Temperature Sea-Floor Alteration or Terrestrial Silicate-Rock Weathering." *American Journal of Science* 295: 1077–1114.

——— and G. H. Rau. 2000. "Accelerating Carbonate Dissolution to Sequester Carbon in the Ocean: Geochemical Implications." *Geophysical Research Letters* 27: 225– 228.

——— and M. E. Wickett. 2005. "Ocean Model Predictions of Chemistry Changes from Carbon Dioxide Emissions to the Atmosphere and Oceans." *Journal of Geophysical Research: Oceans* 110: (C9).

Canadell, J. G., C. Le Quere, M. R. Raupach, C. B. Field, E. T. Buitenhuis, P. Ciais, T. J. Conway, N. P. Gillett, R. A. Houghton, and G. Marland. 2007. "Contributions to Accelerating Atmospheric CO2 Growth from Economic Activity, Carbon Intensity, and Effi ciency of Natural Sinks." *Proceedings of the National Academy of Science, USA* 104: 10288– 10293.

Crutzen, P. 2002. "The Geology of Mankind." *Nature* 415: 23.

———. 2006. *Earth System Science in the Anthropocene.* Berlin: Springer.

——— and J. W. Birks. 1982. "The Atmosphere After a Nuclear War. Twilight at Noon." *Ambio* 11: 114– 125.

——— and E. F. Stoermer. 2000. "The 'Anthropocene.' " *Global Change Newsletter* 41: 12– 13.

Eby, M., K. Zickfeld, A. Montenegro, D. Archer, K. J. Meissner, and A. J. Weaver. 2009. "Lifetime of Anthropogenic Climate Change: Millennial Time Scales of Potential CO2 and Surface Temperature Perturbations." *Journal of Climate* 22: 2501– 2511.

Fowler, C. M. R., C. J. Ebinger, and C. J. Hawkesworth, eds. *The Early Earth: Physical, Chemical and Biological Development.* London: Geological Society Special Publication 199, 259– 274.

Gathorne-Hardy, F. J., and W. E. H. Harcourt-Smith. 2003. "The Super-Eruption of Toba: Did It Cause a Human Bottleneck?" *Journal of Human Evolution* 45: 227– 230.

Goodwin, P., R. G. Williams, M. J. Follows, and S. Dutkeiwicz. 2007. "The Ocean-Atmosphere Partitioning of Anthropogenic Carbon Dioxide on

Implications for United States National Security." http://www.mindfully.org/air/2003/pentagon-climate-changeloct03.htm.
Short, D. A., and J. G. Mengel. 1986. "Tropical Climate Phase Lags and Earth's Precession Cycle." Nature 323: 48–50.
Sirocko, F., K. Seelos, K. Schaber, B. Rein, F. Dreher, M. Diehl, R. Lehne, K. Jager, M. Krbetscek, and D. Degering. 2005. "A Late Eemian Aridity Pulse in Central Eu rope During the Last Glacial Inception." Nature 436: 833–836.
Sternberg, J. 2006. "Preventing Another Ice Age." Eos 87: 539, 542.
Toggweiler, J. R., and J. Russell. 2008. "Ocean Circulation in a Warming Climate." Nature 451: 286–288.
Vernekar, A. D. 1972. Long-Period Global Variations of Incoming Solar Radiation. Meteorological Monographs 12. Boston: American Meteorological Society.
Weaver, A. J., and C. Hillaire-Marcel. 2004. "Global Warming and the Next Ice Age." Science 304: 400–402.
Wunsch, C. 2002. "What Is the Thermohaline Circulation?" Science 298: 1179–1181.

2章　地球温暖化をこえて

Allen, M. R., D. J. Frame, C. Huntingford, C. D. Jones, J. A. Lowe, M. Meinshausen, and N. Meinshausen. 2009. "Warming Caused by Cumulative Carbon Emissions Towards the Trillionth Tonne." *Nature* 458: 1163– 1166.
Archer, D. 2005. "The Fate of Fossil Fuel CO2 in Geologic Time." *Journal of Geophysical Research* 110: C09805, doi:10.1029/2004/C002625.
———. 2007. "Methane Hydrate Stability and Anthropogenic Climate Change." *Biogeosciences* 4: 521– 544.
———. 2008. *The Long Thaw: How Humans Are Changing the Next 100,000 Years of Earth's Climate.* Prince ton, NJ: Prince ton University Press.
——— and V. Brovkin. 2008. "The Millennial Atmospheric Lifetime of Anthropogenic CO2." *Climatic Change* 90: 283– 297.
——— and A. Ganopolski. 2005. "A Movable Trigger: Fossil Fuel CO2 and the Onset of the Next Glaciation." *Geochemistry, Geophysics, Geosystems* 6: Q05003, doi:10.1029/2004GC000891.
——— et al. 2009. "Atmospheric Lifetime of Fossil Fuel Carbon Dioxide." *Annual Review of Earth and Planetary Sciences* 37: 117– 134.

on a Possible Outcome of the Great Global Experiment." *GSA Today* 9: 1– 7.

———. 2006. "Abrupt Climate Change Revisited." *Global and Planetary Change* 54: 211– 215.

———. 2006. "Was the Younger Dryas Triggered by a Flood?" *Science* 312: 1146– 1148.

———. 2009. "Future Global Warming Scenarios." *Science* 304: 388.

Bryden, H. L., H. R. Longworth, and S. A. Cunningham. 2005. "Slowing of the Atlantic Meridional Overturning Circulation at 25° N." *Nature* 438: 655–657.

Cochelin, A.-S., L. A. Mysak, and Z. Wang. 2006. " Simulation of Long-Term Future Climate Changes with the Green Mcgill Paleoclimate Model: The Next Glacial Inception." *Climatic Change,* doi:10.1007/S10584-006-9099-1.

Crucifi x, M., and A. Berger. 2006. "How Long Will Our Interglacial Be?" *Eos* 87: 352– 353.

Drysdale, R., J. C. Hellstrom, G. Zanchetta, A. E. Fallick, M. F. Sanchez Goni, I. Couchoud, J. McDonald, R. Maas, G. Lohmann, and I. Isola. 2009. "Evidence for Obliquity Forcing of Glacial Termination II." *Science* 325: 1527–1531.

Hays, J. D., J. Imbrie, and N. J. Shackleton. 1976. "Variations in the Earth's Orbit: Pacemaker of the Ice Ages." *Science* 194: 1121– 1132.

Kerr, R. 2006. "False Alarm: Atlantic Conveyor Belt Hasn't Slowed Down After All." *Science* 314: 1064.

Kukla, G. J., R. K. Matthews, and J. M. Mitchell. 1972. "Present Interglacial: How and When Will It End?" *Quaternary Research* 2: 261– 269.

Meehl, G. A., W. M. Washington, W. D. Collins, J. M. Arblaster, A. Hu, L. E. Buja, W. G. Strand, and H. Teng. 2005. "How Much More Global Warming and Sea Level Rise?" *Science* 307: 1769– 1772.

Pollard, D., and R. M. Deconto. 2009. "Modelling West Antarctic Ice Sheet Growth and Collapse Through the Past 5 Million Years." *Nature* 458: 329–332.

Rahmstorf, S. 2003. "The Current Climate." *Nature* 421: 699.

Raymo, M. E., and P. Huybers. 2008. "Unlocking the Mysteries of the Ice Ages." Nature 451: 284– 285.

Schiermeier, Q. 2007. "Ocean Circulation Noisy, Not Stalling." Nature 448: 844–845.

Schwartz, P., and D. Randall. 2003. "An Abrupt Climate Change Scenario and Its

参考文献

プロローグ

Archer, D. 2005. "The Fate of Fossil Fuel CO2 in Geologic Time." *Journal of Geophysical Research* 110: C09805, doi:10.1029/2004/C002625.

——— and V. Brovkin. 2008. "The Millennial Atmospheric Lifetime of Anthropogenic CO2." *Climatic Change* 90: 283– 297.

——— and A. Ganopolski. 2005. "A Movable Trigger: Fossil Fuel CO2 and the Onset of the Next Glaciation." *Geochemistry, Geophysics, Geosystems* 6: Q05003, doi:10.1029/2004GC000891. Crutzen, P. 2002. "The Geology of Mankind." *Nature* 415: 23.

———. 2006. *Earth System Science in the Anthropocene.* Berlin: Springer.

Crutzen, P., and E. F. Stoermer. 2000. "The 'Anthropocene.' " *Global Change Newsletter* 41: 12– 13.

Gill, J. L., J. W. Williams, S. T. Jackson, K. B. Lininger, and G. S. Robinson. 2009. "Pleistocene Megafaunal Collapse, Novel Plant Communities, and Enhanced Fire Regimes in North America." *Science* 326: 1100– 1103.

Kump, L. R. 2008. "The Rise of Atmospheric Oxygen." *Nature* 451: 277– 278.

Meehl, G. A., et al. 2007. "Global Climate Projections." In: *Climate Change 2007: The Physical Science Basis. Contribution of Working Group I to the Fourth Assessment Report of the Intergovernmental Panel on Climate Change,* S. Solomon et al., eds. Cambridge, UK: Cambridge University Press.

Ruddiman, W. F. 2005. *Plows, Plagues, and Petroleum: How Humans Took Control of Climate.* Prince ton, NJ: Prince ton University Press.

1章　氷河を止める

Archer, D., and A. Ganopolski. 2005. "A Movable Trigger: Fossil Fuel CO2 and the Onset of the Next Glaciation." *Geochemistry, Geophysics, Geosystems* 6: Q05003, doi:1029/2004GC000891.

Berger, A., and M. F. Loutre. 2002. "An Exceptionally Long Interglacial Ahead?" *Science* 297: 1287– 1288.

Broecker, W. S. 1999. "What If the Conveyor Were to Shut Down? Refl ections

わ行

アルファベット

人名

は行

ま行

や行

さ行

た行

な行

索引

あ行

か行

■著者紹介

カート・ステージャ (Curt Stager)

生態学者、古気候学者、サイエンスライター。デューク大学で生物学と地学の博士号を取得。『サイエンス』をはじめとする主流科学誌に生物学や地学に関連した数十編の論文を執筆し、『ナショナル・ジオグラフィック』のような一般向け雑誌にも寄稿する。ニューヨーク州北部のアディロンダック山脈にあるポールスミスズ大学で教えているほか、メイン大学気候変動研究所で研究員のポストを持ち、アフリカや南米、極地方の長期気候史を研究している。

■監修者紹介

岸 由二 (きし ゆうじ)

慶應義塾大学教授。生態学専攻（理博)。流域思考に基づく都市再生の理論・実践に関心をもち、ＮＰＯ法人鶴見川流域ネットワーキング代表理事として、鶴見川流域の防災・環境保全活動を推進。著書に『自然へのまなざし』、『流域圏プランニングの時代』（共編著)、『環境を知るとはどういうことか』（共著)、『奇跡の自然』。訳書にドーキンス『利己的な遺伝子』（共訳)、ソベル『足もとの自然から始めよう』、ウィルソン『創造』など。

■訳者紹介

小宮 繁 (こみや しげる)

慶應義塾大学理工学部講師。1953 年生まれ。慶應義塾大学文学研究科英米文学専攻博士課程単位取得退学 1989 ～ 91 年　ケンブリッジ大学訪問講師現在は、20 世紀イギリス文学を専門とする一方、岸由二教授の下でアマチュア・ナチュラリストとして修行中。2012 年 3 月より、慶應義塾大学日吉キャンパスにおいて、雑木林再生・水循環回復に取り組む非営利団体、日吉丸の会の代表をつとめている。

10万年の未来地球史

気候、地形、生命はどうなるか？

2012年11月19日　第1版第1刷発行

著　者　カート・ステージャ
監修・解説　岸 由二
訳　者　小宮 繁
発行者　瀬川 弘司
発　行　日経BP社
発　売　日経BPマーケティング
〒108-8646　東京都港区白金1-17-3　NBF プラチナタワー
電話　03-6811-8654（編集）
03-6811-8200（営業）
http://ec.nikkeibp.co.jp/

装丁　吉田篤弘　吉田浩美（クラフト・エヴィング商會）
制作　アーティザンカンパニー株式会社
印刷・製本　図書印刷株式会社

ISBN978-4-8222-4932-8
2012　Printed in Japan